高等教育"双一流"工程图学类课程教材

工程制图——空间想象训练

远 方 编著

高等教育出版社·北京

内容摘要

本书以空间想象训练为主线展开工程制图基础教学内容，在保证制图基础理论完整的同时，突出了空间想象力的培养，使工程制图的学习更富有探索性、挑战性和趣味性。

本书对空间想象过程进行了深入剖析，提出了空间想象的两类划分，特别强调了工程教育中培养、发展第二类空间想象力的重要意义，并以点、线、面、体的投影表达为平台，科学地规划了一条建立空间想象思维模式，提升空间想象能力的成长道路。

为方便读者学习，书中所有例题均有三维动画模型和视频讲解。通过扫描二维码或访问相应的课程网址，读者可方便地随时调取相关资源。

与本书配套使用、远方编著的《工程制图习题集——空间想象训练》是为进行空间想象训练而特意安排的习题练习，其使用方法在书中有详尽的规划和指导，读者可在训练过程中配合使用。所有习题练习均有解答，同样可通过扫描二维码或访问课程网址参考习题答案。

本书可作为工程类各专业工程制图教学的辅助教材，指导空间想象训练，也可作为工程制图教材独立使用。

图书在版编目（CIP）数据

工程制图：空间想象训练/远方编著．--北京：高等教育出版社，2018.8

ISBN 978-7-04-050127-8

Ⅰ．①工⋯ Ⅱ．①远⋯ Ⅲ．①工程制图-高等学校-教学参考资料 Ⅳ．①TB23

中国版本图书馆 CIP 数据核字（2018）第 159841 号

Gongcheng Zhitu：Kongjian Xiangxiang Xunlian

策划编辑	薛立华	责任编辑	薛立华	封面设计	王 鹏	版式设计	童 丹
插图绘制	邓 超	责任校对	刁丽丽	责任印制	赵义民		

出版发行	高等教育出版社	网 址	http://www.hep.edu.cn
社 址	北京市西城区德外大街 4 号		http://www.hep.com.cn
邮政编码	100120	网上订购	http://www.hepmall.com.cn
印 刷	大厂益利印刷有限公司		http://www.hepmall.com
开 本	787mm×1092mm 1/16		http://www.hepmall.cn
印 张	13.5		
字 数	330 千字	版 次	2018 年 8 月第 1 版
购书热线	010-58581118	印 次	2018 年 12 月第 2 次印刷
咨询电话	400-810-0598	定 价	33.80 元

本书如有缺页、倒页、脱页等质量问题，请到所购图书销售部门联系调换
版权所有 侵权必究
物 料 号 50127-00

工程制图——
空间想象训练
远方

1. 计算机访问 http://abook.hep.com.cn/1254691，或手机扫描二维码、下载并安装 Abook 应用。
2. 注册并登录，进入"我的课程"。
3. 输入封底数字课程账号（20位密码，刮开涂层可见），或通过 Abook 应用扫描封底数字课程账号二维码，完成课程绑定。
4. 单击"进入课程"按钮，开始本数字课程的学习。

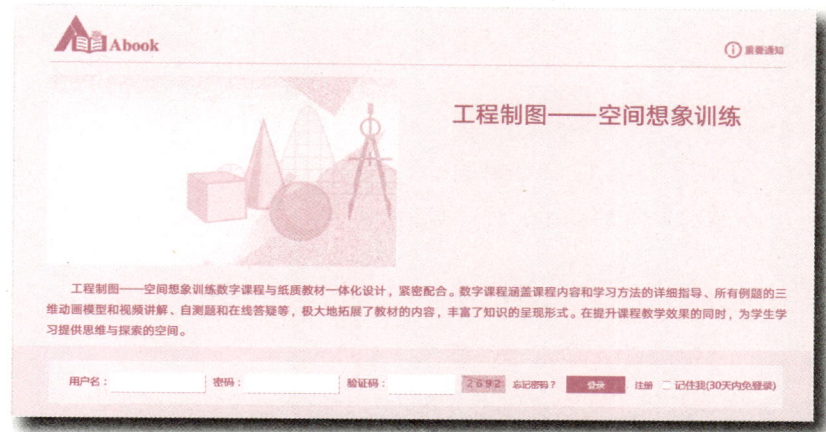

课程绑定后一年为数字课程使用有效期。受硬件限制，部分内容无法在手机端显示，请按提示通过计算机访问学习。

如有使用问题，请发邮件至 abook@hep.com.cn。

扫描二维码
下载 Abook 应用

http://abook.hep.com.cn/1254691

前　言

工程图是记录、交流工程思想的载体，是工业产品生产、土木工程施工建造的依据，被喻为"工程界的语言"。掌握工程语言，拥有读图、绘图能力是成为合格工程技术人员的先决条件。

工程制图是一门介绍工程图读、绘理论和方法，培养空间想象力的技术基础课，也是工程技术人员从业培训的必修课。其中，空间想象力是读图、绘图的能力基础，对于学好工程制图课，乃至未来的专业发展具有举足轻重的作用。

空间想象力是一种能力，与其它能力相同，也需要专门的训练才能变得强大。画法几何是工程制图的重要组成部分，其中的图解法，在计算机技术产生之前，一直是科学研究和工程设计的重要工具，需花费大量的时间和精力去学习和掌握，这在客观上促进了空间想象力的形成与发展。随着计算机时代的到来，画法几何逐渐丧失了其应用价值，慢慢地退出了历史舞台，但也由此产生了两个不良后果，一是工程制图的理论基础被削弱，二是空间想象训练严重不足。鉴于此，本书从新的视角重新认识、梳理了画法几何内容，在保留其完整理论体系的同时，剔除了过时的图解内容，突出了空间想象力的培养与训练，形成了一种新的课程学习模式，使得画法几何内容的缩减不会对制图理论基础的支撑作用和空间想象能力的培养造成影响。

本书可作为工程类各专业工程制图教学的辅助教材，指导空间想象训练，也可作为工程制图教材独立使用。通过精心设计、编排的习题练习，本书为读者铺设了一条通向拥有高水平空间想象力的道路。

本书绪论部分深入剖析了什么是空间想象，什么样的空间想象是工程语言所需要的，以及如何学习、掌握空间想象方法，提高空间想象力水平。并在此基础上提出了空间想象的两类划分，特别强调工程教育中培养、发展第二类空间想象力的重要意义。该部分内容对后续各章的学习和训练具有重要的理论指导意义。

第 1~6 章主要讲授画法几何基础理论，同时培养、建立空间想象的思维模式，并通过精心编排的习题练习，逐步提升空间想象力水平。

第 7 章和第 8 章分别为组合体视图和剖视图，主要作用是通过更加综合、复杂的习题练习，促进空间想象向更高水平发展，并在实践中验证训练成果，增强空间想象的自信心。由于本书的主要任务是培养、发展空间想象力，因而与传统的制图教材相比，这两章在内容上做了较大删减，对于想全面了解有关组合体视图和剖视图内容的读者，请参阅专门的制图教材。

如果将空间想象训练过程分为空间想象力的形成、拓展和应用提高三个阶段，则第 1~4 章为空间想象力的形成阶段，第 5 章和第 6 章为拓展阶段、第 7 章和第 8 章为应用提高阶段。三个阶段各有侧重，层层推进，共同构成了空间想象训练的完整体系。

肢体语言可以更有效地帮助读者理解想象过程，掌握空间思维方法，为此本书为每道例题专门录制了视频讲解，通过扫描二维码，读者可随时打开相应视频，观看解题过程。此外，本书还通过二维码提供了所有例题的三维动画模型，配套习题集也通过二维码提供了所有习题的习题解答，读者可酌情参考。

书后的附录部分整理了教学中学生经常提出的一些问题，并以问答方式逐一作答，读者可在学习中随时参阅，指导训练。

中国农业大学张彦娥教授对全书进行了认真细致的审阅，提出了很多建设性意见，在此表示衷心感谢。

由于编者水平有限，不足和错误在所难免，欢迎广大读者提出宝贵意见。

远方

2018年3月于天津

目 录

绪论 ·········· 1
- 0.1 学习工程制图课程的目的 ········ 1
- 0.2 工程制图课程的学习内容 ······ 1
- 0.3 如何培养、发展第二类空间想象力 ·········· 3
- 0.4 投影法与投影 ·········· 5

第1章 投影体系与点的投影 ·········· 7
- 1.1 三面投影体系的建立 ·········· 7
- 1.2 认识三面投影体系 ·········· 8
- 1.3 三面投影体系的简化表达 ······ 11
- 1.4 特殊位置点的投影 ·········· 16
- 1.5 重影点 ·········· 23
- 1.6 二面投影体系与无轴投影体系 ·········· 23
- 1.7 第一角投影与第三角投影 ······ 24

第2章 直线的投影 ·········· 33
- 2.1 直线的投影表达 ·········· 33
- 2.2 直线的分类 ·········· 36
- 2.3 直线的迹点 ·········· 39
- 2.4 直线上确定点 ·········· 41
- 2.5 直线间的相互位置关系 ·········· 42

第3章 平面的投影 ·········· 48
- 3.1 平面的投影表达 ·········· 48
- 3.2 平面的分类 ·········· 52
- 3.3 平面上确定点 ·········· 56
- 3.4 直线与平面、平面与平面的相互位置关系 ·········· 60

第4章 投影变换 ·········· 71
- 4.1 投影变换的作用及实现方法 ·········· 71
- 4.2 点的换面投影变换 ·········· 71
- 4.3 直线的换面投影变换 ·········· 73
- 4.4 平面的换面投影变换 ·········· 77
- 4.5 换面法的应用 ·········· 83

第5章 平面立体的投影 ·········· 92
- 5.1 平面立体的投影表达 ·········· 92
- 5.2 平面立体上确定点 ·········· 96
- 5.3 平面立体的截交线 ·········· 102
- 5.4 平面立体相贯 ·········· 114

第6章 曲面立体的投影 ·········· 120
- 6.1 曲面立体的投影表达 ·········· 120
- 6.2 曲面立体上确定点 ·········· 122
- 6.3 曲面立体的截交线 ·········· 131
- 6.4 平面立体与曲面立体相贯 ······ 152
- 6.5 曲面立体相贯 ·········· 162

第7章 组合体视图 ·········· 173
- 7.1 组合体 ·········· 173
- 7.2 三视图 ·········· 176
- 7.3 "二求三"练习 ·········· 178
- 7.4 基本视图 ·········· 189

第8章 剖视图 ·········· 194
- 8.1 剖视图的形成 ·········· 194
- 8.2 半剖视图 ·········· 199

附录 常见问题问答录 ·········· 202

绪　　论

工程制图讲授工程图样的读、绘理论和方法，是工程技术人员的必修课程。提起这门课，常有截然不同的两种认识，有人认为这门课容易，有人却认为很难，认为难的甚至为此调整了职业发展方向，放弃了工程类专业的学习。

关于这门课的作用，同样存在着截然不同的两种认识：一部分人认为工程制图毫无价值，完全不需要学，甚至有人声称不学工程制图课程，一样可以读懂工程图样。而另一部分人则认为工程制图非常重要，并声称自身所取得的专业成就，有相当大的成分与工程制图的基础训练有关。

为什么会有如此大的分歧？还是先对工程制图课的学习目的、内容和方法做一次深度梳理，以期获得解答。

0.1　学习工程制图课程的目的

产品的生产或工程项目的实施总要有许多人合作完成。比如建造一栋房子，首先要由设计人员进行构思，想好房子的样子，然后再找施工人员依照想好的样子进行建造。然而工程形体是三维的，通常的文字语言很难将三维事物的空间形态表述清楚，因而必须借助图形进行描述。但图形是二维的，当使用二维图形表达三维形体时，需要建立一系列"规则"，以便日后根据"规则"再将二维图形还原为三维形体。这种**按一定规则生成的，承载着三维形体信息的二维图形形成了工程领域特有的语言形式——工程图**。

工程图是工程领域特有的，区别于通常文字语言的工程语言。通过工程图，工程信息得以记录，工程思想得以交流。工程离不开工程图，因而掌握工程图这门工程语言是每个工程技术人员必须拥有的基本技能。这也是为什么工程技术人员在从事专业工作，甚至学习专业课程之前必须学习工程制图课程的原因。

0.2　工程制图课程的学习内容

工程图是工程领域的语言，学习工程制图课程即学习这门语言的使用，具体表现在读图和绘图两个方面。

读图、绘图过程是三维形体信息与二维图形表达相互转换的过程。前文提到，这一过程依据一定的"规则"进行，显然"规则"是工程制图课程必须学习的内容。然而除了"规则"

以外，读图者还需要拥有一种能力，即能将承载着设计思想的二维图形在脑海中还原出它所表达的三维形体。也许，这种能力不太好理解，为了能更清晰地认识这种能力，先试着回答下面两个问题。

问题一：

在一张不透光的厚纸上自左向右任意写下两个英文字母，比如"A""B"。然后翻转过来，从背后阅读，请问此时自左向右分别是什么字母（不考虑字母的反正）？

停下来想一想或实际操作一下，将结果记下。

问题二：

假设地球是一个理想的球体，且表面没有高山、海洋、沙漠等各种自然障碍，同时我们又是超人，可轻松地绕地球奔跑。如果从赤道上某一点出发，一路向东奔跑，请问能否绕地球一圈跑回来，回到出发点？

想一想，将结果记下。

回想一下刚才求解问题时的思考过程，脑海中是不是会有形象呈现。例如，对于"问题一"，眼前虽然是空白的纸背，但透过纸背可以看到自左向右反写的"B""A"。对于"问题二"，脑海中一定会有一个球体的形象。球体有自转轴，因此有赤道，有东南西北。赤道上有人向东奔跑，因为前方总是东方，因此他一定能绕地球一圈跑回来。这种**在分析问题时脑海中呈现空间形象的过程称为空间想象；能在脑海中形成，似乎直接看到、触摸到三维空间形象的能力称为空间想象力**。

虽然求解这两个问题都需要空间想象，但其形象的形成过程有本质区别。

求解"问题一"时，透过纸背所看到的反写的"B""A"，其形象实际上源于正面曾经看到过的"A""B"。而且假如从背面不能看到反写的"B""A"，还可以将纸翻转回来，盯着正面写好的字母，然后慢慢将纸翻转回去，同时保持脑海中字母的形象随纸一起运动，如果中途形象消失了，可从头再来，反复进行，直到能从背面看到所写的字母。这种**现实生活中能直接体验的空间想象称为第一类空间想象，相应的能力称为第一类空间想象力**。

第一类空间想象是人类与生俱来的一种能力，是生活必不可少的技能。实际上，在求解"问题一"时，人们一般并不需要真的在纸上写字，通过实际操作去获取答案，往往阅读题目后，凭想象就能作出判断。这是因为生活中的人们有过太多这样的经历和记忆。但对于"问题二"，情况则有所不同。由于题目中的三维环境在现实中无法找到，因此能否作出判断，完全依赖于读者是否能在脑海中构建出清晰的、与实际相符的空间环境。这种**现实生活中无法直接体验的空间想象称为第二类空间想象，相应的能力称为第二类空间想象力**。

第二类空间想象是建立在第一类空间想象基础上的一种空间想象，每个人都具有一定程度的这种想象能力，但由于它不是生活必需的能力，因而水平高低相差很大。例如，对于"问题二"，有些人可以在脑海中看到一个代表地球的球体，看到赤道，看到赤道上一路向东奔跑的人，从而确信他可以绕地球一圈跑回来。而有些人则不能。即使是能的那一部分人，如果问题稍加改动。例如，不是向东奔跑，而是一路向东北方向奔跑，则也很可能作不出正确判断，因为修改后的问题需要更高水平的第二类空间想象。

为了弥补普遍存在的第二类空间想象力的不足，人们常使用各种实体或虚拟模型，以及各种立体示意图作为辅助手段去认识、理解现实生活中不可见、不能见或不易见的事物或场景

(如对于"问题二",可以在地球仪上演示人的奔跑过程),这在本质上相当于将第二类空间想象问题转化成了第一类空间想象问题来处理。这种转化在生活中经常遇到,它是知识普及、专业学习以及科学研究中经常采用的方法。那么既然可以将第二类空间想象问题转化为第一类空间想象问题来处理,为什么还需要培养、发展第二类空间想象力?

原因有三:

1. 拥有一定水平的第二类空间想象力是学习工程制图的现实需要

例如,测绘、存档是古建筑保护工作的一项重要内容。测绘时,因为看得见、摸得着,古建筑的各个立面可直接测量、绘制,但当绘制其剖面图时,因为建筑物不可能被实际剖开,因此必须依靠空间想象才能完成。由于这种想象不可能成为真实存在,所以它属于第二类空间想象。实际上,这种想象在工程图的读、绘过程中大量存在,因而学习工程制图必须要具备一定水平的第二类空间想象力。

2. 拥有一定水平的第二类空间想象力是后续专业课程的学习基础

工程对象是空间的,研究、探索工程对象的专业课程,其知识内容也必具有空间性,且大多很难在现实生活中真实展现,常需要运用第二类空间想象去认识和理解。但专业课都有其自身的知识体系和核心内容,一般不会针对空间想象作专门训练,而是要求学习者在学习前就具备这种能力。

与专业课程不同,工程制图由于其自身特点和需求恰好能在课程学习的同时兼顾第二类空间想象的培养与发展,因此培养、发展第二类空间想象力就成为工程制图教学的天然使命,且具有高度的不可替代性。

3. 第二类空间想象是创新的源泉

前文提到,在科学普及和专业学习中经常将第二类空间想象问题转化为第一类空间想象问题来处理。但应注意到,之所以能这样做是因为已经有人开创性地运用第二类空间想象构造出了反映事物本质的空间模型。例如,人们不可能直接俯视整个太阳系,因而也不可能清楚地看到地球及各行星与太阳的位置关系,认识太阳系的构成需要在地球上观测行星不规则的运动轨迹,想象、构造它们可能的运行方式。显然这一过程属于第二类空间想象,而第二类空间想象不是人们普遍具有的能力,这也是为什么地心说和日心说长期争论、无法确定的原因。当然,学说一旦确立,后人学习起来会变得相对轻松,因为第二类空间想象问题可以通过加工、处理,经由第一类空间想象去认识和理解。

社会发展离不开创新,但创新是艰难的,创新之难在于创新是在做前人从没做过的事情,发现前人从未认识的规律,这其中离不开第二类空间想象的运用。

通过分析可以看出,**学习工程制图不仅要学习制图的相关"规则",还要培养、发展第二类空间想象力。特别是对于初学者,具备一定水平的第二类空间想象力是学好工程制图的关键。**

0.3 如何培养、发展第二类空间想象力

培养、发展第二类空间想象力要依据其形成、发展的成长特点,有针对性地科学地安排训练。

训练大致包括四个环节，分别是：建立空间思维模式（对应第 1 章训练内容），增强空间形象记忆力（对应第 2 章、第 3 章和第 4 章训练内容），发展空间形象推理、生成能力（对应第 5 章和第 6 章训练内容）和形成投影图的读、绘能力（对应第 7 章和第 8 章训练内容）。其中第一和第二环节为空间想象力的形成训练，主要作用是养成从空间上认识投影对象的读图习惯，建立起空间思维模式，并通过提升空间形象记忆力，形成初步的空间想象力；第三环节为空间想象力的拓展训练，主要作用是在前期训练的基础上，加强空间形象的推理、生成训练，完善空间想象力的要素构成，进一步提升空间想象力水平；第四环节为空间想象力的应用提高训练，主要作用是运用已形成的空间想象力辨识投影图所表达的空间形体，在实践中提高形体辨识和表达的准确性，验证空间想象力水平，提高自信心。四个环节具有递进关系，前者是后者的基础，后者是在前者基础上的发展、提高。训练时一定要充分认识空间想象力成长过程的这种规律性，扎实做好每一步的训练，为后续训练奠定基础。

此外，还要坚持实践性、渐进性和独立性这三个重要训练原则，它们是训练取得成功的重要保证。

1. 实践性

空间想象是一种能力，与培养、发展其它能力一样，训练是提高能力水平的唯一途径。以锻炼、发展肌肉力量为例，假如有人希望提高自己的力量水平，那么除了学习理论知识外，以哑铃或杠铃为负荷的力量训练一定必不可少，而且还需要一段时间的坚持才能看到效果。与力量训练中的哑铃、杠铃作用相同，书中的习题练习就是空间想象训练的训练负荷，只有坚持一段时间、一定数量的练习，空间想象力才会有所提高。

2. 渐进性

就像力量训练中的负重需要逐渐加大一样，空间想象训练也应遵循这样的规律。做习题练习时，不能一味选择难题挑战自己，这样不但空间想象力得不到提高，还有可能挫伤学习积极性，丧失学习自信心。需要提醒读者的是，题目的难易程度因人而异，并非完全由其在习题集中的位置顺序决定，训练时一定要体会自身的感受，依据自身的能力，合理选择难度水平（感觉困难的题目可以暂时放一放，待空间想象力有所提高后再做），循序渐进地提高空间想象力。

3. 独立性

做习题练习时，一定会遇到所谓的"难题"。遇到"难题"时，人们常会想到请教他人，经人讲解，"难题"往往会变得简单，从而给人一种感觉，觉得他人的帮助可以提高空间想象力水平。然而，这只是一种错觉，"难题"之所以难，是因为求解这一问题需要人们一般并不擅长的第二类空间想象，它是一种源于自我的感知，一旦它绕过自我，经由他人指点（或翻看答案，或查看三维模型）而获得，则这种想象就不再属于第二类空间想象。就像在力量训练时有人帮助托举负重一样，他人的讲解会大幅降低训练题目的难度，这样虽有助于解题，却无助于第二类空间想象力的形成和提高。因此，做习题练习时一定要坚持独立思考，尽量不请教他人或参考各种实物、模型、立体图等辅助材料，只有这样才能使第二类空间想象力得到充分锻炼。相反，一旦有外力介入，则习题练习就会在一定程度上丧失其作为训练负荷的使用价值。

通过深入剖析工程制图这门课程的学习目的、内容和方法，从中不难看出，关于这门课程的难与易、有用与无用，实际上也源于两类空间想象性质的不同。如果在制图学习中有三维形体（如立体图、实体或虚拟模型，甚至现场实物）做参照，这相当于将第二类空间想象问题转化成了第一类空间想象问题，则学习起来会感觉比较容易，甚至有不需要专门学习制图就可以读懂工程图的错觉。虽然这种学习方式可以提高学习效率，在某种程度上也能满足实际需要，但同时也应注意其对空间想象培养的负面影响。

0.4 投影法与投影

工程图是工程形体的投影表达，在正式开始学习之前，先介绍一下与投影相关的一些基本知识。

设有平面 P 和平面外一点 A，过 A 点引直线与平面 P 相交，交点称为 A 点在平面 P 上的投影，用 a 来表示，见图 1。其中，过 A 点所引的直线称为投射线，承接 A 点投影的平面 P 称为投影面。

这种投射线通过投影对象向投影面投射，并在投影面上得到投影的方法称为投影法。

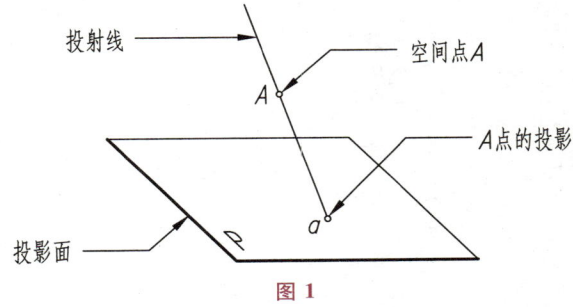

图 1

投射线汇交于一点的投影法称为中心投影法，见图 2。投射线相互平行的投影法称为平行投影法，见图 3。其中，投射线与投影面相垂直的平行投影法称为正投影法，所得到的投影称为正投影，见图 3a。投射线不与投影面相垂直的平行投影法称为斜投影法，所得到的投影称为斜投影，见图 3b。

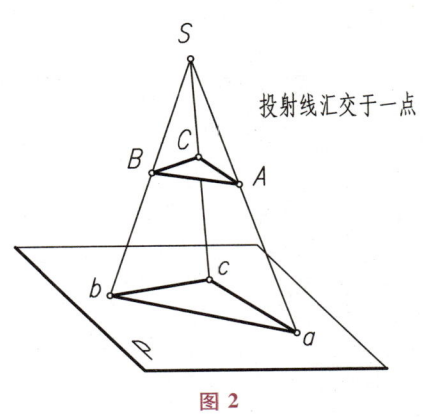

图 2

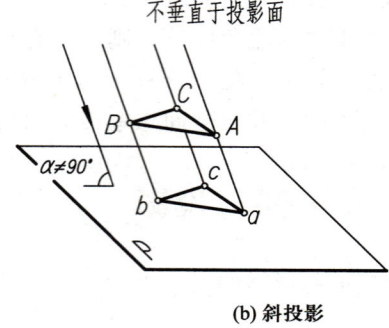

(a) 正投影　　　　　　　　(b) 斜投影

图 3

每种投影都有其应用价值，不过在后续的学习中主要使用正投影描述投影对象。因此如无特别说明，后续内容中的"投影"一词将特指正投影，"投射"一词将特指形成正投影的投射。

第 1 章　投影体系与点的投影

本章在内容上主要介绍投影体系的形成过程和点的投影表达；在训练上，引导读者初步尝试和体验如何在投影图中构建空间环境，想象投影对象的空间所在，完成空间想象训练的第一步——建立空间思维模式。

1.1　三面投影体系的建立

点的空间位置可由点在直角坐标系中的坐标来描述，见图 1-1a。从直角坐标系出发，空间点还可以用在相互垂直的三个投影面上的投影来描述。

设直角坐标系中的 XOY 平面为水平投影面，记作 H 面；XOZ 平面为正投影面，记作 V 面；YOZ 平面为侧投影面，记作 W 面。A 点在 H 面上的投影称作 A 点的水平投影，记作 a；在 V 面上的投影称作 A 点的正面投影，记作 a'；在 W 面上的投影称作 A 点的侧面投影，记作 a''，见图 1-1b。

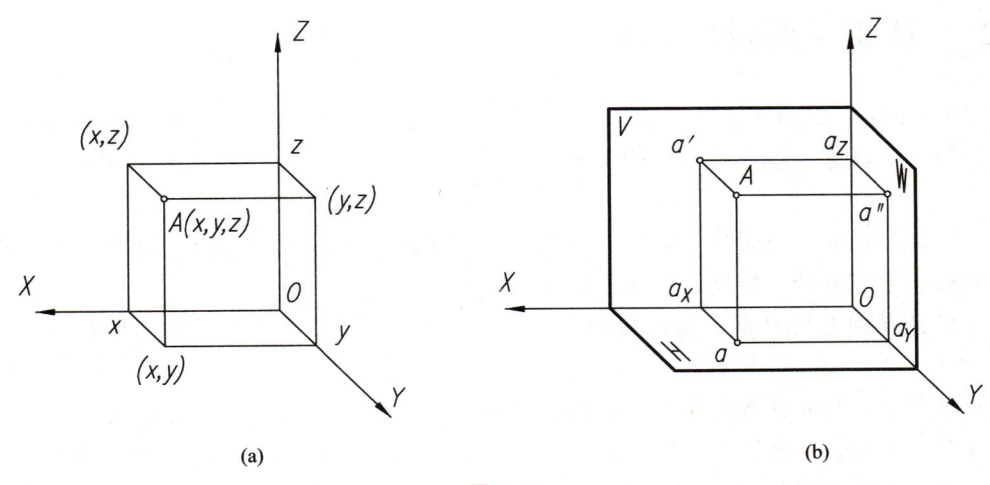

图 1-1

直角坐标系中的 X 轴、Y 轴和 Z 轴为投影面之间的交线，又被称作投影轴。其中，X 轴为 H 面与 V 面的交线，Y 轴为 H 面与 W 面的交线，Z 轴为 V 面与 W 面的交线。

将 Y 轴一分为二，分置于 H 面和 W 面上，分别记作 Y_H 和 Y_W，并将 H 面（连同其上的 Y_H

轴）绕 X 轴向下旋转，W 面（连同其上的 Y_W 轴）绕 Z 轴向右旋转，见图 1-2a，当 H 面和 W 面旋转至与 V 面处于同一平面时，由 H 面、V 面和 W 面组成的投影表达系统称作三面投影体系，见图 1-2b。点在三面投影体系中的投影称作点的三面投影。

一点的空间位置可由点的三面投影来描述。如图 1-2b 所示，A 点的水平面投影 a、正面投影 a′和侧面投影 a″描述了 A 点的空间位置。

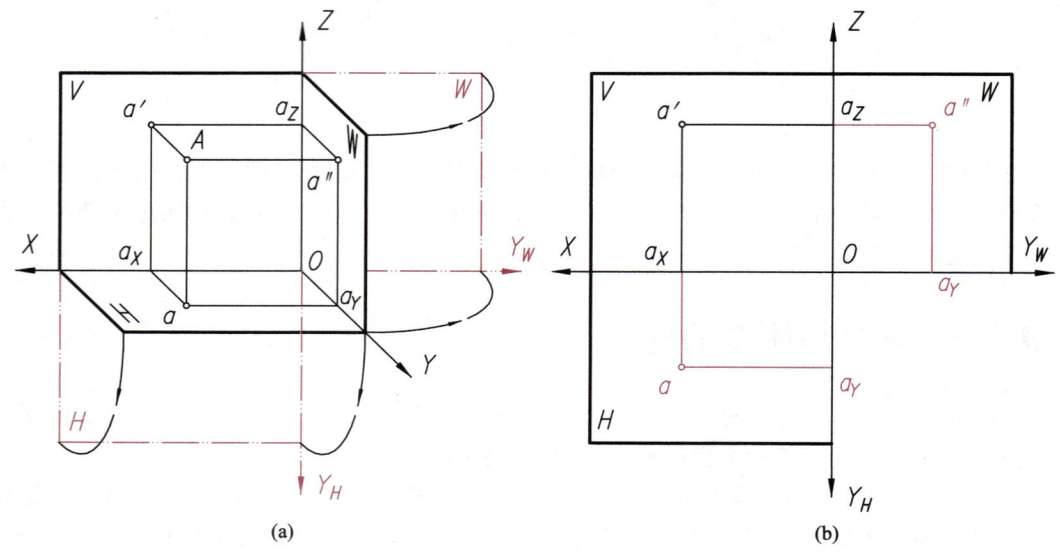

图 1-2

1.2 认识三面投影体系

在图 1-2b 中，空间 A 点不见了，取而代之的是它的三面投影 a、a′和 a″。点的三面投影是空间点的二维表达，读图时应运用空间想象，努力从投影图中看到点的空间所在，具体方法是：

（1）竖直举起书本，面对图 1-2b。聚焦 V 面（即将纸面看作 V 面），想象纸面上的 H 面绕 X 轴向外、向上旋转，恢复其空间位置（空间形象见图 1-3a）；

（2）想象 H 面上与 H 面一起旋转的 A 点水平投影 a，努力看到它的空间所在（空间形象见图 1-3b）；

（3）分别过 a′和 a 作各自所在投影面的垂线，二线交点即为空间 A 点。它应该在自 a′向外且垂直于 V 面的一条直线上，与 a′的距离为 aa_X，试着看到它（空间形象见图 1-3c）。

能看到 A 点的空间所在吗？实际上，这一过程即为空间想象。需要注意的是，图 1-3 为空间形象示意图，仅用于说明想象过程，练习一定要在图 1-2b 中进行。如果刚才是在图 1-3 中看到的空间 A 点，请重新试一下，面对图 1-2b，努力在纸面上呈现 H 面、a 和 A 点的空间所在。如果一次做不到，请停下来，反复练习，慢慢体会前面介绍的方法，直到在纸面上能够形成空间环境，看到空间 A 点。

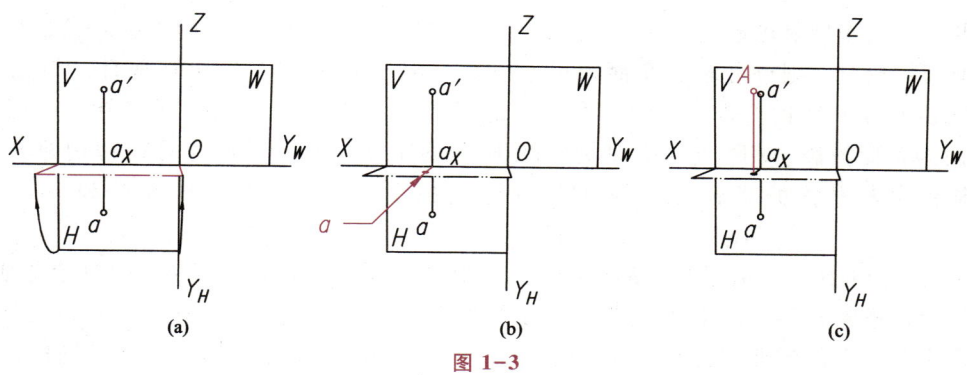

图 1-3

接下来，面对图 1-2b，试着恢复 W 面的空间位置（空间形象见图 1-4a），努力看到其上 a'' 的空间所在（空间形象见图 1-4b）。分别过 a' 和 a'' 作各自投影面的垂线，二线交点也可以确定 A 点的空间位置，试着看到它（空间形象见图 1-4c）。它应该在自 a' 向外垂直于 V 面的一条直线上，距 a' 的距离为 $a''a_Z$（注意，读图练习同样应在图 1-2b 中进行）。

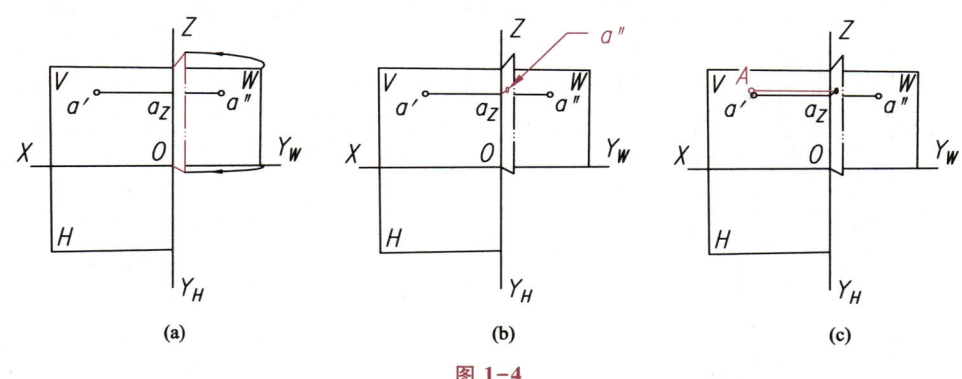

图 1-4

接下来，面对图 1-2b，试着将 H 面和 W 面的空间位置一起呈现在纸面上，努力同时看到它们的空间所在（空间形象见图 1-5a），努力看到 a 和 a'' 的空间所在（空间形象见图 1-5b）；过 a、a' 和 a'' 作各自投影面的垂线，努力看到三条垂线的空间所在，看到三条垂线的交点 A 的空间所在（空间形象见图 1-5c）。

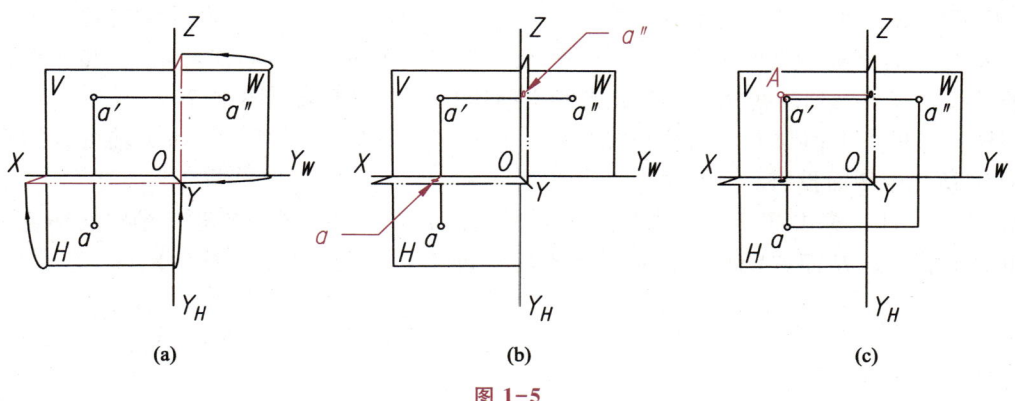

图 1-5

将点向 V 面作投射可形成点的正面投影。如果将空间的 H 面也看作投影对象，像对待点一样向 V 面作投射，则也可形成 H 面的正面投影。由于 H 面与 V 面相互垂直，因此 H 面的正面投影必为与 X 轴相重合的直线。即 X 轴除了表示 H 面与 V 面的交线以外，还可以看作空间 H 面的正面投影。相应地，Z 轴为空间 W 面的正面投影。因此，另一种构建三维环境的方法是将代表 H 面的 X 轴和 W 面的 Z 轴垂直拉出纸面，直接恢复 H 面和 W 面的空间所在。

试一试，面对图 1-2b，拉出 H 面和 W 面，努力看到它们的空间所在，同时参考纸面上 a 和 a'' 的位置，想象 a 和 a'' 的空间所在（空间形象见图 1-6a）。过 a、a' 和 a'' 作各自投影面的垂线，三线的交点即为空间 A 点，努力看到它的空间所在（空间形象见图 1-6b。同样，读图练习应在图 1-2b 中进行）。

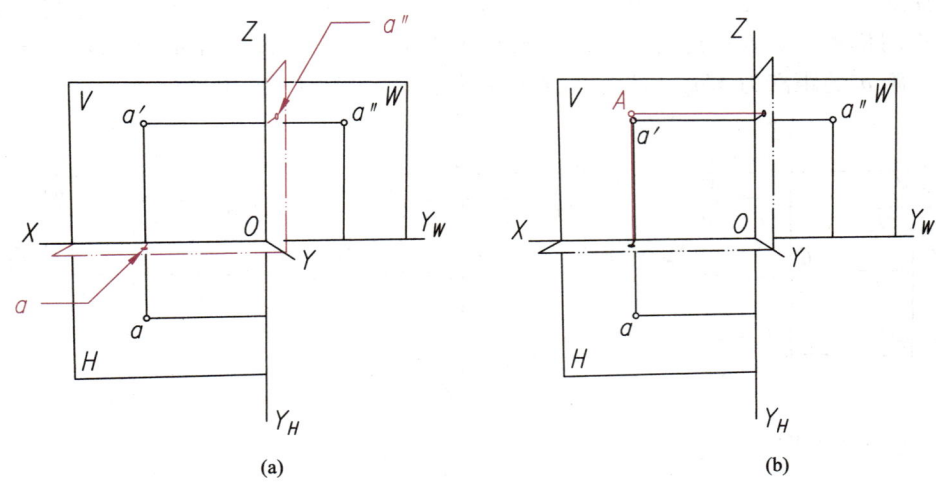

图 1-6

同理，如果将 V 面向 H 面作投射，则 X 轴还可以看作空间 V 面的水平投影，相应地，Y 轴为空间 W 面的水平投影。

俯视图 1-2b，聚焦 H 面（即将纸面看作 H 面），分别向上拉起代表 V 面和 W 面的 X 轴和 Y 轴，恢复 V 面和 W 面的空间所在，形成三维空间环境。试一试，努力看到它们，同时参考纸面上 a' 和 a'' 的位置，想象 a' 和 a'' 的空间所在（空间形象见图 1-7a）。过 a、a' 和 a'' 作各自投影面的垂线，努力看到三线交点，即 A 点的空间所在（空间形象见图 1-7b）。

同样，如果将 V 面和 H 面看作投影对象，并向 W 面作投射，则 Z 轴和 Y 轴可分别看作空间 V 面和 H 面的侧面投影。

面对图 1-2b，聚焦 W 面，拉出代表 V 面和 H 面的 Z 轴和 Y 轴，构建三维空间环境。试一试，争取也能看到 H 面、V 面、a、a' 和 A 点的空间所在，想象过程见图 1-8。

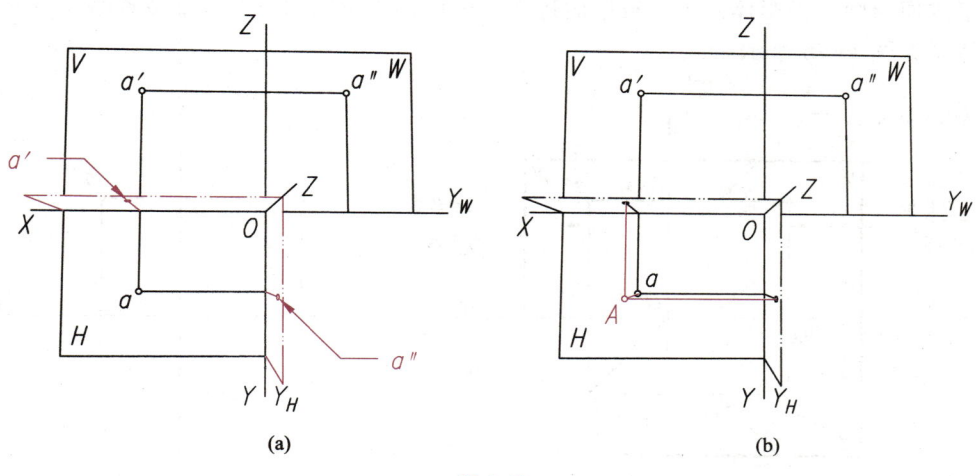

图 1-7

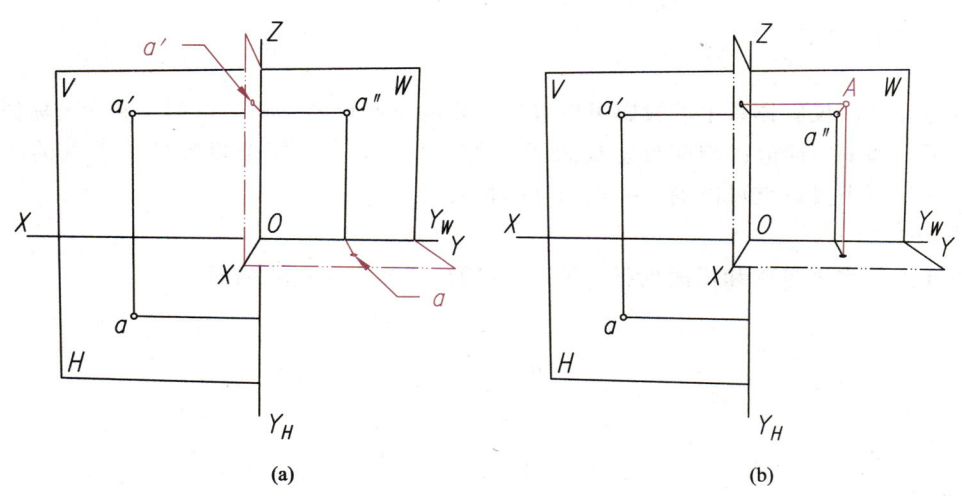

图 1-8

1.3 三面投影体系的简化表达

点在不同投影面上投影的连线称作投影联系线。

点的水平投影与正面投影有同一 x 坐标值，因此点的水平投影与正面投影之间的投影联系线必垂直于 X 轴；点的正面投影与侧面投影有同一 z 坐标值，因此点的正面投影与侧面投影之间的投影联系线必垂直于 Z 轴；点的水平投影与侧面投影虽不相邻，但由于它们有同一 y 坐标值，因此其间的投影联系线可通过 45°斜线相联系。无论是正面投影与水平投影之间的投影联系线，还是正面投影与侧面投影之间的投影联系线，或是水平投影与侧面投影之间经过 45°斜线相联系的投影联系线，它们或为水平方向，或为竖直方向，可分别称作水平投影联系线和竖向投影联系线，见图 1-9a。

为了方便绘图，投影体系中的投影面边界、标识，投影轴的箭头等常被省略。简化后的三面投影体系如图 1-9b 所示。

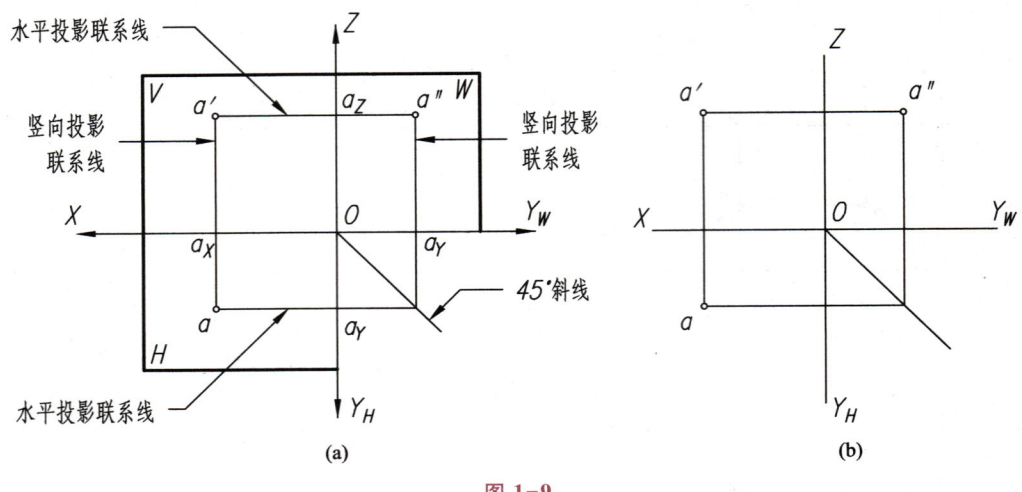

图 1-9

分析点在三面投影体系中的投影可以看出，点的正面投影反映了点的 x 和 z 坐标值；水平投影反映了 x 和 y 坐标值；侧面投影反映了 z 和 y 坐标值。即每个投影反映了点的两个坐标值，因此任意两个投影就可以确定一点的空间位置。

例题 1-1

已知 A 点的水平投影和正面投影，见图 1-10，试补绘 A 点的侧面投影。

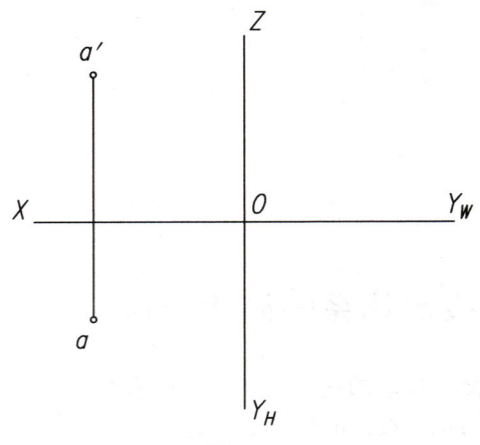

空间形态

图 1-10

解题方法有两种。一种是图解法，即利用点的投影特征和规律，按照一系列特定的作图步骤求作点的侧面投影。这种方法简捷、高效，在后面的学习中经常用到。另一种则通过想象空间环境和点在其中的空间所在，再根据点的空间位置求出点的侧面投影。这种方法又被称作"空间形象分析法"。

与图解法相比，空间形象分析法虽然烦琐、费时费力，却可以有效地提升空间想象力，特别是在学习初期，如果能由此建立起从空间上认识问题、分析问题的思维习惯，将会为后续内容的学习奠定基础。在此建议读者，一定要坚持舍简求繁，多采用空间形象分析法做习题练习，待空间想象水平提高后，为节省时间，可再用图解法求解。

解题过程

1. 采用图解法求解

（1）A 点的侧面投影与正面投影有同一 z 坐标值。过 A 点的正面投影 a' 作水平投影联系线，A 点的侧面投影一定在此直线上，见图 1-11a。

（2）A 点的侧面投影与水平投影有同一 y 坐标值，过 A 点的水平投影 a 作水平投影联系线，并通过 45°斜线转为竖直方向，A 点的侧面投影一定在此竖向投影联系线上。竖向投影联系线与水平投影联系线的交点即为 A 点的侧面投影 a''，见图 1-11b。

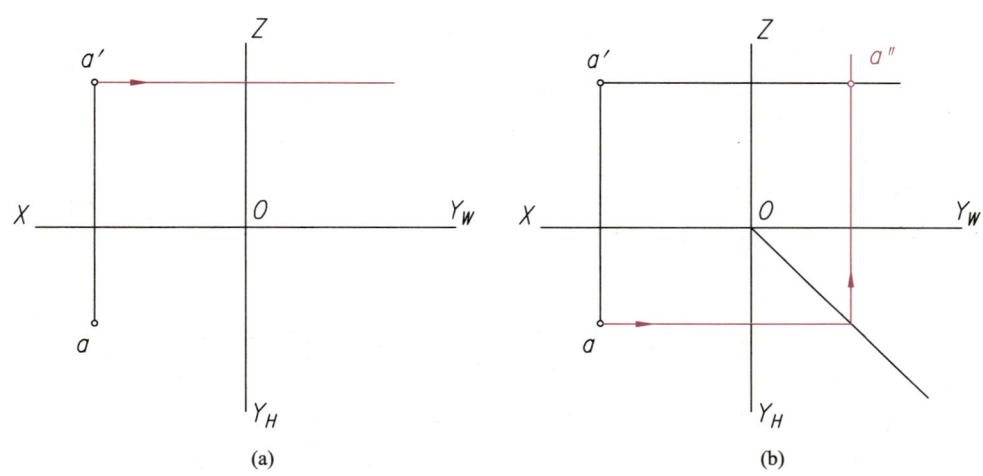

图 1-11

2. 采用空间形象分析法求解

（1）面对投影图，聚焦 V 面，拉出 X 轴和 Z 轴，形成空间的 H 面和 W 面，想象它们的空间所在。

图 1-12a 为眼前直接看到的图形，图 1-12b 为通过想象在纸面上形成的包含了空间 H 面和 W 面（红色双点画线*）的空间形象。试一试，面对图 1-12a，争取在图中能够看到图 1-12b 中所呈现出的空间形象。

视频讲解

（2）在空间的 H 面上，想象 A 点水平投影 a 的空间所在。它应该在过 a_X，距 a_X 等于 $L_{A \to V}$ 的一条垂直于 V 面的直线上（$L_{X \to H 或 V 或 W}$ 表示某点到某投影面的距离）。

面对图 1-13a，努力在图中形成如图 1-13b 所示的空间形象，看到空间 H 面上 a 的空间所在。

---

* 如无特别说明，本书中的点画线、双点画线和虚线均为细线。

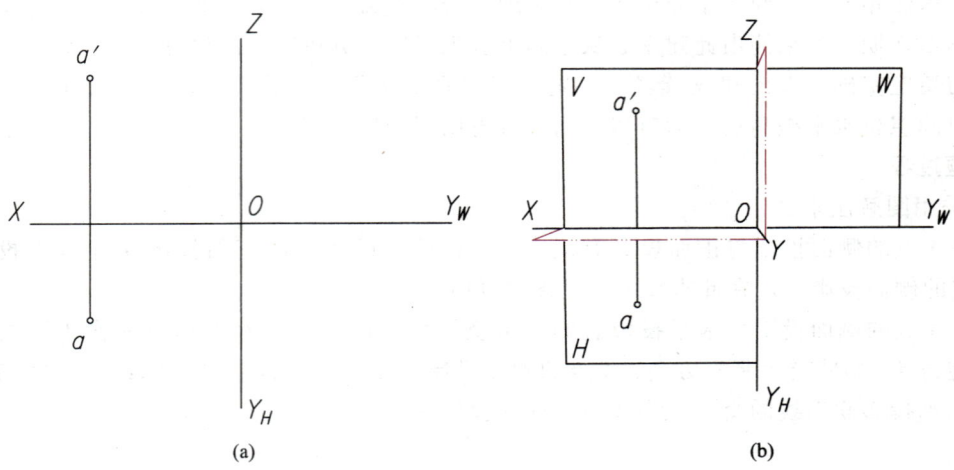

图 1-12

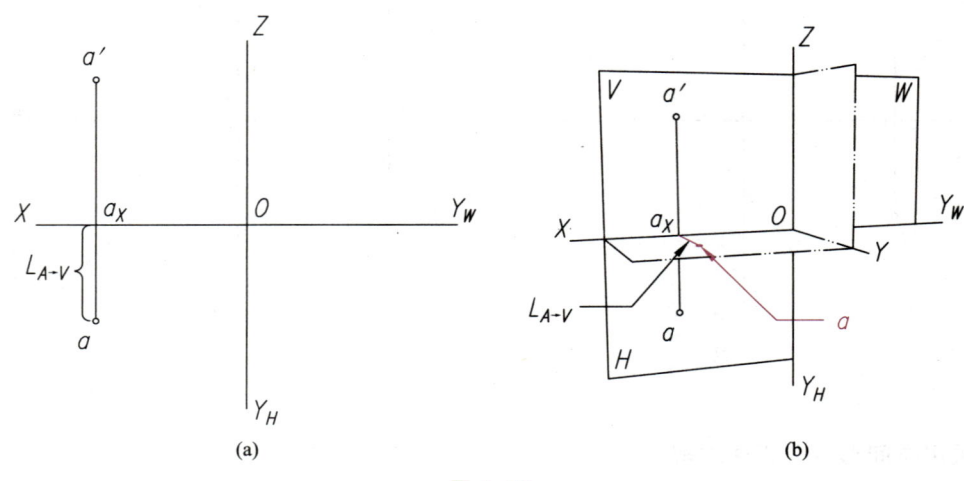

图 1-13

（3）在想象的三维环境中，分别过 a 和 a' 作各自投影面的垂线，二线交点即为空间 A 点，想象它的空间所在。它应该在过 a'，距 a' 等于 $L_{A \to V}$ 的一条垂直于 V 面的直线上（空间形象见图 1-14b）。

面对图 1-14a，努力在图中看到 A 点的空间所在，验证 $Aa' = aa_X$。

（4）过空间 A 点向 W 面引垂线，垂足即为 A 点侧面投影 a'' 的空间位置，想象它的空间所在。它应该在过 a_Z，距 a_Z 等于 $L_{A \to V}$ 的一条垂直于 V 面的直线上（空间形象见图 1-15b）。

面对图 1-15a，努力在图中看到空间 W 面上 a'' 的空间所在。

（5）想象 W 面连同其上的 a'' 一起绕 Z 轴向右旋转。当旋至与 V 面共面时，a'' 即为所求，即 $a''a_Z = L_{A \to V}$（空间形象见图 1-16b）。

面对图 1-16a，想象 W 面连同其上 a'' 的旋转过程，验证 $a''a_Z = aa_X$。

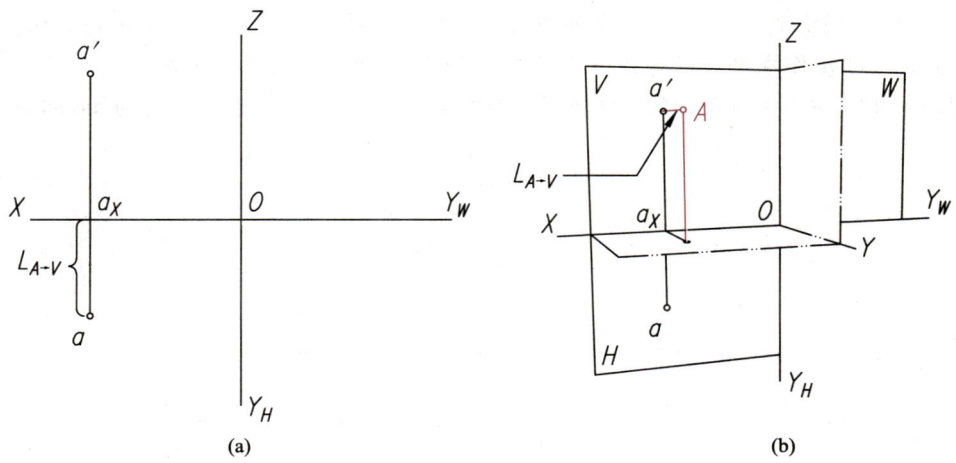

图 1-14

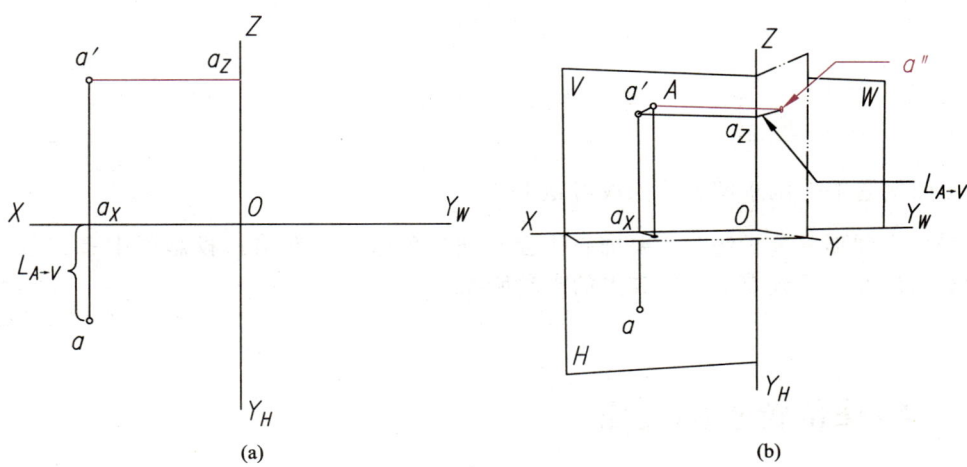

图 1-15

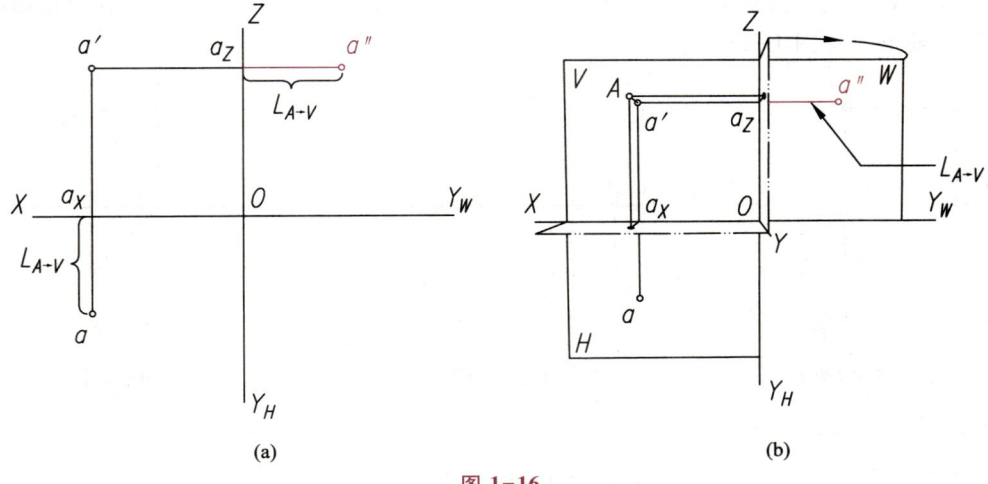

图 1-16

实际作图时，面对图 1-10 的一系列想象、分析和思考过程均在脑海中进行，纸面上可如图 1-17 所示，过 a' 作水平投影联系线，并在其上量取 $a''a_Z = aa_X$，由此确定 a''。

面对图 1-17，聚焦 V 面，构建空间环境，想象 A 点的空间所在，验证 $a''a_Z$ 与 aa_X 的等量关系。

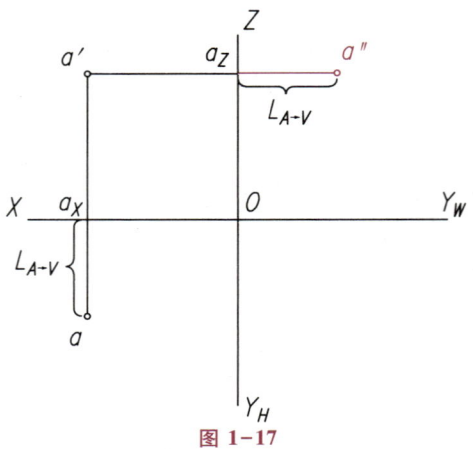

图 1-17

 实践训练

仿照例题 1-1 的求解方法完成习题 1-1*。

采用空间形象分析法时，要细心体会空间想象过程，努力从投影图中看到各投影面的空间所在、看到点的投影和点的空间所在。

1.4 特殊位置点的投影

空间点也会处于某一投影面或投影轴上，甚至原点上。

当空间点处于某一投影面上时，该点在此投影面上的投影就是该点本身，其余投影则落于相应的投影轴上，见图 1-18。

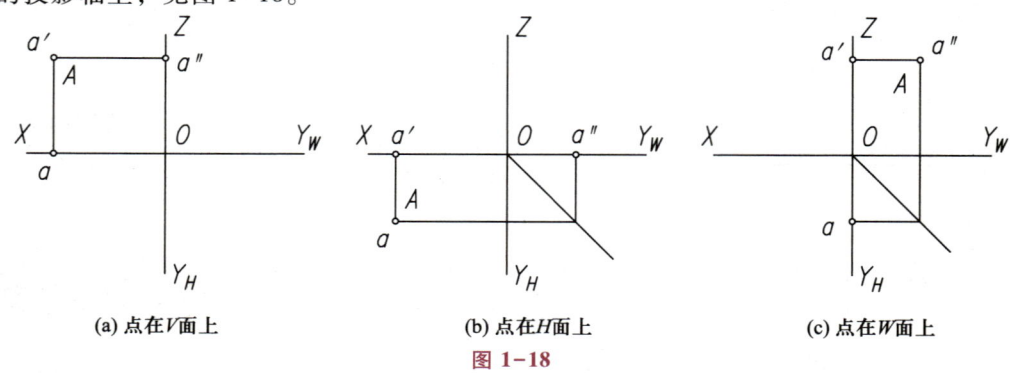

(a) 点在 V 面上　　(b) 点在 H 面上　　(c) 点在 W 面上

图 1-18

---

* 本书中的"习题 ×-×"均指与本书配套使用的《工程制图习题集——空间想象训练》中的习题。

面对各个投影图，聚焦不同投影面，想象点的空间所在，验证点的空间位置。

当空间点处于某一投影轴上时，该点的两个投影就是该点本身，另一投影则落于原点，见图 1-19。

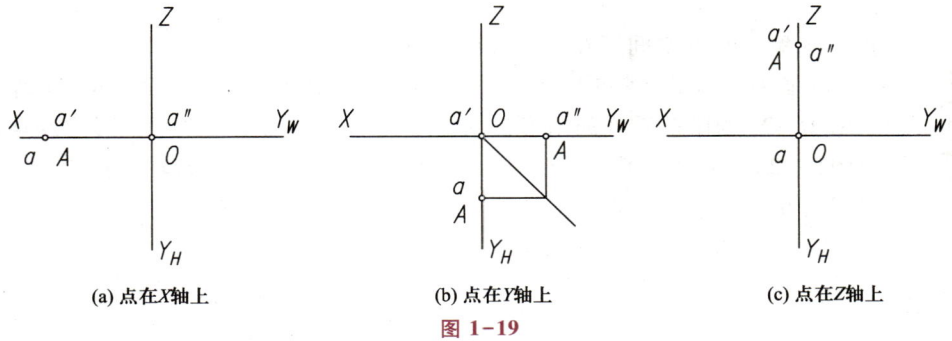

(a) 点在X轴上　　　(b) 点在Y轴上　　　(c) 点在Z轴上

图 1-19

面对各个投影图，聚焦不同投影面，想象点的空间所在，验证点的空间位置。

当空间点处于坐标原点时，该点的三个投影都是该点本身，见图 1-20。

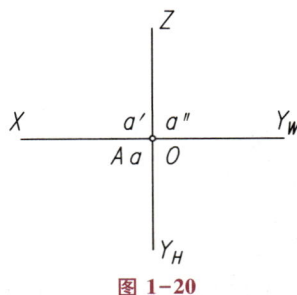

图 1-20

无论点在哪里，面对投影图，只要能从空间上看到它们，自然能判断出点的空间位置。

例题 1-2

已知 A 点的两面投影，求作第三面投影，见图 1-21。

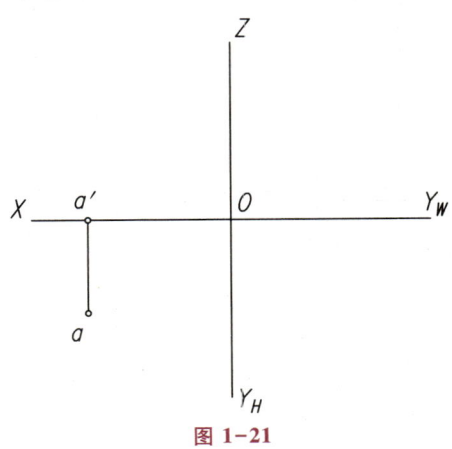

图 1-21

空间形态

解题过程

采用空间形象分析法求解问题时，需要构建空间环境，想象投影对象的空间所在。空间环境可以聚焦 V 面（即将纸面看作正投影面）产生，也可以聚焦 H 面（即将纸面看作水平投影面）产生，下面分别予以讨论。

1. 聚焦 V 面，想象 A 点的空间所在，求作侧面投影

视频讲解

（1）面对投影图，聚焦 V 面，向前拉出 X 轴和 Z 轴，想象 H 面和 W 面的空间所在。

图 1-22a 为眼前看到的图形，图 1-22b 为通过想象在纸面上形成的空间形象。面对图1-22a，努力在纸面上形成如图 1-2b 所呈现的空间形象，看到 H 面和 W 面的空间所在。

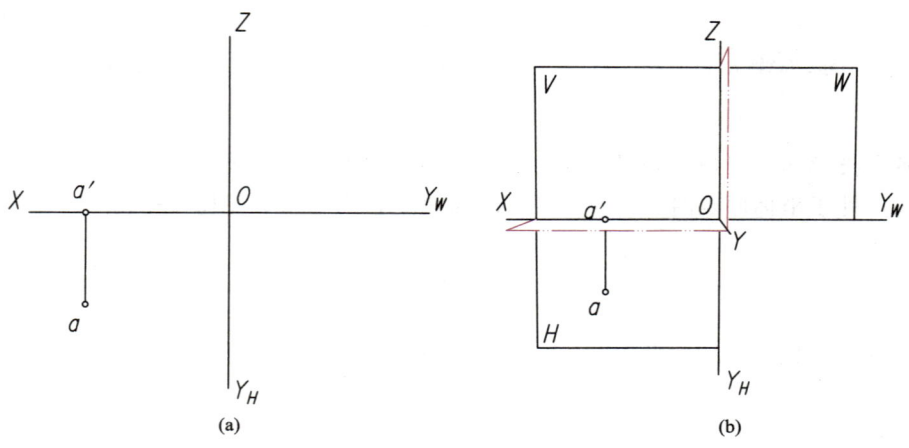

图 1-22

（2）由 A 点正面投影 a' 的位置，可以断定 A 点一定在 H 面上。想象 A 点的空间所在，A 点的空间所在即为 A 点水平投影 a 的空间所在。它应该在过 a'，距 a' 等于 $L_{A \to V}$ 的一条垂直于 V 面的直线上（空间形象见图 1-23b）。

面对图 1-23a，努力从图中看到空间 H 面上 A 点水平投影 a 的空间所在，亦即 A 点的空间所在。

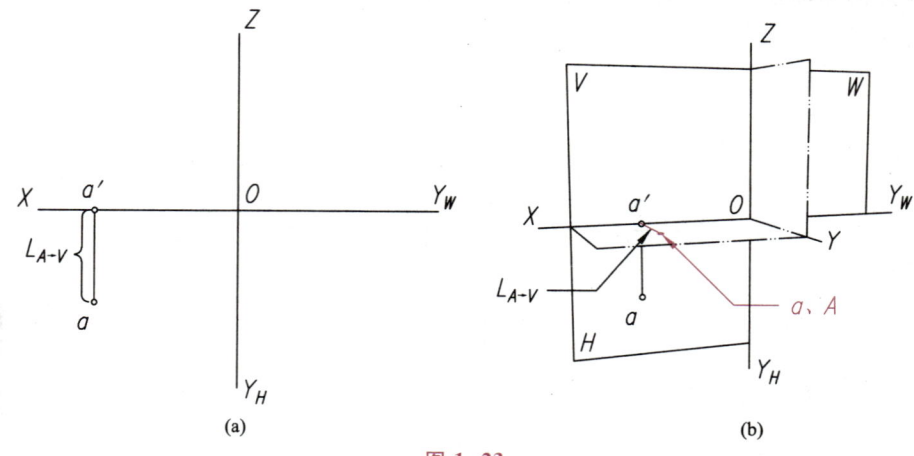

图 1-23

(3) 过空间 A 点向 W 面引垂线，垂线必与 Y 轴相交，交点即为 A 点的侧面投影 a″，想象其空间所在。它应该在 Y 轴上，距原点 O 的距离等于 $L_{A \to V}$（空间形象见图 1-24b）。

面对图 1-24a，努力从图中看到 Y 轴的空间所在，看到 Y 轴上 a″的空间所在。

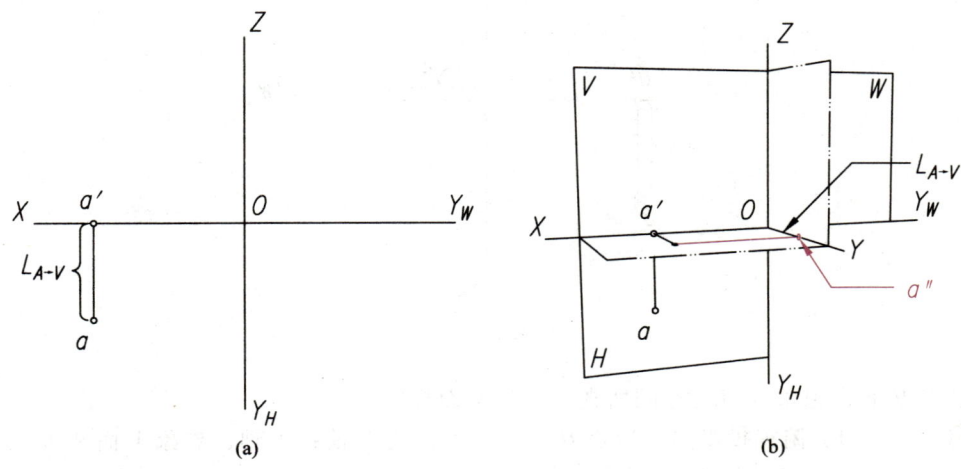

图 1-24

(4) 想象 W 面连同其上的 a″一起绕 Z 轴向右旋转。当旋至与 V 面共面时，a″即为所求，即 $a″O = L_{A \to V}$（空间形象见图 1-25b）。

面对图 1-25a，想象 W 面连同其上 a″的旋转过程，验证 $a″O = L_{A \to V}$，即 $a″O = aa'$。

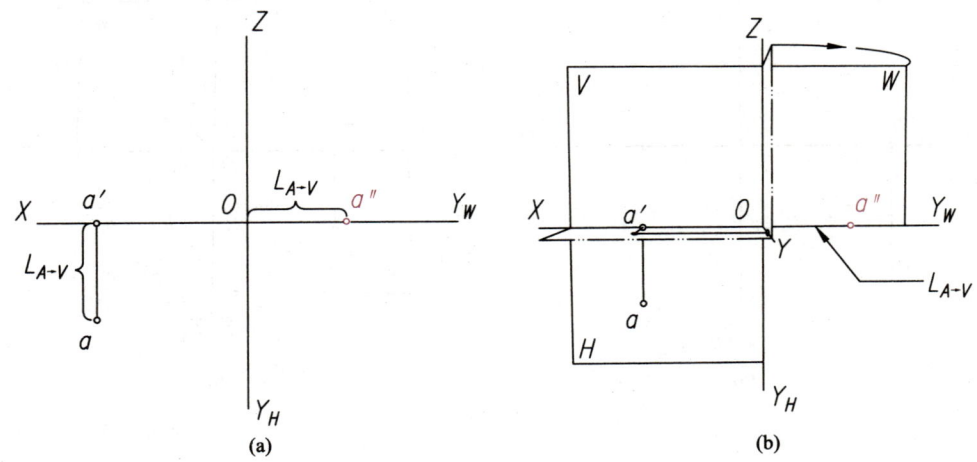

图 1-25

作图求解过程即为想象、思考过程，表述在纸面上即自原点沿水平方向向右量取 $a″O = aa'$，由此确定 a″，见图 1-26。

面对图 1-26，聚焦 V 面，构建空间环境，想象 A 点的空间所在，验证 $a″O$ 与 aa' 的等量关系。

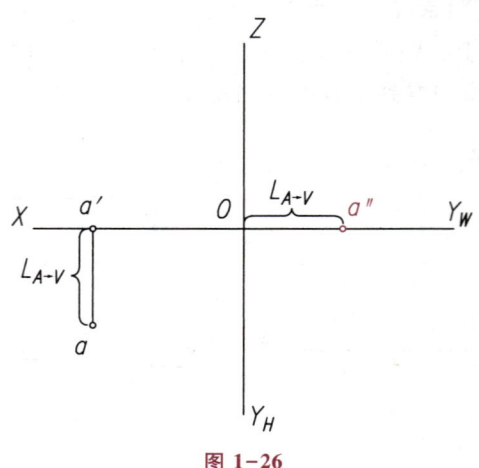

图 1-26

2. 聚焦 H 面，想象 A 点的空间所在，求作侧面投影

视频讲解

（1）俯视投影图，聚焦 H 面，向上拉起 X 轴和 Y 轴，想象 V 面和 W 面的空间所在（空间形象见图 1-27b）。

俯视图 1-27a，形成如图 1-27b 所示的空间形象，努力从中看到 V 面和 W 面的空间所在。

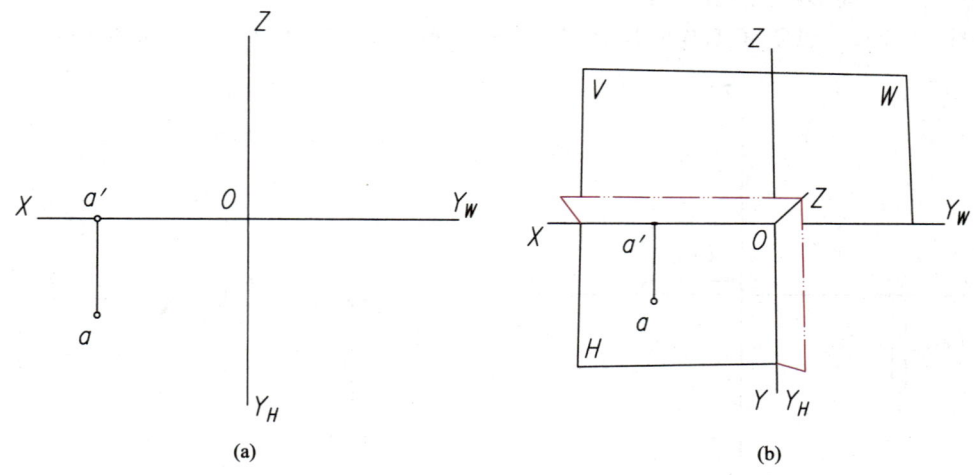

图 1-27

（2）由 A 点正面投影 a' 的位置，可以断定 A 点一定在 H 面上。即 A 点水平投影 a 所在的位置即为 A 点的空间所在（空间形象见图 1-28b）。

俯视图 1-28a，聚焦 H 面，想象空间环境，验证 a 点即为 A 点的空间所在。

（3）过 A 点向 W 面引垂线，垂线必与 Y 轴相交，交点即为 A 点的侧面投影 a''，即 a_Y 所在的位置即为 a'' 的空间所在（空间形象见图 1-29b）。

俯视图 1-29a，聚焦 H 面，想象空间环境，验证 a_Y 点即为 a'' 点的空间所在。

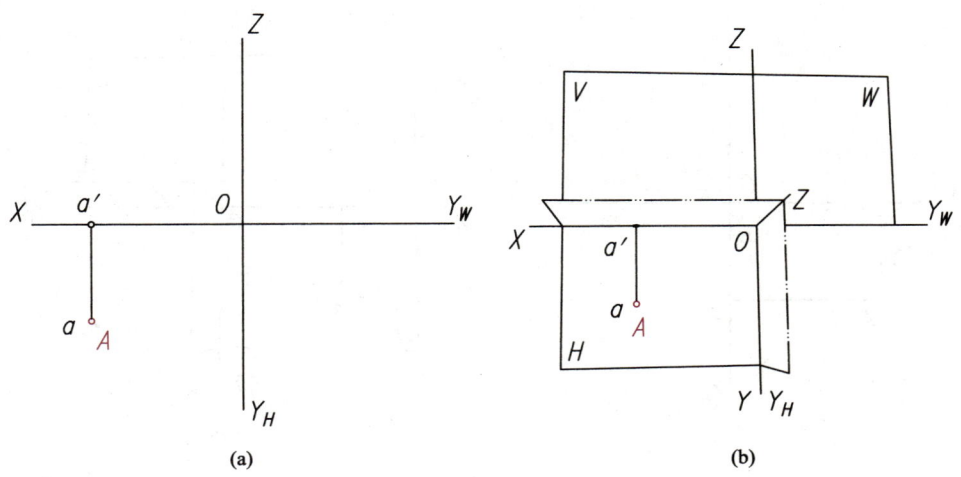

图 1-28

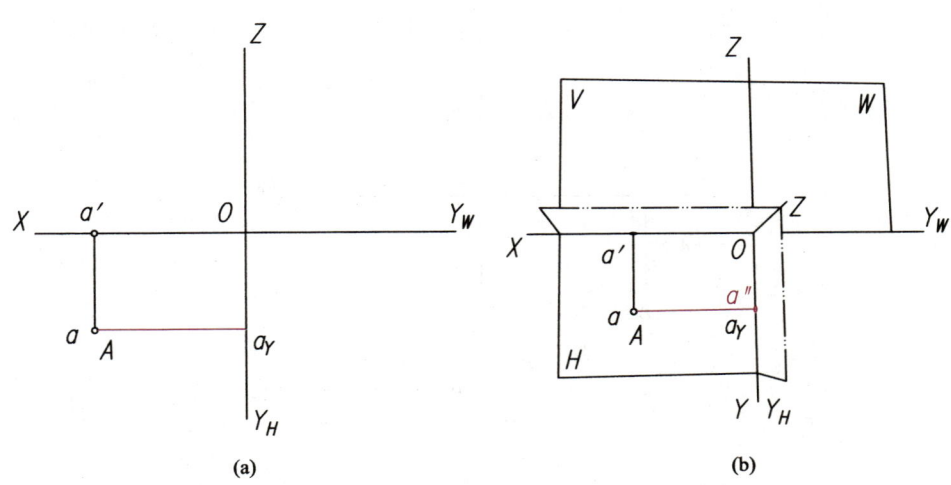

图 1-29

（4）想象 W 面连同其上的 a'' 一起绕 Z 轴逆时针旋转。当旋至与 V 面共面时，a'' 即为所求，即 $a''O = L_{A \to V}$（空间形象见图 1-30b）。

俯视图 1-30a，想象 W 面连同其上 a'' 的旋转过程，验证 $a''O = L_{A \to V}$，即 $a''O = aa'$。

将想象和思考过程表述在纸面上，即自原点沿水平方向向右量取 $a''O = aa'$，由此确定 a''，见图 1-31。

俯视图 1-31，聚焦 H 面，构建空间环境，想象 A 点的空间所在，验证 $a''O$ 与 aa' 的等量关系。

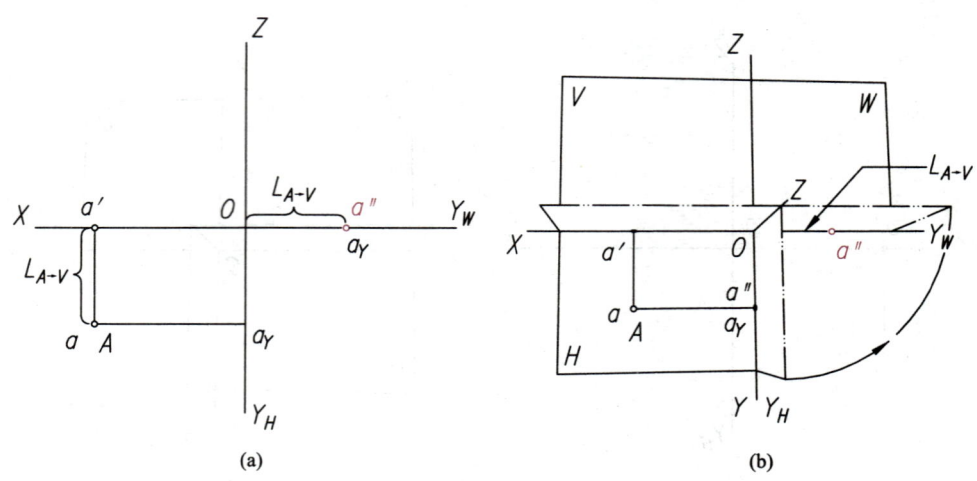

图 1-30

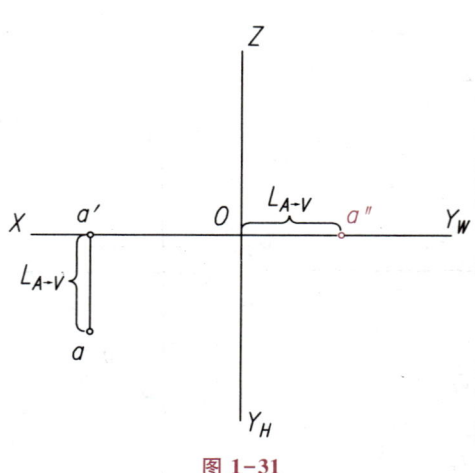

图 1-31

 实践训练

完成习题 1-2。

在投影图中通过想象构建三维环境，观察投影对象是本章的学习重点。

练习时很有可能看不到或看不清三维场景和投影对象。例如，当盯着空间的 H 面时，可能看不到空间的 W 面，而当将目光锁定到 W 面时，H 面又消失了。这时一定不要着急，要重新盯住 H 面，努力在看到 H 面的同时看到 W 面。只要坚持练习，随着时间的推移，能同时看到的空间元素会越来越多，越来越清晰，也预示着空间想象力在不断提高。

一定要坚持独立完成习题练习，尽量不请教他人，不轻易看答案。

1.5 重影点

当多个空间点处于同一投射线上时,其投影会重合,投影重合的点称为重影点。为了区分重影点的遮挡关系,被遮挡点的投影标识应加括号。如图 1-32a 所示,B 点在 A 点的正下方,从上向下观察,B 点被 A 点遮挡,因此 B 点的水平投影 b 外应加括号,记作 (b)。与此类似,图 1-32b 中的 D 点在 C 点的正后方,从前向后观察,D 点被 C 点遮挡,D 点的正面投影 d' 外应加括号,记作 (d')。

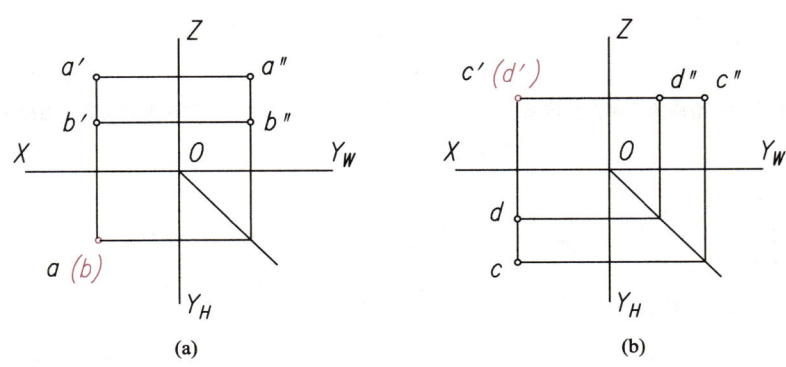

图 1-32

实践训练

完成习题 1-3。

1.6 二面投影体系与无轴投影体系

点的每个投影反映两个坐标,因此三个投影中的任意两个就可以描述一点的空间位置,由此可形成二面投影体系。常用的二面投影体系有两种:一是由 V 面和 H 面组成的二面投影体系,见图 1-33a;二是由 V 面和 W 面组成的二面投影体系,见图 1-33b。

工程实践中,投影对象间的相互位置关系比投影对象在投影体系中所处的位置更重要。因此,二面投影体系中原点的位置常被省略。如图 1-33a 中代表 X 轴的水平线上和图 1-33b 中代表 Z 轴的竖直线上均未标记原点位置。

读二面投影图时,仍需通过想象构建空间环境,从投影图中看到投影对象。例如,读取图 1-33a 中两点的空间位置关系时,可聚焦 V 面构建空间环境,看到 A 点在 B 点的左上后方(相对于观察者,近者为前,远者为后),或聚焦 H 面,看到相同的内容。

在投影图中,有时连投影轴也被省略,形成所谓的无轴投影体系,见图 1-34。无轴投影体系并非无轴,只是因为投影对象相对于投影面的位置并不重要而被省略。

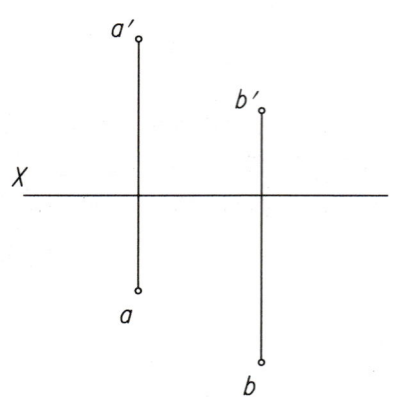
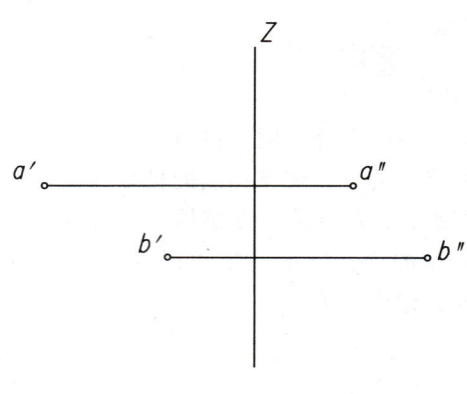

(a) 由V面和H面组成的二面投影体系　　　　(b) 由V面和W面组成的二面投影体系

图 1-33

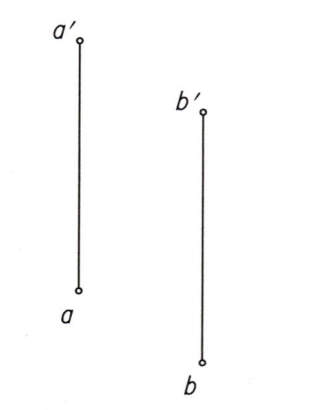
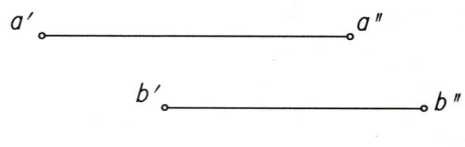

(a) 由V面和H面组成的无轴投影体系　　　　(b) 由V面和W面组成的无轴投影体系

图 1-34

1.7　第一角投影与第三角投影

为了方便表达，图 1-2a 中的各个投影面只画出了部分区域。如 H 面只表达了 V 面前方、W 面左方四分之一的区域，V 面后方和 W 面右方还有四分之三区域没有给出。实际上，各个投影面都是无限大的平面，它们两两正交，将空间分为八个分角，见图 1-35。其中 H 面上方、V 面前方和 W 面左方所形成的空间称为第一分角。由此出发，向后穿过 V 面所进入的空间称为第二分角，然后向下穿过 H 面为第三分角，再向前穿过 V 面为第四分角。W 面的右方重复这一过程，分别记作第五至第八分角。

用投影表达点的空间位置时，习惯将点放在第一分角进行投射，由此形成的投影图称作第一角投影。不过有些国家和地区习惯将点放在第三分角进行投射，这样形成的投影图称作第三角投影。

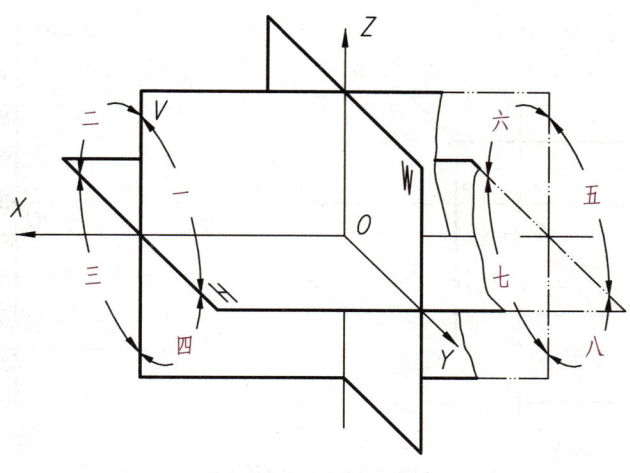

图 1-35

第三角投影的形成过程与第一角投影不同,它有两种形式。一种是 V 面不动,分别旋转 H 面和 W 面形成三面投影体系,见图 1-36a。另一种是 H 面不动,分别旋转 V 面和 W 面形成三面投影体系,见图 1-36b。

第一角投影与第三角投影的本质区别在于观察者、投影对象和投影面的空间位置关系不同。第一角投影中,相对于观察者,投影面在投影对象的后方,而第三角投影中,投影面在投影对象的前方,读第三角投影图,在构建空间环境时要特别注意这一点。此外,还要注意投影面旋转的方向不同。下面通过例题说明第三角投影图的读图、绘图过程。

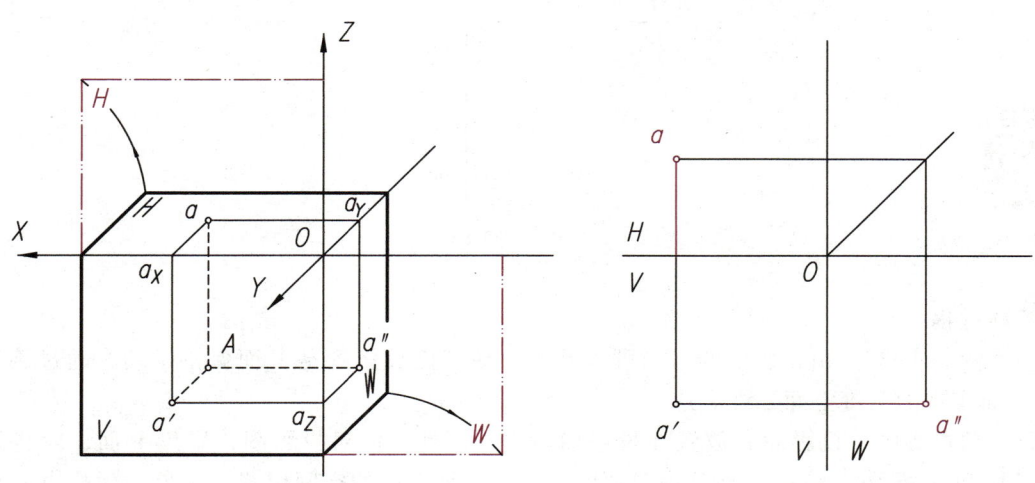

(a) V面不动,旋转H面和W面形成的第三角投影

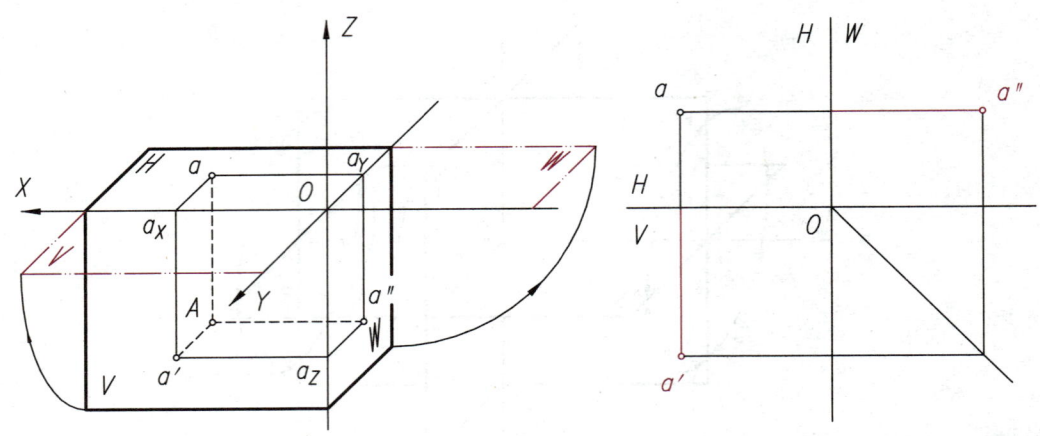

(b) H面不动，旋转V面和W面形成的第三角投影

图 1-36

例题 1-3

第三角投影图中，已知 A 点的水平投影和正面投影，见图 1-37，求作 A 点的侧面投影。

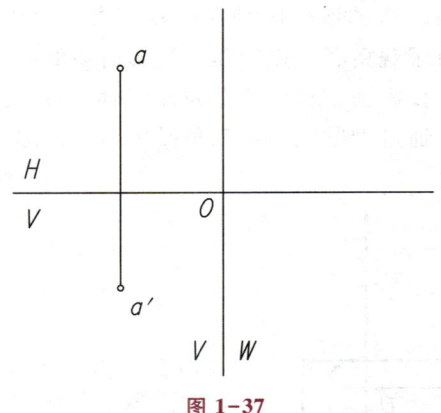

空间形态

图 1-37

解题过程

（1）读图 1-37，由投影面的布局可以看出，该三面投影图是 V 面保持不动，通过旋转 H 面和 W 面实现的三维空间二维表达。

第三角投影中，投影对象放置在投影面后方。因此，面对投影图，聚焦 V 面，应将纸面上的 H 面和 W 面绕 X 轴和 Z 轴分别向纸后旋转，恢复它们的空间位置。想象纸面后方所形成的三维空间环境，努力透过 V 面看到 H 面和 W 面的空间所在（空间形象见图 1-38b）。

面对图 1-38a，聚焦 V 面，努力透过 V 面看到 H 面和 W 面的空间所在。

视频讲解

（2）在空间的 H 面上，想象 A 点水平投影 a 的空间所在。它应该在纸面后方，

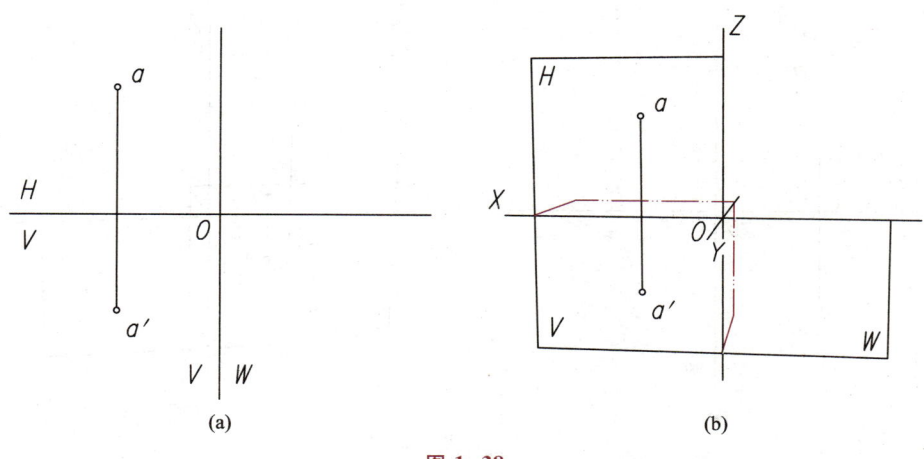

图 1-38

过 a_X 且距 a_X 等于 $L_{A\to V}$ 的一条垂直于 V 面的直线上（空间形象见图 1-39b）。

面对图 1-39a，努力透过 V 面看到 V 面后方 H 面上 A 点水平投影 a 的空间所在。

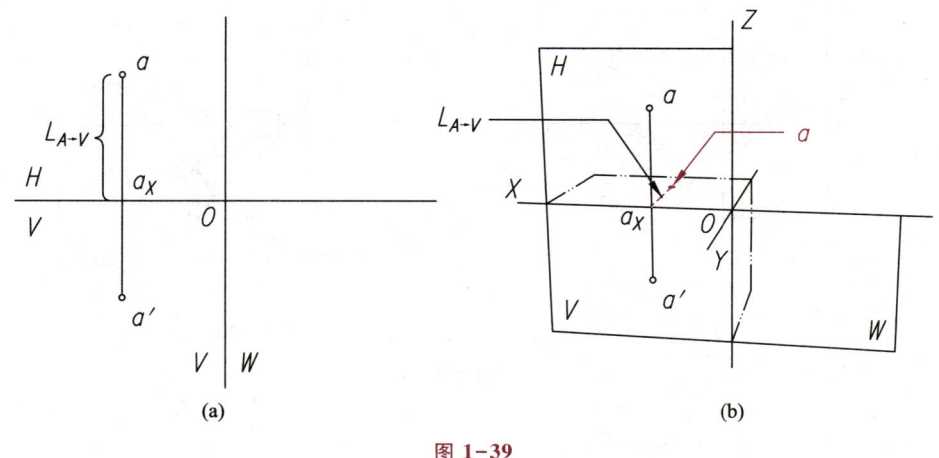

图 1-39

（3）在想象的纸面后方所形成的三维环境中，分别过 a 和 a' 作各自投影面的垂线，二线交点即为空间 A 点，想象其空间所在。它应该在纸面后方，过 a' 且距 a' 等于 $L_{A\to V}$ 的一条垂直于 V 面的直线上（空间形象见图 1-40b）。

面对图 1-40a，努力透过 V 面看到 A 点的空间所在。

（4）过空间 A 点向 W 面引垂线，垂足即为 A 点侧面投影 a'' 的空间位置，想象它的空间所在。它应该在纸面后方，过 a_Z 且距 a_Z 等于 $L_{A\to V}$ 的一条垂直于 V 面的直线上（空间形象见图 1-41b）。

面对图 1-41a，努力透过 V 面看到 V 面后方 W 面上 A 点侧面投影 a'' 的空间所在。

（5）想象 V 面后方的 W 面连同其上的 a'' 一起绕 Z 轴向右旋转（与第一角投影中 W 面的旋转方向相反）。当旋至与 V 面处于同一平面时，a'' 即为所求，即 $a''a_Z=L_{A\to V}$（空间形象图 1-42b）。

面对图 1-42a，想象 W 面连同其上 a'' 的旋转过程，验证 $a''a_Z=L_{A\to V}$，即 $a''a_Z=aa_X$。

27

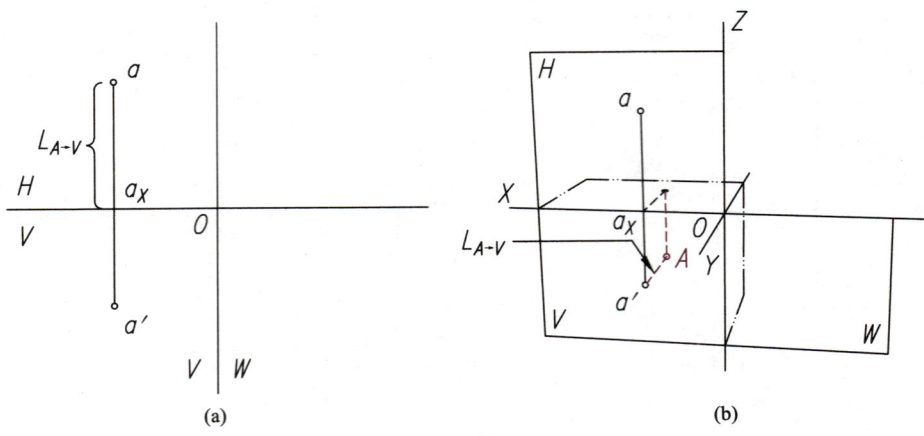

图 1-40

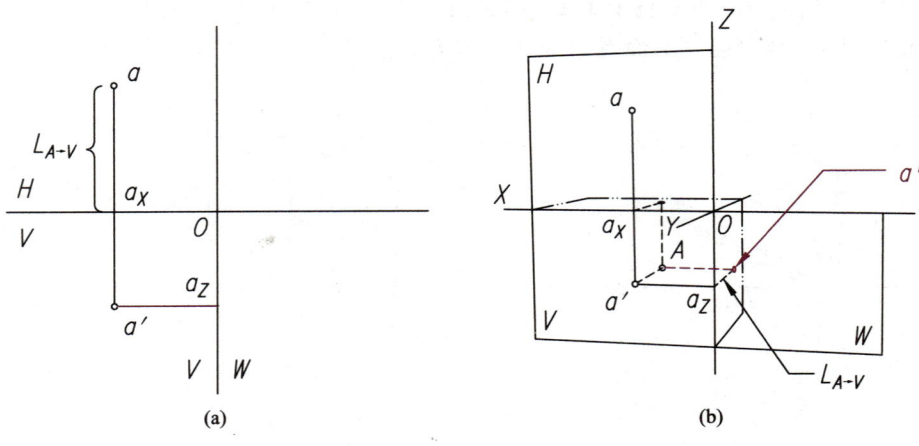

图 1-41

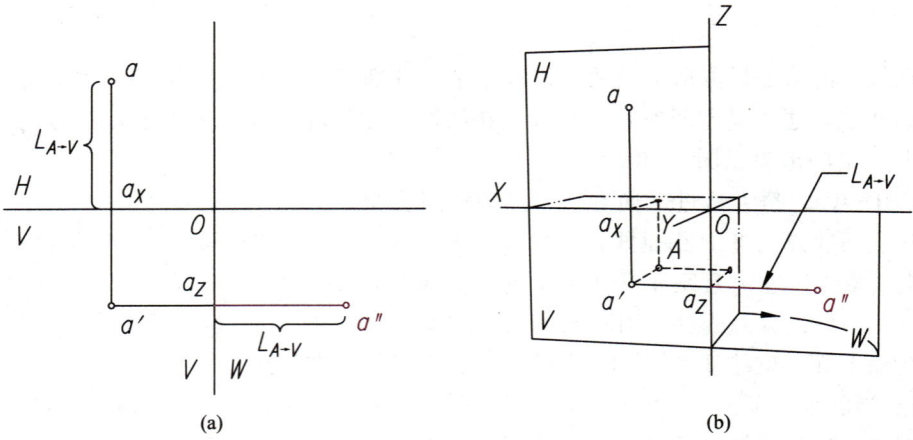

图 1-42

将想象和分析思考过程表述在纸面上，即过 a' 作水平投影联系线，量取距离 $a''a_Z = aa_X$，由此确定 a''，见图 1-43。

面对图 1-43，聚焦 V 面，构建空间环境，想象 V 面后方 A 点的空间所在，验证 $a''a_Z$ 与 aa_X 的等量关系。

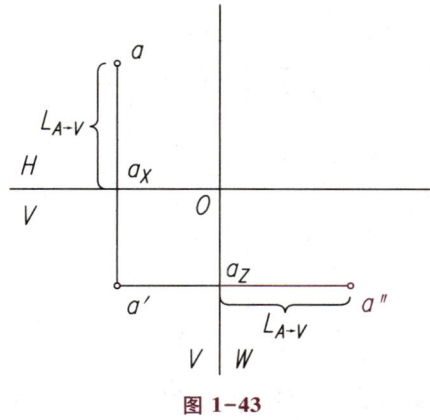

图 1-43

上述解题过程采用的是空间形象分析法。该题也可用图解法求解，读者可自行研究作图过程。

例题 1-4

第三角投影图中，已知 A 点的水平投影和正面投影，见图 1-44，求作 A 点的侧面投影。

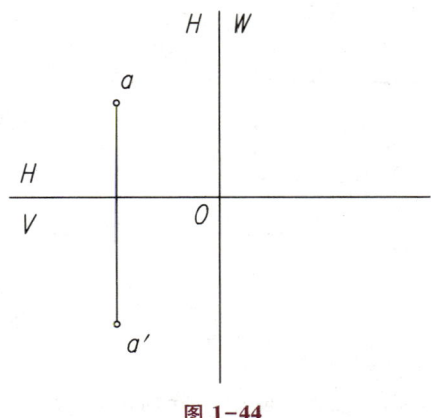

图 1-44

空间形态

解题过程

（1）读图 1-44，由投影面的布局可以看出，该三面投影图是 H 面保持不动，通过旋转 V 面和 W 面实现的三维空间二维表达。

俯视投影图，聚焦 H 面，将纸面上的 V 面和 W 面绕 X 轴和 Y 轴分别向纸后旋转，恢复它们的空间位置。想象纸面后方所形成的三维空间环境，努力透过 H 面看到 V 面和 W 面的空间所在（空间形象见图 1-45b）。

俯视图 1-45a，聚焦 H 面，努力透过 H 面看到 V 面和 W 面的空间所在。

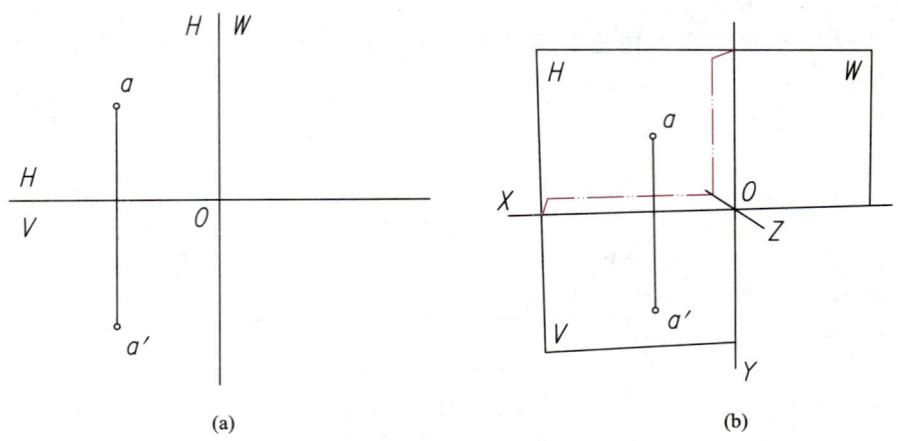

图 1-45

（2）在空间的 V 面上，想象 A 点正面投影 a' 的空间所在。它应该在纸面后方，过 a_X 且距 a_X 等于 $L_{A\to H}$ 的一条垂直于 H 面的直线上（空间形象图 1-46b）。

俯视图 1-46a，努力透过 H 面看到 H 面后方 V 面上 A 点正面投影 a' 的空间所在。

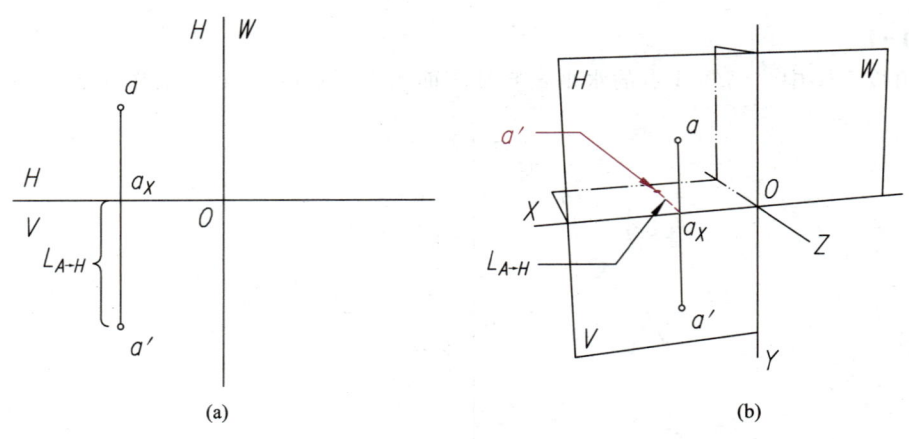

图 1-46

（3）在想象的纸面后方所形成的三维环境中，分别过 a 和 a' 作各自所在投影面的垂线，二线交点即为空间 A 点，想象其空间所在。它应该在纸面后方，过 a 且距 a 等于 $L_{A\to H}$ 的一条垂直于 H 面的直线上（空间形象见图 1-47b）。

俯视图 1-47a，努力透过 H 面看到 A 点的空间所在。

（4）过空间 A 点向 W 面引垂线，垂足即为 A 点侧面投影 a'' 的空间位置，想象它的空间所在。它应该在纸面后方，过 a_Y 且距 a_Y 等于 $L_{A\to H}$ 的一条垂直于 H 面的直线上，努力看到它（空间形象见图 1-48b）。

俯视图 1-48a，努力透过 H 面看到 H 面后方 W 面上 a'' 的空间所在。

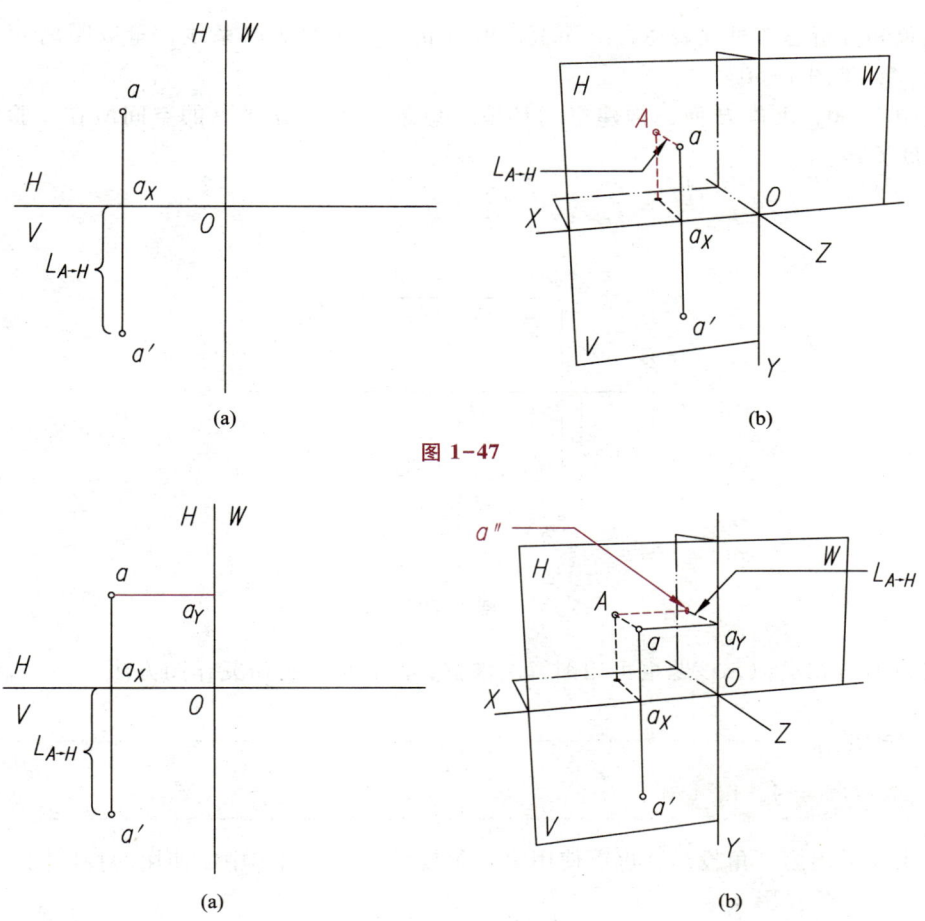

图 1-47

图 1-48

（5）想象 H 面后方的 W 面连同其上的 a'' 一起绕 Y 轴向上旋转。当旋至与 H 面共面时，a'' 即为所求，即 $a''a_Y = L_{A \to H}$（空间形象见图 1-49b）。

俯视图 1-49a，想象 W 面连同其上 a'' 的旋转过程，验证 $a''a_Y = L_{A \to H}$，即 $a''a_Y = a'a_X$。

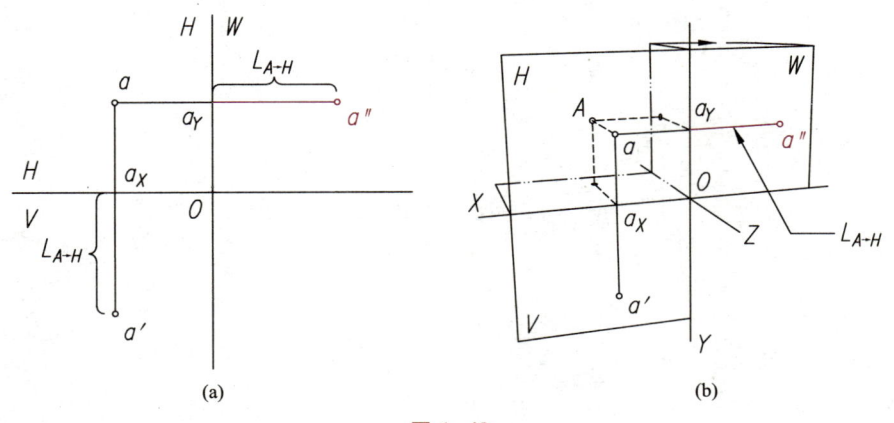

图 1-49

31

将想象和分析思考过程表述在纸面上，即过 a 作水平投影联系线，量取距离 $a''a_Y = a'a_X$，由此确定 a''，见图 1-50。

俯视图 1-50，聚焦 H 面，构建空间环境，想象 H 面后方 A 点的空间所在，验证 $a''a_Y$ 与 $a'a_X$ 的等量关系。

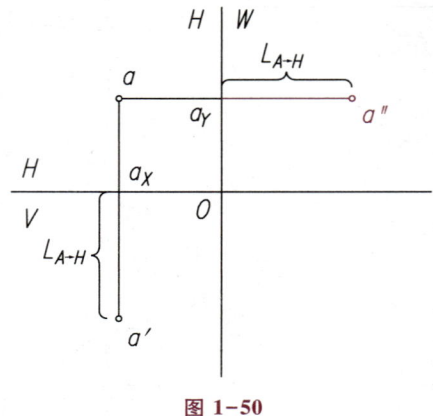

图 1-50

与例题 1-3 相类似，该题也可用图解法求解，读者可自行研究作图方法。

 实践训练

完成习题 1-4。

我国主要采用第一角投影，也可使用第三角投影。后续内容中所使用的投影图，如无特别说明，均为第一角投影。

第 2 章　直线的投影

本章在内容上主要介绍直线的投影表达，以及点与直线和直线与直线的相互位置关系。训练上，继续强化空间思维模式训练，使之成为读图习惯；同时，学习掌握虚、实两种空间形象的呈现方式，并通过更加复杂的投影内容，提高空间形象记忆力。

2.1　直线的投影表达

直线的投影是直线上无数点投影的集合。直线的投影一般仍为直线，但当直线垂直于投影面时，直线的投影会成为一个点。如果不考虑直线与投影面垂直这种特殊情况，则直线的投影可通过连接直线上任意两点的投影来确定，见图 2-1。

直线是无限长的，无限长直线在有限的图中无法全部表示，常由线段来代表，如图 2-1 中的直线 AB。为此本书规定，书中的"直线"一词既指空间上无限长的直线，也指某一线段，具体含义由语境决定。

图 2-1 为直线的三面投影图。读图时，通过想象，应能从三个投影中的任何一个看到直线的空间所在，具体方式如下。

1. 聚焦正面投影，想象直线的空间所在

竖直举起书本，平视图 2-1，见图 2-2a。聚焦直线的正面投影，此时相当于从前向后观察直线；参照 H 面或 W 面给出的 A、B 两点的前后位置关系，将 a′ 和 b′ 垂直纸面向前拉出，想象 A 点和 B 点的空间所在，连接 A、B，想象直线 AB 的空间所在，见图 2-2b。图中红色粗双点画线表示直线的空间形象。

上述想象过程中，纸面上所呈现出的直线的空间形象实际是不存在的，因而称为虚形象。以虚形象呈现投影对象的空间所在是空间想象的一种方式。空间想象的另一种方式是借用直线的投影，直接使其具有纵深感，形成所谓的实形象。

面对图 2-1，聚焦正面投影，参照 A、B 两点的水平投影或侧面投影，拉出 a′、b′，同时带动直线的正面投影 a′b′ 浮出纸面，使其具有纵深感，可被看作直线 AB 的空间所在。由于空

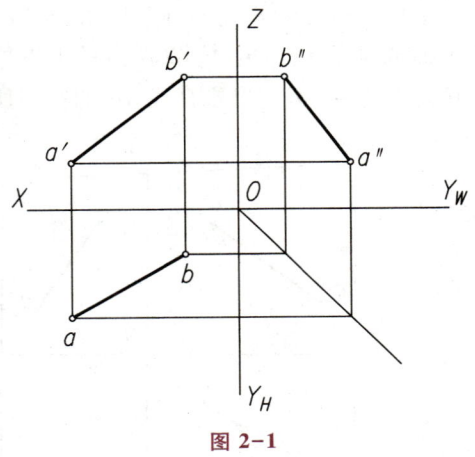

图 2-1

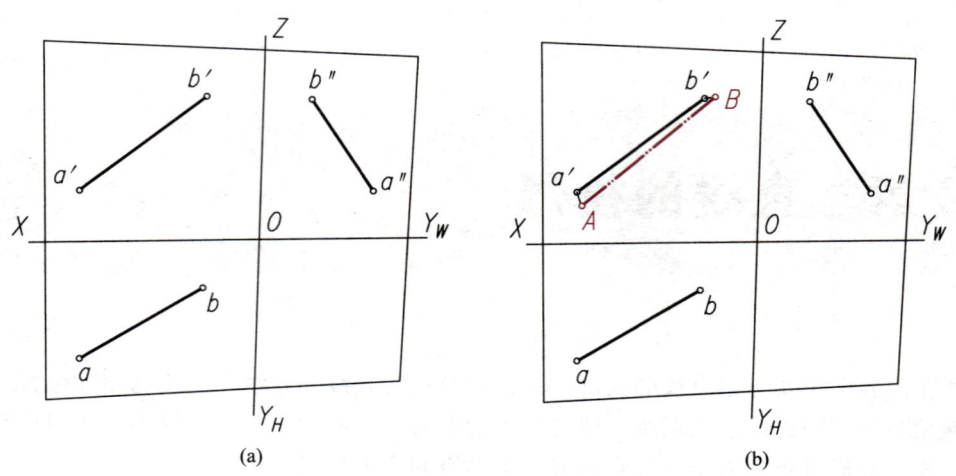

图 2-2

间直线 AB 经由实际存在的直线 $a'b'$ 而呈现，因此称为实形象。

面对图 2-1，聚焦正面投影，试一试，看能否使 $a'b'$ 具有空间感，使其可被看作直线 AB。实形象是一种视觉体验，无法给出想象中的形象图，只能依靠亲身体验加以确认。

2. 聚焦水平投影，想象直线的空间所在

先以虚形象呈现直线的空间所在：

平放书本，俯视图 2-1，见图 2-3a。聚焦水平投影，此时相当于从上向下观察直线；参照 V 面或 W 面给出的 A、B 两点的上下位置关系，将 a、b 向上拉起，想象 A 点和 B 点的空间所在，连接 A、B，想象直线 AB 的空间所在，见图 2-3b。

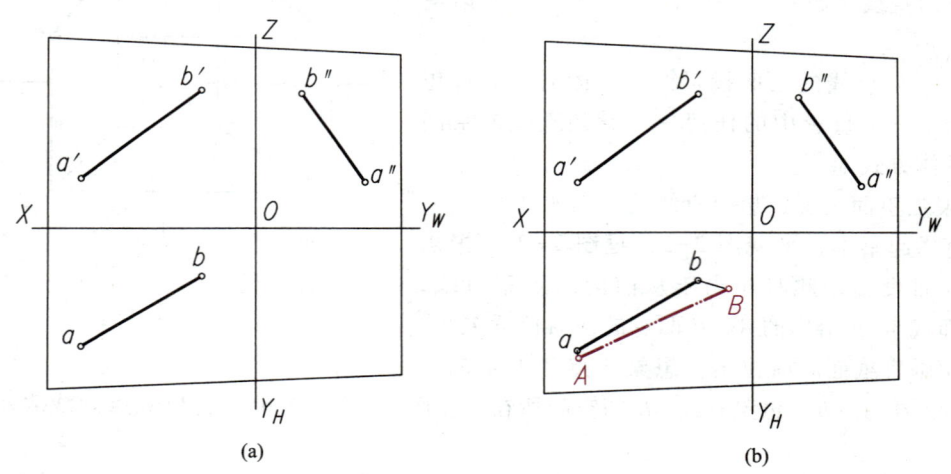

图 2-3

再以实形象呈现直线的空间所在：

面对图 2-1，聚焦水平投影，参照正面投影或侧面投影给出的 A、B 两点的位置关系，拉起直线水平投影 ab，努力使其具有空间感，可被看作直线 AB 的空间所在。

试一试，努力以这种方式在水平投影中看到空间上的直线 AB。

3. 聚焦侧面投影，想象直线的空间所在

先以虚形象呈现直线的空间所在：

竖直举起书本，平视图 2-1，见图 2-4a。聚焦侧面投影，此时相当于从左向右观察直线；参照 H 面或 V 面给出的 A、B 两点的左右位置关系，将 a″、b″ 向外拉出纸面，想象 A 点和 B 点的空间所在，连接 A、B，想象直线 AB 的空间所在，见图 2-4b。

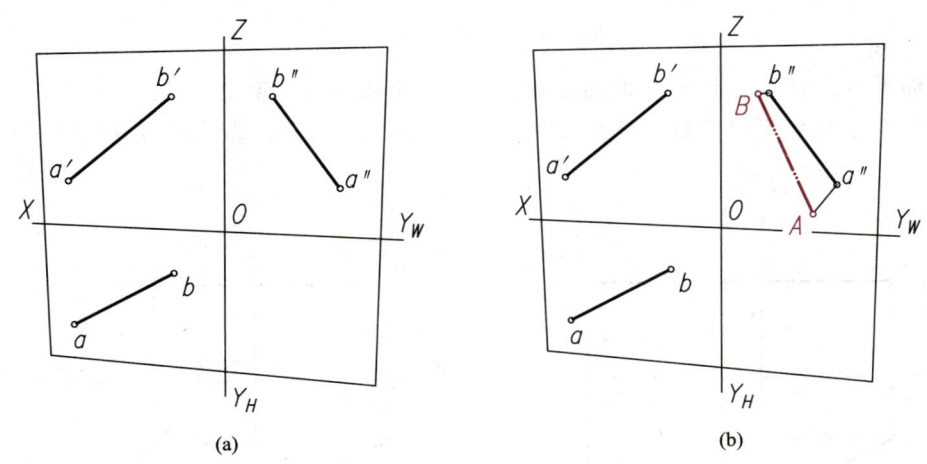

图 2-4

再以实形象呈现直线的空间所在：

面对图 2-1，聚焦侧面投影，参照正面投影或水平投影给出的 A、B 两点的位置关系，拉出直线的侧面投影 a″b″，努力使其具有空间感，可将其直接看作直线 AB。

试一试，努力以这种方式在侧面投影中看到空间上的直线 AB。

虚形象和实形象是呈现直线空间所在的两种方式。使用虚形象时，空间直线和其投影可同时呈现在眼前，但空间直线是虚的，其真实感会较差。而使用实形象时，由于能直接看到空间直线，因而真实感会比较强。缺点是空间直线和其投影不能同时呈现在眼前，往往需要在二者间进行形象切换。

虚、实形象各有利弊，各有其应用价值，都应熟练掌握。但由于实形象是初次接触，相对不熟悉，因此建议读者应更多地采用实形象想象直线的空间所在。

面对图 2-1，轮流聚焦正面投影、水平投影和侧面投影，分别用虚、实形象观察直线的空间所在，体会各自空间形象的形成过程、特点及二者之间的联系与区别。

实际上，虚、实形象的使用没有严格界线，应用中往往会根据需要交替进行。例如，当以虚形象呈现空间直线时，有时为了使看到的直线更真实，会临时将直线的投影看作空间直线，即以实形象方式呈现空间直线。而当以实形象呈现空间直线时，为了能够真实地看到其投影，又会将看到的空间直线还原为投影，即暂时用虚形象代换实形象。鉴于此，后续内容中，不再区分具体想象方式，读者可根据需要和习惯自行决定采用何种方式想象直线的空间所在。

2.2 直线的分类

依据与投影面的不同位置关系,直线可分为三类,分别是投影面平行线、投影面垂直线和一般位置直线。

2.2.1 投影面平行线

1. 水平线

与 H 面平行,但不与 V 面或 W 面垂直的直线称为水平线,见图 2-5a。

读图 2-5a。聚焦不同投影,努力从中看到直线的空间所在,确认其与 H 面的平行关系。

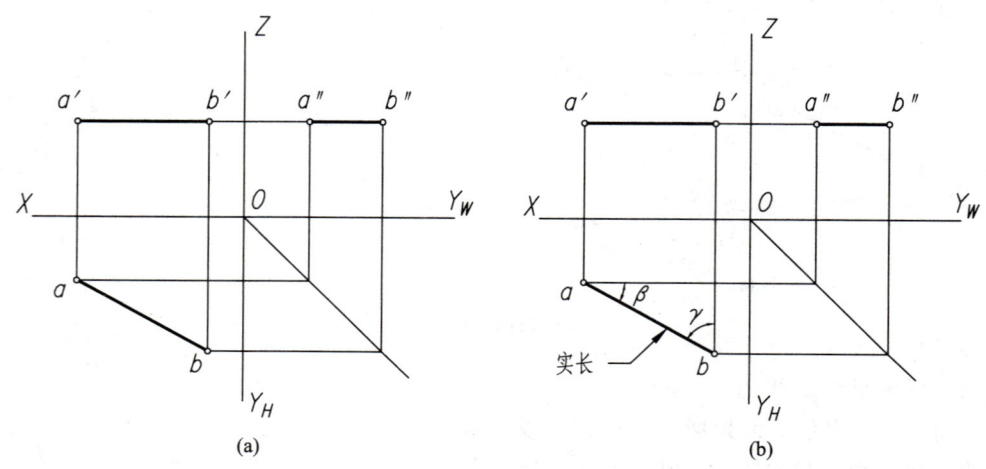

图 2-5

直线与投影面的夹角称作直线的倾角。其中,相对于 H 面的倾角用 α 表示,相对于 V 面的倾角用 β 表示,相对于 W 面的倾角用 γ 表示。

线段的长度称为直线的实长。

一般情况下,直线的投影不反映直线的倾角和实长。但如果直线的位置特殊,则投影有可能反映直线的倾角和实长。观察图 2-5b,聚焦不同投影,努力从中看到直线的空间所在,验证直线的水平投影反映直线的实长及倾角 β 和 γ。

2. 正平线

与 V 面平行,但不与 H 面或 W 面垂直的直线称为正平线,见图 2-6a。

读图 2-6a。聚焦不同投影,努力从中看到直线的空间所在,确认其与 V 面的平行关系,并验证直线的正面投影反映直线的实长及倾角 α 和 γ,见图 2-6b。

3. 侧平线

与 W 面平行,但不与 H 面或 V 面垂直的直线称为侧平线,见图 2-7a。

读图 2-7a。聚焦不同投影,努力从中看到直线的空间所在,确认其与 W 面的平行关系,并验证直线的侧面投影反映直线的实长及倾角 α 和 β,见图 2-7b。

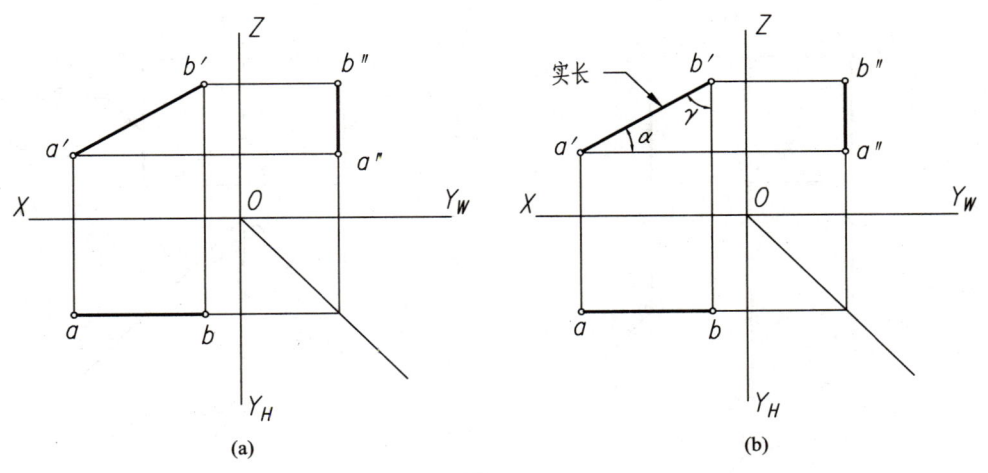

图 2-6

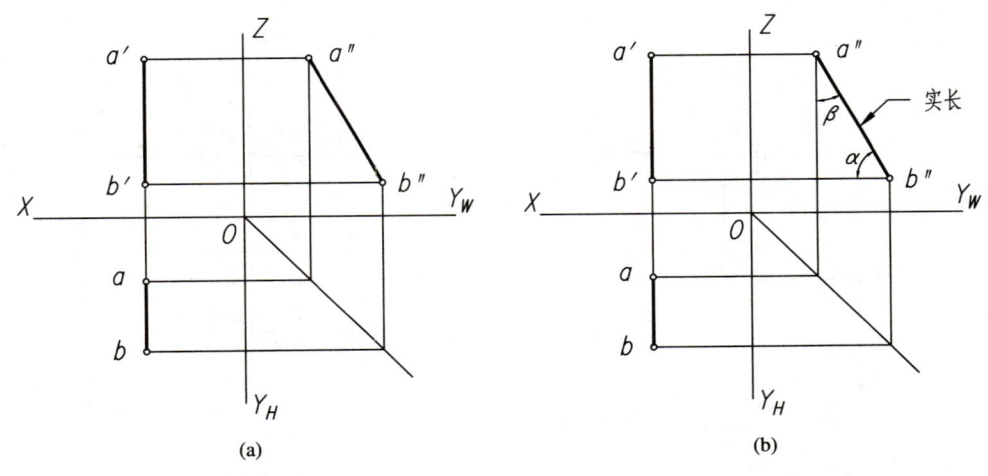

图 2-7

2.2.2 投影面垂直线

1. 铅垂线

垂直于 H 面的直线称为铅垂线,见图 2-8a。

读图 2-8a。聚焦不同投影,努力从中看到直线的空间所在,确认其与 H 面的垂直关系,并验证直线的正面投影和侧面投影反映直线的实长,见图 2-8b。

直线垂直于投影面时,直线在其上的投影会成为一点,这种情况称作直线的积聚。如图 2-8 所示,直线为铅垂线,其水平投影积聚成一点。

2. 正垂线

垂直于 V 面的直线称为正垂线,见图 2-9a。

读图 2-9a。聚焦不同投影,努力从中看到直线的空间所在,确认其与 V 面的垂直关系,

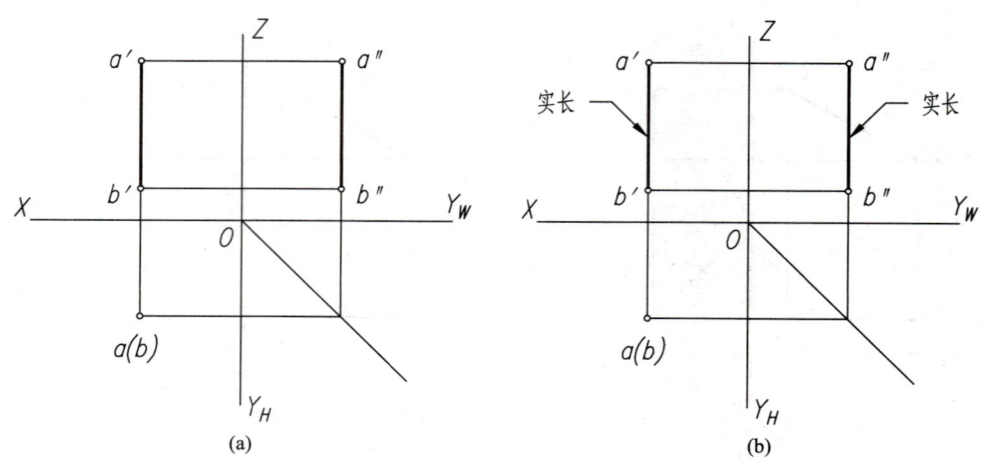

图 2-8

并验证直线的水平面投影和侧面投影反映直线的实长,见图 2-9b。

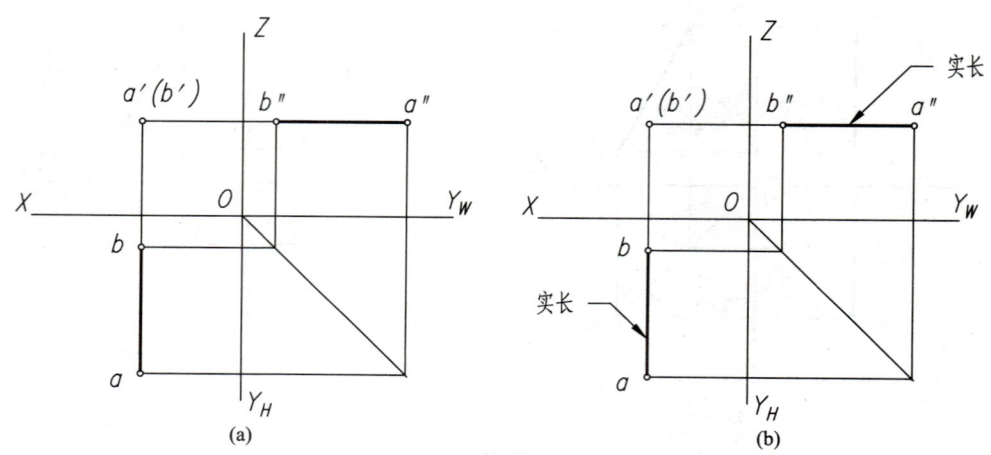

图 2-9

3. 侧垂线

垂直于 W 面的直线称为侧垂线,见图 2-10a。

读图 2-10a。聚焦不同投影,努力从中看到直线的空间所在,确认其与 W 面的垂直关系,并验证直线的水平投影和正面投影反映直线的实长,见图 2-10b。

2.2.3 一般位置直线

不与任何投影面平行或垂直的直线称为一般位置直线,见图 2-1。

读图 2-1。聚焦不同投影,努力从中看到直线的空间所在,并验证直线的各个投影均不反映直线的实长和倾角。

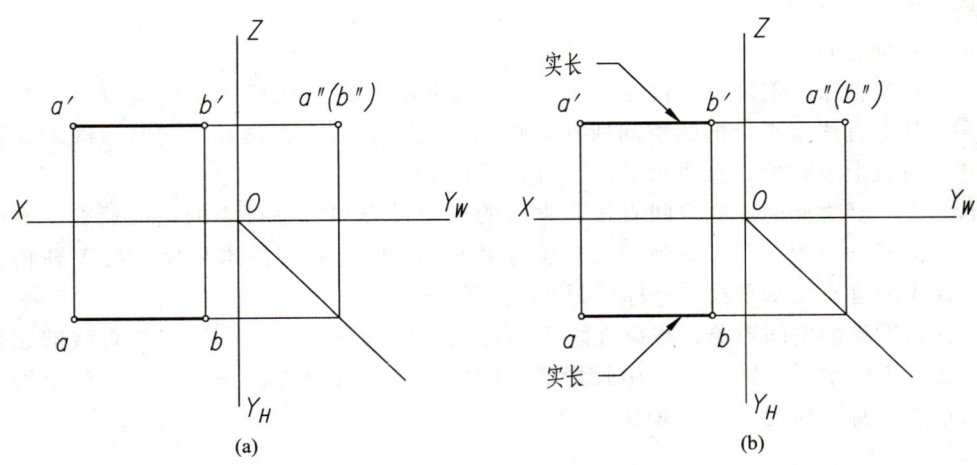

图 2-10

> **实践训练**
>
> 完成习题 2-1。
>
> 该练习帮助读者掌握直线的分类方法,熟悉各种位置直线的名称。
>
> 注意,不要刻意记忆各种位置直线的投影特征,要学会通过空间想象,看到直线的空间所在和所处的空间环境,由直线特有的空间形态分析出直线应具有的投影特征。

2.3 直线的迹点

直线与投影面的交点称为直线的迹点。其中,直线与 H 面的交点称为直线的水平迹点,与 V 面的交点称为正面迹点,与 W 面的交点称为侧面迹点。

例题 2-1

求直线 AB 的水平迹点 M 和正面迹点 N,以及它们的二面投影,见图 2-11。

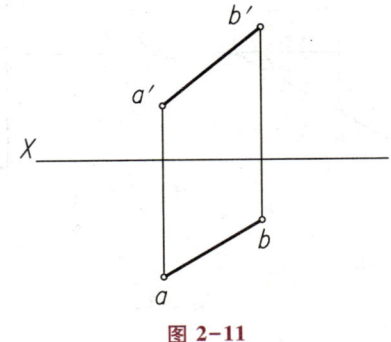

图 2-11

空间形态

解题过程

1. 求作正面迹点

（1）面对投影图，聚焦正面投影，努力从中看到直线的空间所在。拉出 H 面，努力看到其上直线水平投影的空间所在。想象直线向右后上方延伸，同时直线的正面投影向右上方延伸，直线水平投影向右后方延伸。

努力同时看到空间直线、直线的正面投影和水平投影的空间所在，看到它们的延伸过程。并注意到，当直线与 V 面相交时，直线的水平投影与 X 轴相交，交点即为直线正面迹点的水平投影，标记为 n，见图 2-12a。

（2）保持看到的空间形象，想象直线正面迹点的空间所在。该点一定在直线的正面投影上。由正面迹点的水平投影 n 向上引投影联系线，求出正面迹点的正面投影，标记为 n'，它也是正面迹点本身，标记为 N，见图 2-12b。

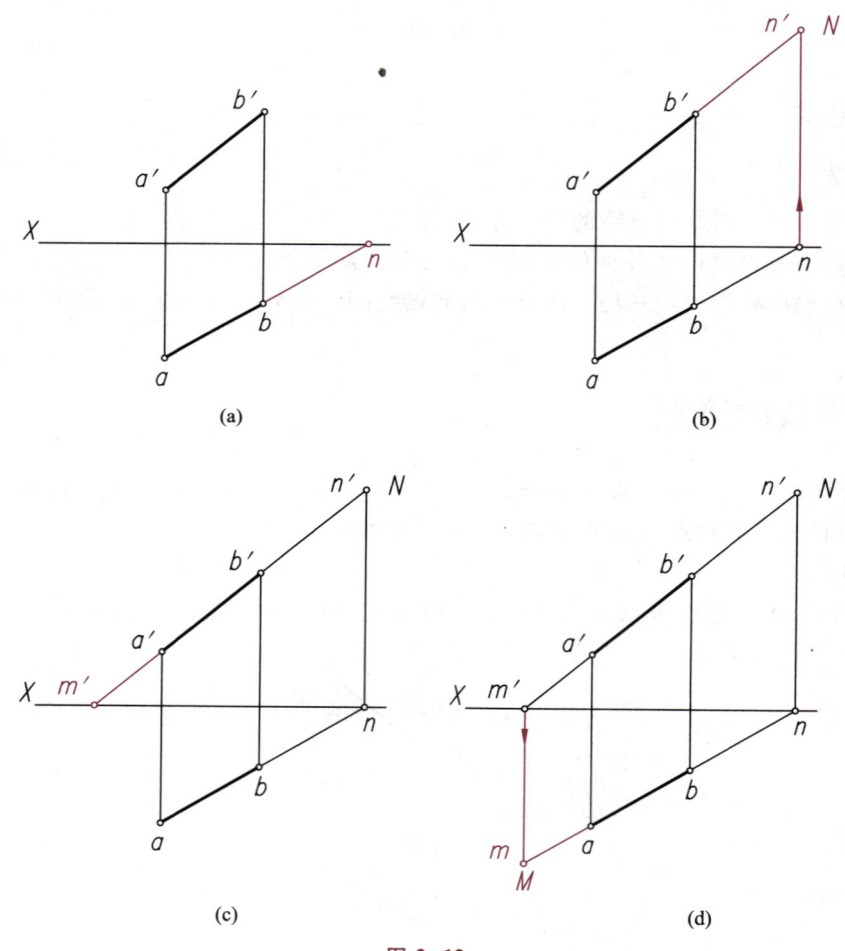

图 2-12

2. 求作水平迹点

（1）保持看到的空间形象。想象直线向左前下方延伸，同时直线的正面投影向左下方延伸，水平投影向左前方延伸，努力同时看到它们。与求正面迹点相类似，延伸过程中，当直线与 H 面相交时，直线的正面投影与 X 轴相交，交点即为直线水平迹点的正面投影，标记为 m'，见图 2-12c。

（2）继续保持看到的空间形象，想象水平迹点的空间所在。直线的水平迹点一定在直线的水平投影上。由水平迹点的正面投影 m' 向下引投影联系线，可求出水平迹点的水平投影，标记为 m，它也是水平迹点本身，标记为 M，见图 2-12d。

上述解题过程中，想象的空间环境是通过聚焦 V 面形成的，读者也可以聚焦 H 面构建空间环境，求作直线的迹点。

 实践训练

完成习题 2-2。

上一章练习的重点是点的"二求三"，即已知点的两个投影，求作第三个投影。其目的是帮助读者建立空间思维模式。与点的"二求三"相比，"求作直线迹点"涉及的投影对象更多，想象时往往会顾此失彼。因此，这类题目在巩固空间思维模式的同时，对于提高空间记忆力大有帮助，一定要多加练习。

练习时，一定要努力看到直线和直线投影的空间所在，然后慢慢延伸空间直线，并努力看到其投影与之相对应的变化，看到直线迹点的形成过程。

2.4　直线上确定点

直线上确定点又被称作"线上定点"。具体指的是：如果点在直线上，已知点的一个投影，如何确定点的其它投影。

点在直线上，点的投影必在直线的投影上。如图 2-13a 所示，K 点在直线 AB 上，已知 K 点的正面投影，确定水平投影时，只要过 k' 向下引投影联系线，与直线的水平投影相交，交点即为 K 点的水平投影 k，作图过程见图 2-13b。

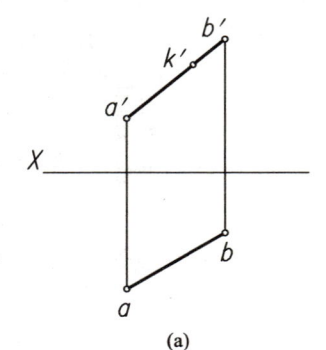
(a)

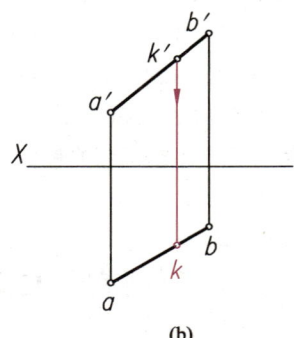
(b)

图 2-13

与线上定点相关的问题是判断点是否在直线上。解决这类问题需从空间入手，通过想象点和直线的空间所在，判断点与直线的相互位置关系。

例题 2-2

判断 K 点是否在直线 AB 上，见图 2-14。

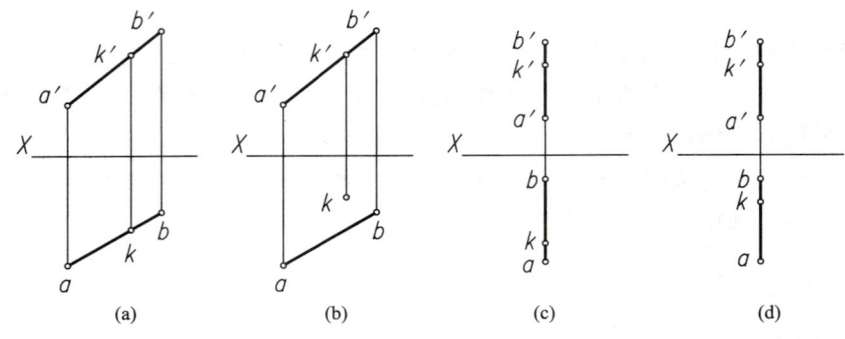

图 2-14

解题过程

视频讲解 a

视频讲解 b

视频讲解 c

视频讲解 d

图 2-14a：在。

聚焦正面投影或水平投影，努力从中看到点和直线的空间所在，并据此判断点与直线的相互位置关系，确认点在直线上。

图 2-14b：不在。

聚焦正面投影，努力从中看到点和直线的空间所在，点在直线的正后方。所谓正后方，是指从前向后观察，点刚好被直线所遮挡。

图 2-14c：不在。

聚焦正面投影或水平投影，努力从中看到点和直线的空间所在。直线是侧平线，走向为"前下-后上"，点恰好在直线的正前上方。

图 2-14d：无法判定。

聚焦正面投影或水平投影，努力从中看到点和直线的空间所在。图中点与直线非常接近，无法判断点是否在直线上。（关于图 d，虽然凭观察无法判定点与直线的位置关系，但作图可以验证点是否在直线上，只是这种方式属于作图法，超出了本书范围。这种情况在后续内容中还会出现，因此在此特别规定，所谓判断，皆指直接观察判断，不需作图验证。如果不能通过观察直接获得明确的结果，则结论为"无法判定"。）

空间形态 a

空间形态 b

空间形态 c

空间形态 d

2.5 直线间的相互位置关系

空间直线之间有平行、相交、交错、垂直等多种位置关系，下面分别进行讨论。

1. 平行

如果空间二线相互平行，则二线在三个投影面上的投影一定相互平行（含重合），反之亦然，见图 2-15。

读图 2-15a 和图 2-15b，聚焦正面投影或水平投影，努力从中看到直线的空间所在，验证空间上直线间的平行关系。

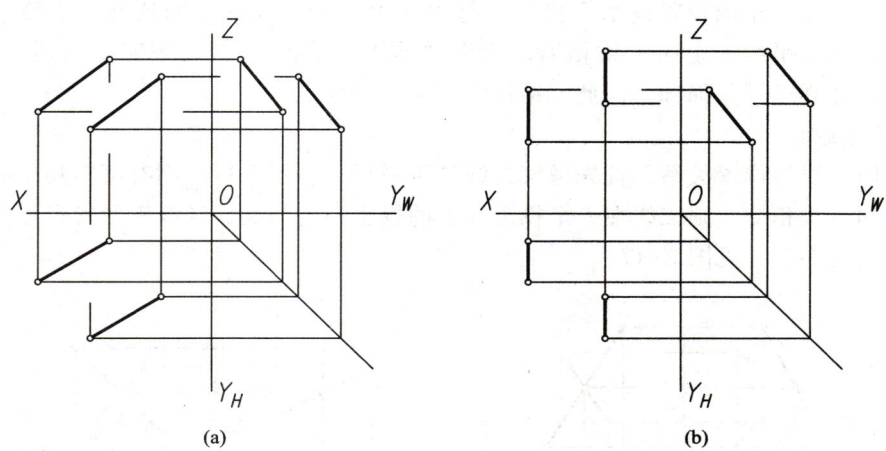

图 2-15

如果投影图是二面投影，则要看直线的种类。有时从投影图中能够直接判断二线是否平行，有时则不能。

例题 2-3

判断二线是否平行，见图 2-16。

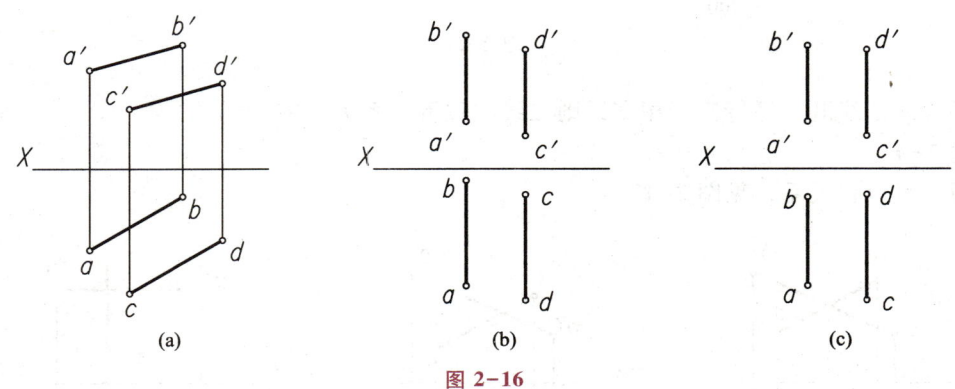

图 2-16

解题过程

图 2-16a：平行。

聚焦正面投影或水平投影，努力从中看到二线的空间所在。二线在同一投影面上的投影相互平行，因此二线一定相互平行。

视频讲解 a

空间形态 a

视频讲解 b

视频讲解 c

图 2-16b：不平行。

聚焦正面投影或水平投影，努力从中看到二线的空间所在。二线均为侧平线，直线 AB 的走向为"前下-后上"，直线 CD 的走向为"前上-后下"，二线走向明显不同。

图 2-16c：无法判定。

聚焦正面投影或水平投影，努力从中看到二线的空间所在。二线均为侧平线，走向大致相同，均为"前下-后上"，但是否完全相同，仅凭观察不得而知。因此，结论为"无法判定"。

空间形态 b

空间形态 c

2. 相交与交错

判断空间二线的位置关系，首先考察二线是否平行。若不平行，则有可能相交或交错。

如果空间二线相交，则二线在三个投影面上的投影一定相交，且投影的交点为空间二线交点的投影，反之亦然，见图 2-17。

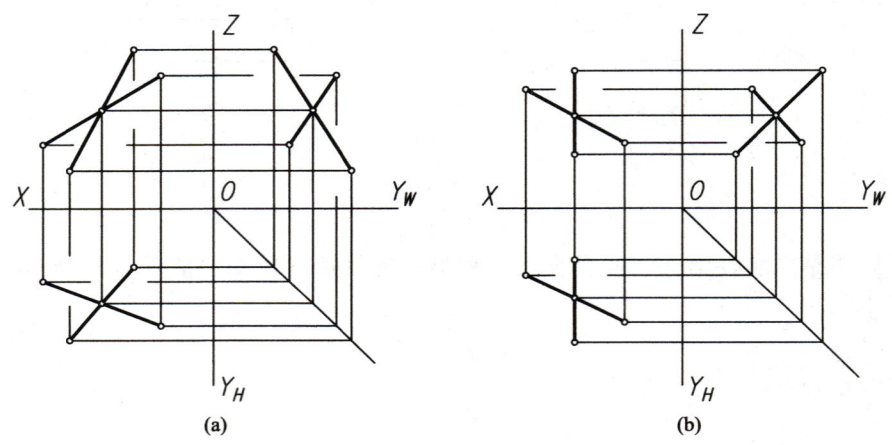

图 2-17

如果空间二线既不平行又不相交，则二线的位置关系为交错。

例题 2-4

判断二线位置关系，见图 2-18。

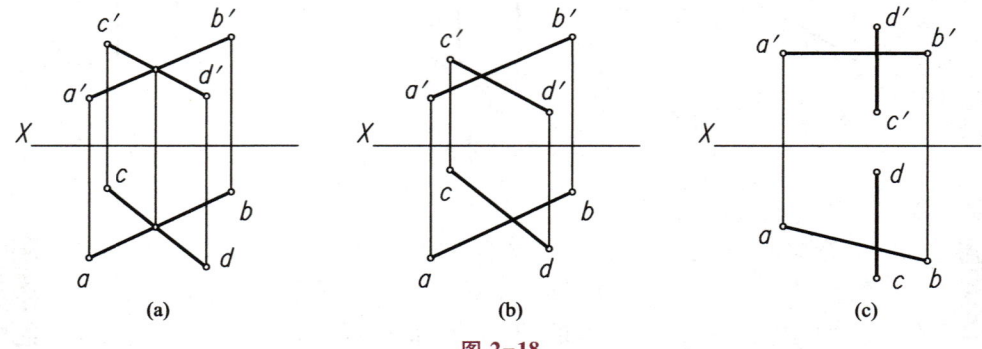

图 2-18

解题过程

视频讲解 a

图 2-18a：相交。

聚焦正面投影或水平投影，努力从中看到二线的空间所在。二线一定相交。因为二线在同一投影面上的投影相交，且投影的交点是空间一点的投影，这表明二线存在一个公共点，即交点。

空间形态 a

视频讲解 b

图 2-18b：交错。

聚焦正面投影或水平投影，努力从中看到二线的空间所在。二线均为一般位置直线，其中直线 AB 在前上，CD 在后下。二线同一投影面上的投影虽相交，但交点不是空间一点的投影，因此二线位置关系为"交错"。

空间形态 b

视频讲解 c

图 2-18c：交错。

聚焦正面投影或水平投影，努力从中看到二线的空间所在。直线 AB 为水平线，CD 为侧平线，直线 AB 在直线 CD 的前上方，二线不存在交点。

空间形态 c

3. 垂直

空间二线相互垂直，二线的投影不一定垂直。但如果二线同为某一投影面的平行线，则二线在其所平行的投影面上的投影必相互垂直，反之亦然，见图 2-19。图中二线为水平线，且二线的水平投影相互垂直，因此空间上二线相互垂直。此外，图 2-19a 中的二线为相交二线，图 2-19b 中的二线为交错二线。因此直线的垂直关系又被细分为"相交垂直"和"交错垂直"两种情况。

读图 2-19a 和图 2-19b，聚焦水平投影，努力从中看到直线的空间所在，验证二线的垂直关系。

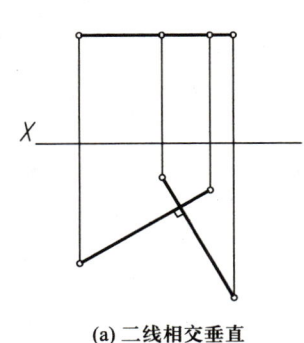
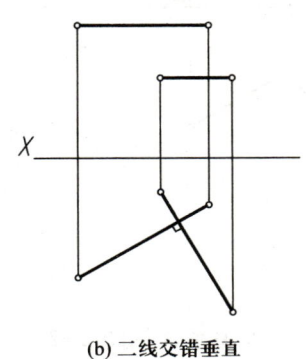

(a) 二线相交垂直　　　　　　　　(b) 二线交错垂直

图 2-19

如果空间二线均为一般位置直线，且相互垂直，则二线的投影一定不垂直；相反，如果二线的投影相互垂直，则说明空间上二线一定不垂直，见图 2-20。

读图 2-20a、图 2-20b 和图 2-20c。聚焦二线投影相互垂直的投影面，想象二线的空间所在，验证各图中的空间二线不可能相互垂直。

一般情况下，若要二线投影的夹角反映二线实际夹角，则二线必须同为某一投影面的平行线。但如果二线相互垂直，则情况有所不同。

如图 2-21a 所示，直线 AB、CD 为水平线，其水平投影相互垂直，因此二线相互垂直。此

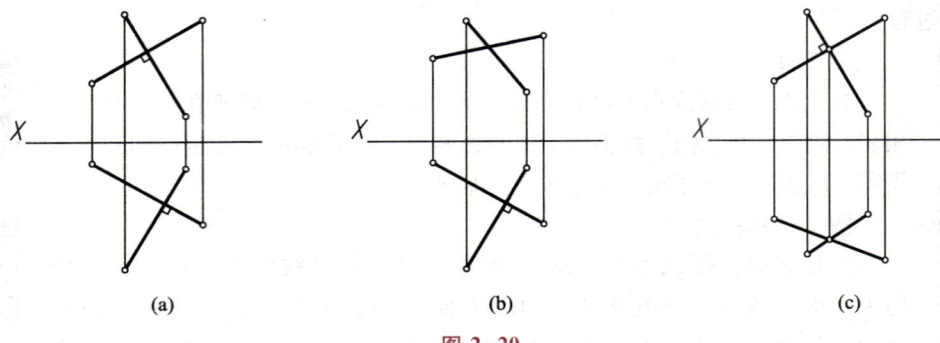

图 2-20

时如果将直线 AB 以直线 BC 为轴上下旋转（图 2-21b 和图 2-21c），由于旋转过程中直线 AB 始终处于与直线 BC 垂直的某一平面上，因此二线的投影会保持 90°夹角不变。即判断空间二线是否相互垂直，不需要二线同为某一投影面的平行线，只要其中之一为投影面平行线，且在其所平行的投影面上二线的投影相互垂直即可。

读图 2-21 中的各个投影图，聚焦水平投影，努力从中看到二线的空间所在，并以直线 BC 为轴旋转直线 AB，观察直线 AB 的运动过程，验证上述结论。

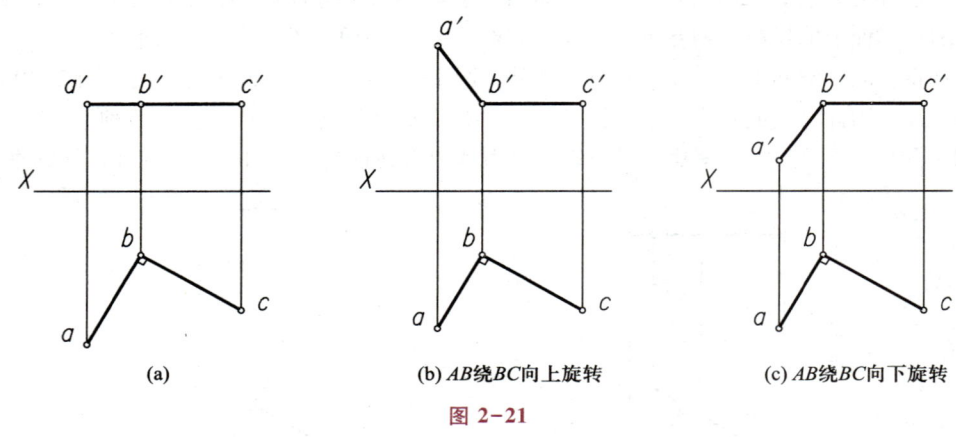

图 2-21

例题 2-5

判断二线相互位置关系，见图 2-22。

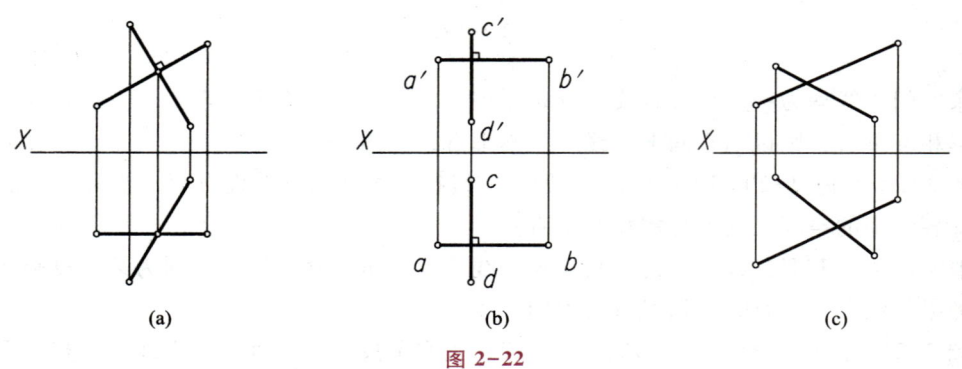

图 2-22

解题过程

图 2-22a：相交垂直

视频讲解 a

聚焦正面投影，努力从中看到二线的空间所在，看到其中一条直线是正平线。由二线相互垂直的正面投影，可以断定空间上二线相互垂直。又由于二线的同面投影相交，且交点为空间一点的投影，因此二线相互位置关系为"相交垂直"。

空间形态 a

图 2-22b：交错垂直

视频讲解 b

聚焦正面投影或水平投影，努力从中看到二线的空间所在，直线 AB 为侧垂线，直线 CD 为侧平线，由此断定二线相互垂直。

图中二线的投影虽然相交，但交点不是空间一点的投影。空间上，直线 AB 在直线 CD 的前上方，投影的交点只是直线上重影点的投影。因此，二线只相互垂直、不相交，即二线位置关系为"交错垂直"。

空间形态 b

图 2-22c：交错（无法判定是否垂直）

视频讲解 c

聚焦正面投影或水平投影，努力从中看到二线的空间所在。二线的同面投影相交，但交点不是空间一点的投影，因此二线关系为"交错"。

另外，二线均为一般位置直线，因此无法判定二线是否垂直。

空间形态 c

 实践训练

先完成习题 2-3，再完成习题 2-4~习题 2-7。

习题 2-4~习题 2-7 为综合练习。求解时需从空间入手，寻求解决方法，然后再设法以二维形式将思考过程呈现在纸面上。

注意，尽量不请教他人，不看答案，坚持独立思考，力争依靠自己的力量完成习题练习。

第3章 平面的投影

本章在内容上主要介绍平面的投影表达,以及点与平面、直线与平面和平面与平面的相互位置关系。训练上,继续增加投影对象数量,加大空间想象难度,强化空间想象记忆力。

3.1 平面的投影表达

平面的投影表达有两种方式。一种是几何元素法,即用点、线、平面图形等几何元素表达平面,见图3-1a。另一种是迹线平面法,即用平面迹线表达平面,见图3-1b。所谓平面迹线是指平面与各投影面的交线。其中,平面与 H 面的交线称作水平迹线,记作 P_H;与 V 面的交线称为正面迹线,记作 P_V;与 W 面的交线称为侧面迹线,记作 P_W。此外,平面与 X 轴、Y 轴和 Z 轴的交点分别记作 P_X、P_Y 和 P_Z。

与处理直线的无限长问题相类似,无限大的平面也常由有限的图形来代表,如图3-1a中的 $\triangle ABC$。因此,本书中的"平面"一词既指空间上无限大的平面,也指某一图形所形成的区域,具体含义由语境决定。

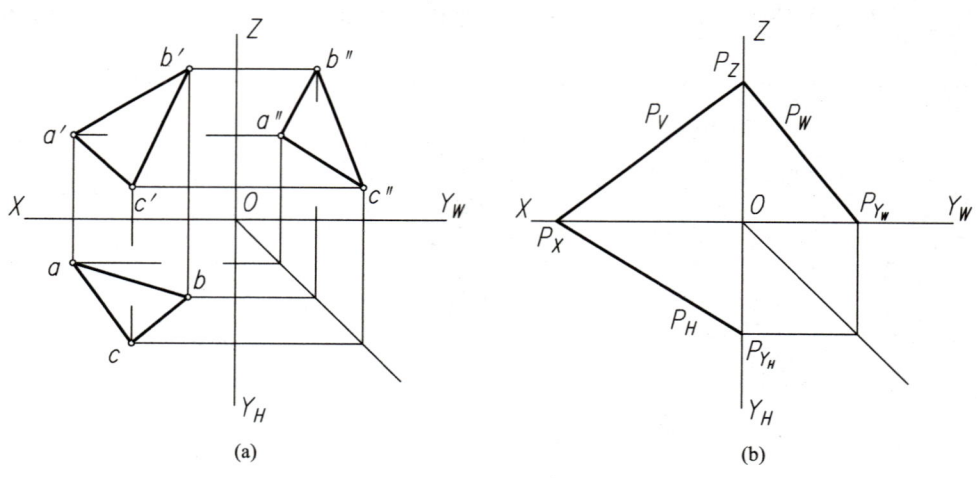

图 3-1

无论平面采用何种方式表达,读图时都要通过想象,努力从投影图中看到平面的空间所在。图3-1a为 $\triangle ABC$ 的三面投影图,下面以此为例,先介绍采用几何元素法表示平面时投影图的读图方法。

1. 聚焦正面投影，想象平面的空间所在

与想象直线的空间所在相同，想象平面的空间所在也有虚、实两种方式，下面分别介绍各自的想象方法。

先以虚形象呈现平面的空间所在：

竖直举起书本，平视图 3-1a，见图 3-2a。聚焦正面投影，参照△ABC 各顶点的水平投影或侧面投影，将 a'、b' 和 c' 垂直拉出纸面，想象 A 点、B 点和 C 点的空间所在，努力同时看到它们。连接 AB、BC 和 AC，形成△ABC，想象它的空间所在，见图 3-2b，图中红色粗双点画线为想象中△ABC 的空间形象。

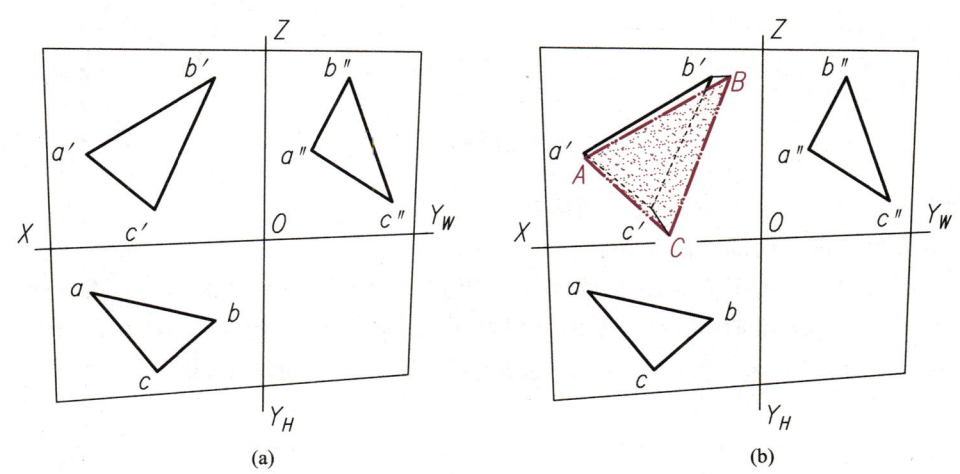

图 3-2

再以实形象呈现平面的空间所在：

面对图 3-1a，聚焦正面投影，参照△ABC 各顶点的水平投影或侧面投影，将 a'、b' 和 c' 拉出纸面，并带动△$a'b'c'$ 浮出纸面，使其具有空间感，可被看作空间上的△ABC，即△$a'b'c'$ 既表示投影又表示空间△ABC。当将△$a'b'c'$ 看作投影时，它在纸面上，与水平投影和侧面投影性质类似。当将其看作空间三角形时，它会有纵深感，产生立体效果。

试一试，体会视觉上的这两种感受。

2. 聚焦水平投影，想象平面的空间所在

先以虚形象呈现平面的空间所在：

平放书本，俯视图 3-1a，见图 3-3a。聚焦水平投影，参照△ABC 各顶点的正面投影或侧面投影，将 a、b 和 c 垂直拉起，想象 A 点、B 点和 C 点的空间所在，努力同时看到它们。连接 AB、BC 和 AC，形成△ABC，想象它的空间所在，见图 3-3b。

再以实形象呈现平面的空间所在：

面对图 3-1a，聚焦水平投影，参照△ABC 各顶点的正面投影或侧面投影，将 a、b 和 c 垂直拉起，并带动△abc 浮出纸面，使其具有纵深感，可被看作空间上的△ABC。

试一试，努力以这种方式在水平投影中看到△ABC 的空间所在。

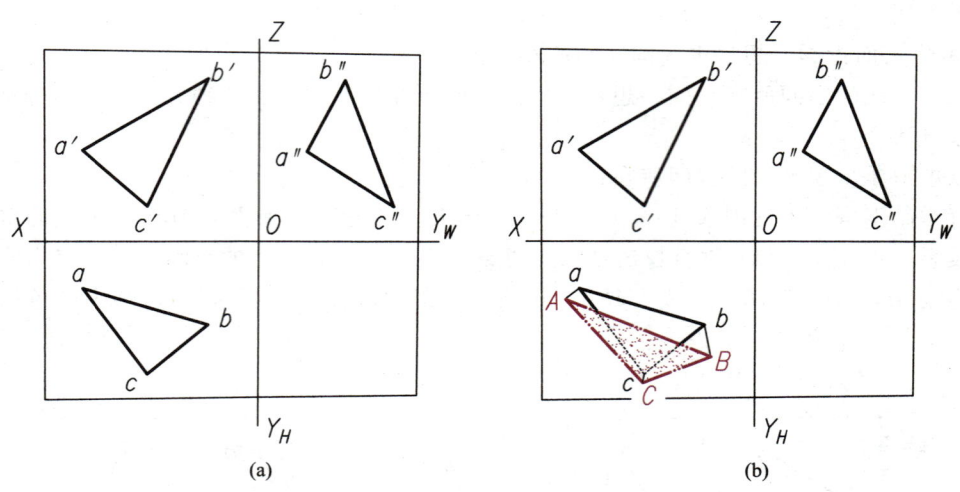

(a)　　　　　　　　　(b)

图 3-3

3. 聚焦侧面投影，想象平面的空间所在

先以虚形象呈现平面的空间所在：

竖直举起书本，平视图 3-1a，见图 3-4a。聚焦侧面投影，参照△ABC 各顶点的正面投影或水平投影，将 a''、b'' 和 c'' 垂直拉出纸面，想象 A 点、B 点和 C 点的空间所在，努力同时看到它们。连接 AB、BC 和 AC，形成△ABC，想象它的空间所在，见图 3-4b。

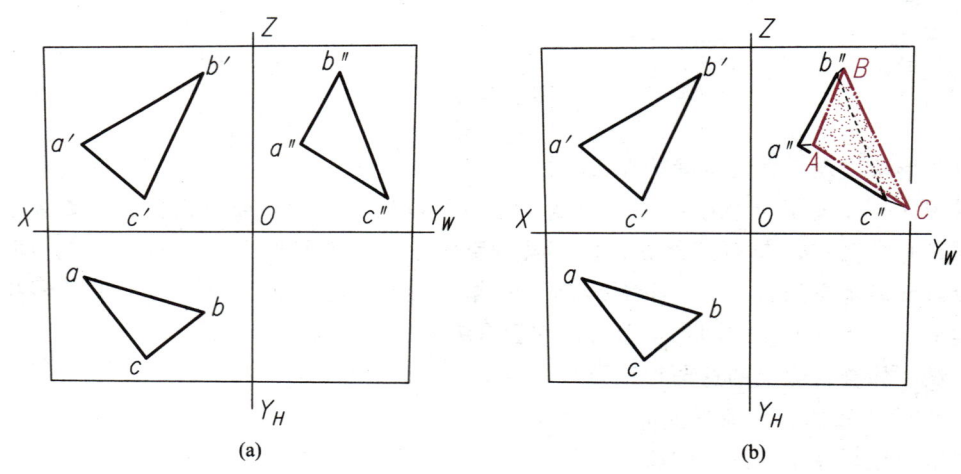

(a)　　　　　　　　　(b)

图 3-4

再以实形象呈现平面的空间所在：

面对图 3-1a，聚焦侧面投影，参照△ABC 各顶点的正面投影或水平投影，将 a''、b'' 和 c'' 拉出纸面，并带动△$a''b''c''$ 浮出纸面，使其具有纵深感，可被看作空间上的△ABC。

试一试，努力以这种方式在侧面投影中看到△ABC 的空间所在。

图 3-1b 为迹线法表示的平面，读图时，同样应能从三个投影中看到平面的空间所在。

1. 聚焦正面投影，想象平面的空间所在

先以虚形象呈现平面的空间所在：

竖直举起书本，平视图 3-1b。聚焦正面投影，向前拉出 H 面和 W 面，努力看到它们，见图 3-5a；参照 H 面中 P_H 的位置和 W 面中 P_W 的位置，在拉出的 H 面和 W 面上想象它们的空间所在，见图 3-5b；努力看到三条迹线在第一分角所形成的 $\triangle P_X P_Y P_Z$ 的空间所在，见图 3-5c。

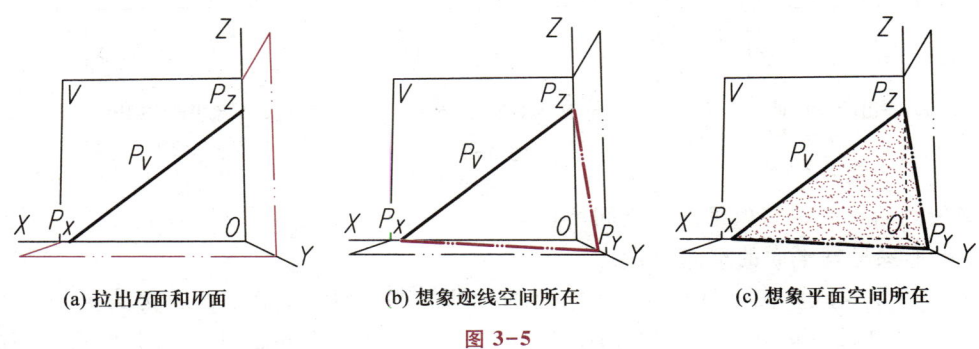

(a) 拉出 H 面和 W 面　　(b) 想象迹线空间所在　　(c) 想象平面空间所在

图 3-5

将想象中的 $\triangle P_X P_Y P_Z$ 与其正面投影相对照可以看出，水平迹线和侧面迹线的正面投影分别落在 X 轴和 Z 轴上，而正面迹线的正面投影为正面迹线本身，因而 $\triangle P_X O P_Z$ 即为 $\triangle P_X P_Y P_Z$ 的正面投影。

再以实形象呈现平面的空间所在：

竖直举起书本，平视图 3-1b。聚焦正面投影，保持正面迹线 P_V 不动，将坐标原点 O 垂直纸面拉出，带动 $\triangle P_X O P_Z$ 浮出纸面，使其具有空间感，可被看作 $\triangle P_X P_Y P_Z$ 的空间所在。

试一试，努力以这种方式在正面投影中看到空间上的 $\triangle P_X P_Y P_Z$。

对比虚、实这两种呈现平面空间所在的想象方式会发现，虚形象往往用于初次想象，以探明投影对象的空间所在及所处环境，建立投影对象与其投影的对应关系（如图 3-1b 中 $\triangle P_X O P_Z$ 与 $\triangle P_X P_Y P_Z$ 的对应关系）。当投影对象与其投影的对应关系明确后，实形象才会被引入，以便更高效、清晰地认识、观察投影对象。

2. 聚焦水平投影，想象平面的空间所在

先以虚形象呈现平面的空间所在：

平放书本，俯视图 3-1b。聚焦水平投影，向上拉起 V 面和 W 面，努力看到它们，见图 3-6a；参照 V 面中 P_V 的位置和 W 面中 P_W 的位置，在拉起的 V 面和 W 面上想象它们的空间所在，见图 3-6b；努力看到三条迹线在第一分角所形成的 $\triangle P_X P_Y P_Z$ 的空间所在，见图 3-6c。

将想象中的 $\triangle P_X P_Y P_Z$ 与其水平投影相对照可以看出，正面迹线和侧面迹线的水平投影分别落在 X 轴和 Y 轴上，而水平迹线的水平投影为水平迹线本身，因而 $\triangle P_X P_Y O$ 即为 $\triangle P_X P_Y P_Z$ 的水平投影。

再以实形象呈现平面的空间所在：

平放书本，俯视图 3-1b。聚焦水平投影，保持水平迹线 P_H 不动，将坐标原点 O 垂直纸面拉起，带动 $\triangle P_X P_Y O$ 浮出纸面，使其具有空间感，可被看作 $\triangle P_X P_Y P_Z$ 的空间所在。

试一试，努力以这种方式在水平投影中看到空间上的 $\triangle P_X P_Y P_Z$。

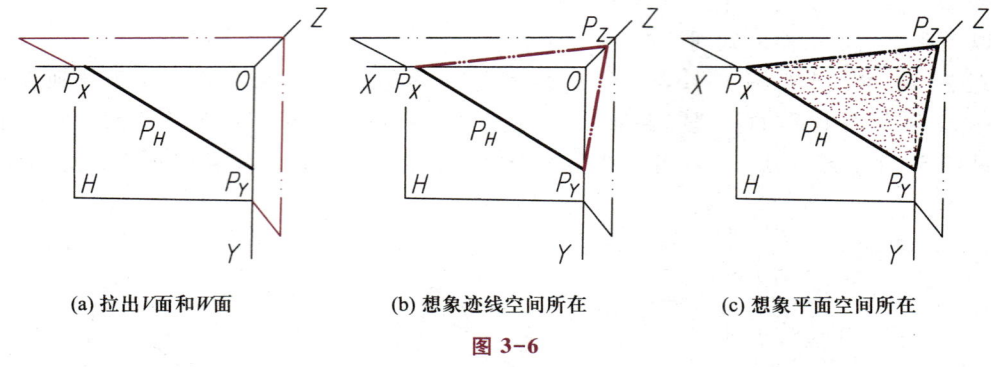

| (a) 拉出V面和W面 | (b) 想象迹线空间所在 | (c) 想象平面空间所在 |

图 3-6

3. 聚焦侧面投影，想象平面的空间所在

先以虚形象呈现平面的空间所在：

竖直举起书本，平视图 3-1b。聚焦侧面投影，拉出 H 面和 V 面，努力看到它们，见图 3-7a；参照 H 面中 P_H 的位置和 V 面中 P_V 的位置，在拉出的 H 面和 V 面上想象它们的空间所在，见图 3-7b；努力看到三条迹线在第一分角所形成的 $\triangle P_X P_Y P_Z$ 的空间所在，见图 3-7c。

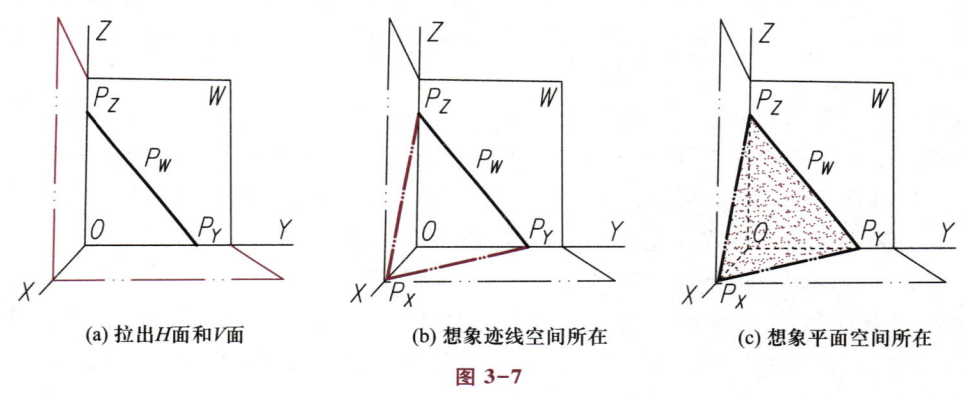

| (a) 拉出H面和V面 | (b) 想象迹线空间所在 | (c) 想象平面空间所在 |

图 3-7

将想象中的 $\triangle P_X P_Y P_Z$ 与其侧面投影相对照可以看出，正面迹线和水平迹线的侧面投影分别落在 Z 轴和 Y 轴上，而侧面迹线的侧面投影为侧面迹线本身，因而 $\triangle O P_Y P_Z$ 即为 $\triangle P_X P_Y P_Z$ 的侧面投影。

再以实形象呈现平面的空间所在：

竖直举起书本，平视图 3-1b。聚焦侧面投影，保持侧面迹线 P_W 不动，将坐标原点 O 垂直纸面拉出，带动 $\triangle O P_Y P_Z$ 浮出纸面，使其具有空间感，可被看作 $\triangle P_X P_Y P_Z$ 的空间所在。

试一试，努力以这种方式在侧面投影中看到空间上的 $\triangle P_X P_Y P_Z$。

3.2 平面的分类

依据与投影面的不同位置关系，平面可分为三类。它们分别是投影面垂直面、投影面平行面和一般位置平面。

3.2.1 投影面垂直面

1. 铅垂面

与 H 面垂直，但不与 V 面或 W 面平行的平面称为铅垂面，见图 3-8。其中图 3-8a 中的平面采用几何元素法表示，图 3-8b 中的平面采用迹线法表示。

读图 3-8a 和图 3-8b，聚焦水平投影，努力从中看到平面的空间所在，确认其与 H 面的垂直关系。

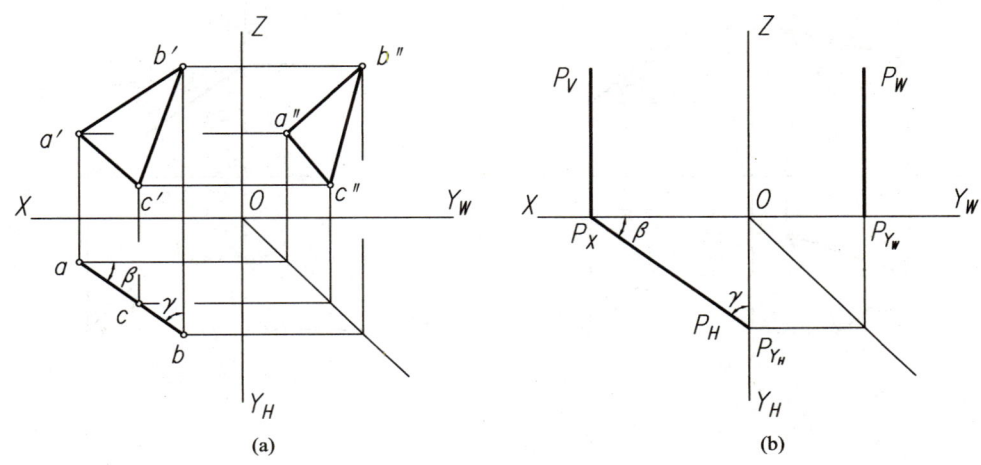

图 3-8

与直线的倾角定义相类似，平面与投影面的夹角称作平面的倾角，并将平面与 H 面、V 面和 W 面的倾角分别记作 α、β 和 γ。一般情况下，平面的投影不反映平面的倾角，但如果平面位置特殊，则投影有可能反映倾角。如图 3-8 中，铅垂面的水平投影反映平面的倾角 β 和 γ。

2. 正垂面

与 V 面垂直，但不与 H 面或 W 面平行的平面称为正垂面，见图 3-9。

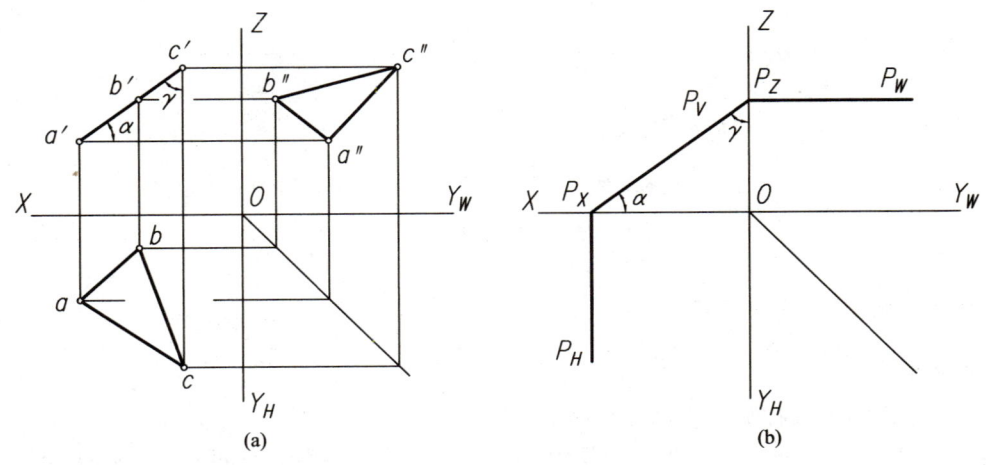

图 3-9

读图 3-9a 和图 3-9b，聚焦正面投影，努力从中看到平面的空间所在，确认其与 V 面的垂直关系，并验证平面的正面投影反映平面的倾角 α 和 γ。

3. 侧垂面

与 W 面垂直，但不与 H 面或 V 面平行的平面称为侧垂面，见图 3-10。

读图 3-10a 和图 3-10b，聚焦侧面投影，努力从中看到平面的空间所在，确认其与 W 面的垂直关系，并验证平面的侧面投影反映平面的倾角 α 和 β。

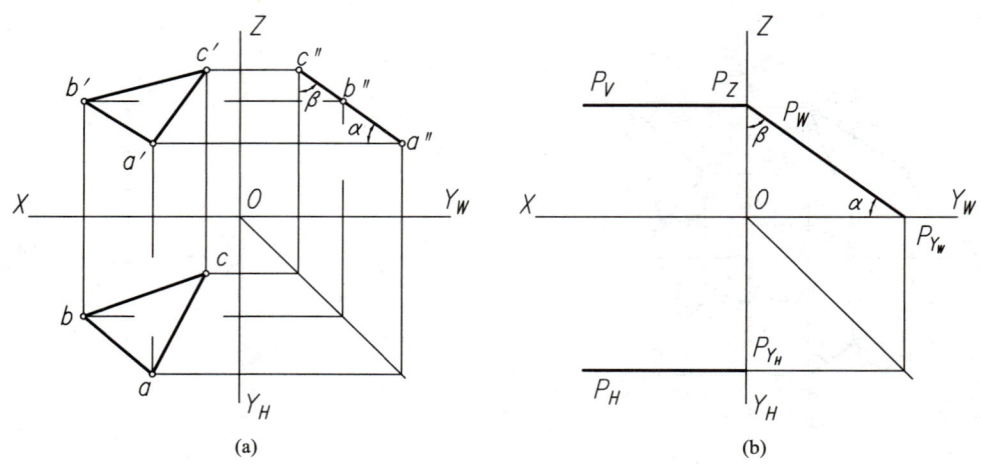

图 3-10

采用迹线法表示投影面垂直面时，平面在其所不垂直的投影面上的迹线总是垂直于某一投影轴。如图 3-8b 中的 P_V 和 P_W、图 3-9b 中的 P_H 和 P_W，以及图 3-10b 中的 P_V 和 P_H，这些垂直于投影轴的迹线常被省略，形成如图 3-11 所示的简化表达形式。其中图 3-11a 为铅垂面，注意其正面迹线被省略。图 3-11b 为正垂面，其水平迹线被省略。

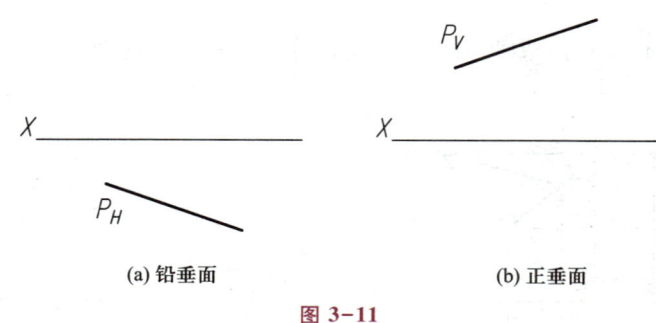

图 3-11

3.2.2 投影面平行面

1. 水平面

平行于 H 面的平面称为水平面，见图 3-12。

读图 3-12a 和图 3-12b，聚焦不同投影，努力从中看到平面的空间所在，确认其与 H 面的平行关系。

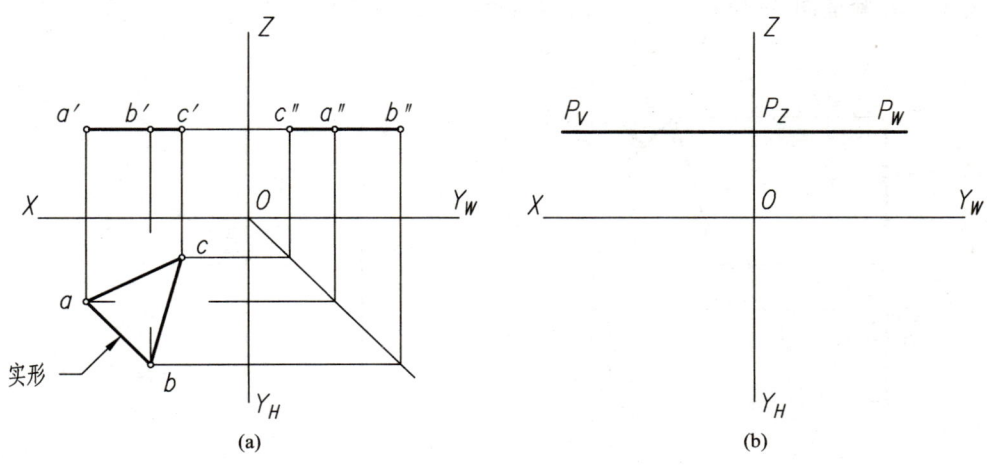

图 3-12

与直线的实长问题相对应，平面存在实形问题。即如果平面的位置特殊，其投影可以反映平面的实际形状。如图 3-12a 所示，△ABC 为水平面，其水平投影反映三角形的实形。

俯视图 3-12a，聚焦水平投影，努力从中看到 △ABC 的空间所在，确认 △ABC 的水平投影反映三角形的实形。

2. 正平面

平行于 V 面的平面称为正平面，见图 3-13。

读图 3-13a 和图 3-13b，聚焦不同投影，努力从中看到平面的空间所在，确认其与 V 面的平行关系，并验证图 3-13a 中 △ABC 的正面投影反映三角形的实形。

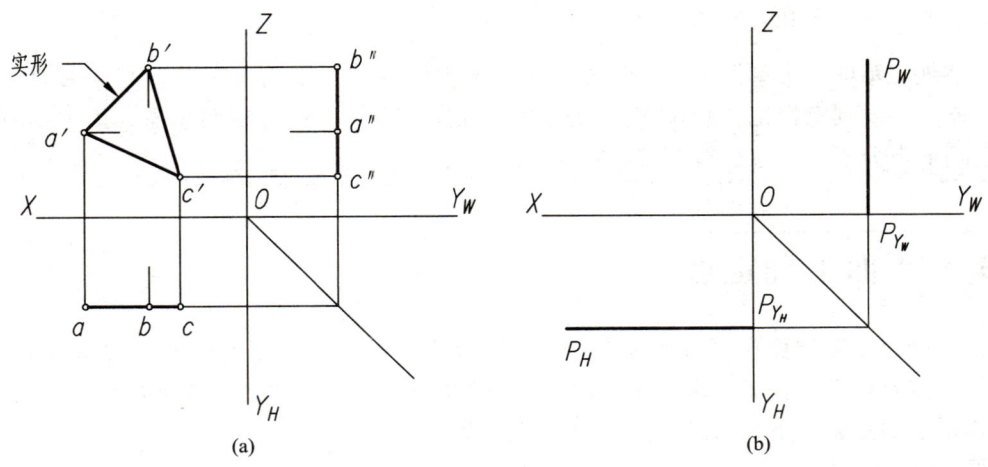

图 3-13

3. 侧平面

平行于 W 面的平面称为侧平面，见图 3-14。

读图 3-14a 和图 3-14b，聚焦不同投影，努力从中看到平面的空间所在，确认其与 W 面的平行关系，并验证图 3-14a 中 △ABC 的侧面投影反映三角形的实形。

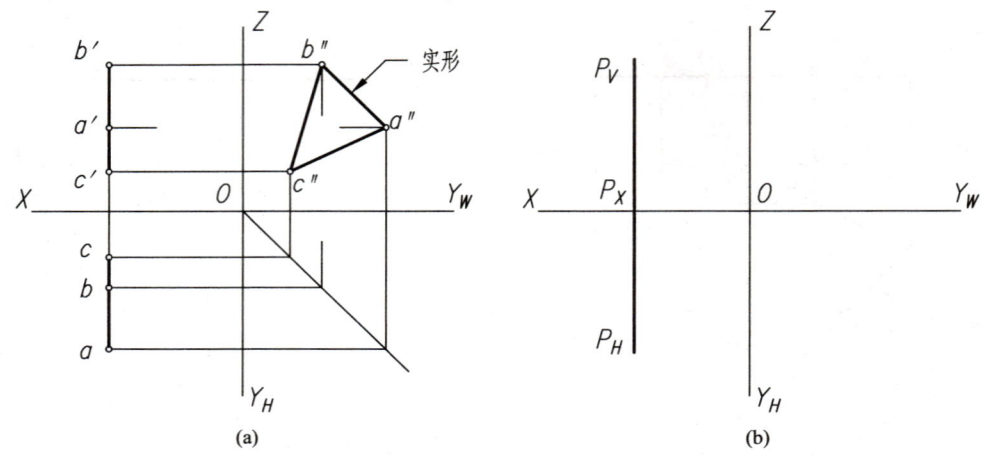

图 3-14

3.2.3　一般位置平面

不与任何投影面平行或垂直的平面称为一般位置平面，见图 3-1。

读图 3-1a 和图 3-1b，聚焦不同投影，努力从中看到平面的空间所在。验证其不与任何投影面平行或垂直。

 实践训练

完成习题 3-1 和习题 3-2。

　　该练习帮助读者掌握平面的分类方法，熟悉各种位置平面的名称。与学习直线分类一样，不要刻意记忆各种位置平面的投影特征，要学会通过空间想象，由平面特有的空间形态分析出其应具有的投影特征。

3.3　平面上确定点

平面上确定点又被称作"面上定点"，具体指的是：如果点在平面上，已知点的一个投影，如何确定点的其它投影。求解这类问题的一般方法是过点在平面上作辅助线，利用辅助线的投影确定点的投影。下面通过例题说明求解过程。

例题 3-1

K 点在 △ABC 上，已知 K 点的正面投影，求作其水平投影，见图 3-15。

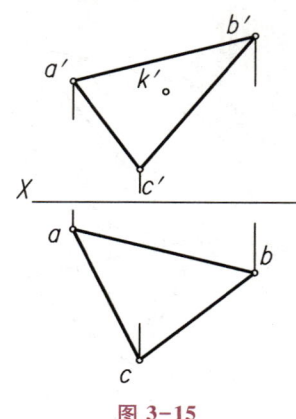

图 3-15

空间形态

解题过程

（1）聚焦正面投影，拉出三角形各顶点，努力看到△ABC 的空间所在及其上 K 点的空间所在；在想象的△ABC 上连线 BK 并延长。BK 延长线必与 AC 相交，交点记作 D；想象△ABC 及其上直线 BD 的空间所在；作直线 BD 的正面投影，结果见图3-16a。

（2）D 点在直线 AC 上，D 点的水平投影 d 必在直线 AC 的水平投影 ac 上，由此得到直线 BD 的水平投影 bd，见图 3-16b。

（3）K 点在直线 BD 上，K 点的水平投影必在直线 BD 的水平投影上，由此得到 K 点的水平投影 k，见图 3-16c。

视频讲解

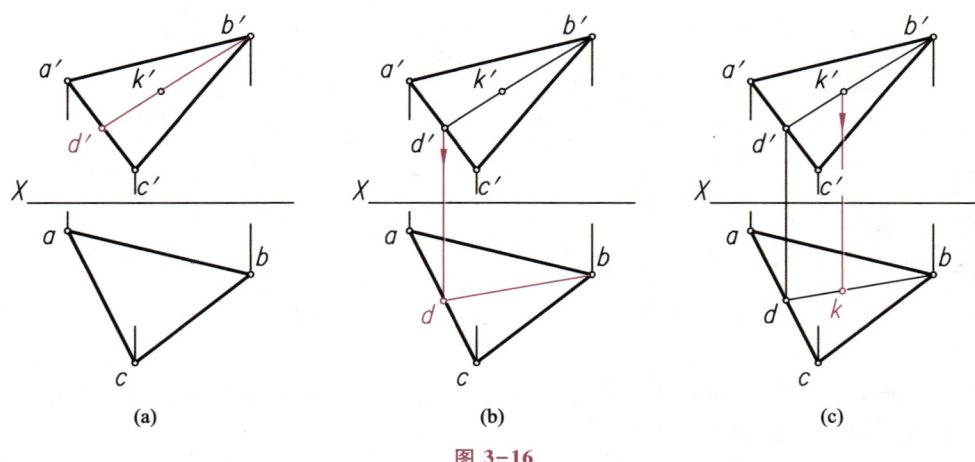

图 3-16

上述解题过程中，过 K 点所作的辅助线为直线 BD。实际上，辅助线的构造方法还有很多。如图 3-17 所示，图 a 为连接 A、K 并延长；图 b 为过 K 点作三角形 BC 边的平行线；图 c 为过 K 点在平面上作任意直线。不过，无论辅助线如何选取，最终都是通过辅助线的投影确定点的投影，这是求解"面上定点"问题的一般方法。

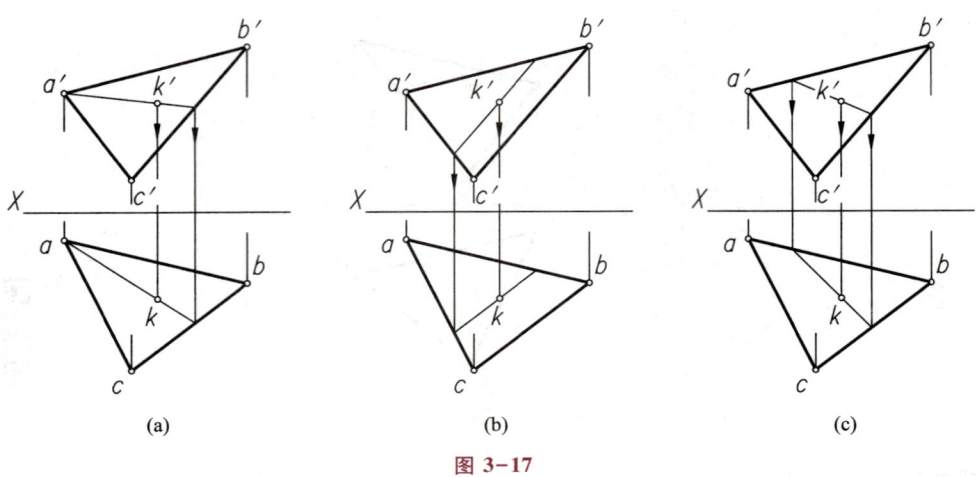

图 3-17

> **实践训练**
>
> 完成习题 3-3 和习题 3-4。

例题 3-2

K 点在平面 P 上,已知 K 点的正面投影,求作其水平投影,见图 3-18。

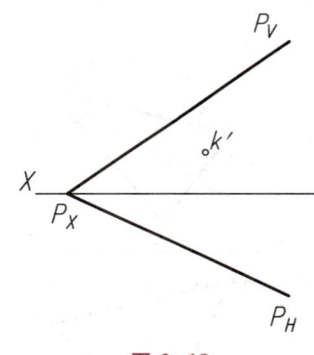

空间形态

图 3-18

  该题与例题 3-1 类似,也属于"面上定点"问题,需过 K 点在平面上作辅助线,通过辅助线的水平投影确定 K 点的水平投影。

  面对投影图,聚焦正面投影,构建空间环境,努力从中看到平面 P 及其上的空间点 K。过 K 点在平面上作任意直线,努力看到它;分别向上、下延长直线,使其与 V 面和 H 面相交,努力看到交点,即直线的正面迹点和水平迹点,并注意到,直线的正面迹点在平面的正面迹线上,直线的水平迹点在平面的水平迹线上。努力看到迹点的空间所在,看到两迹点间直线的空间所在。作出该直线的正面投影和水平投影,由此求出 K 点的水平投影。

  试一试,面对图 3-18,看能否在投影图中看到过 K 点所作辅助线的空间所在,并据此求出 K 点的水平投影。

解题过程

（1）聚焦正面投影，想象 H 面及其上 P_H 的空间所在；想象由 P_H 和 P_V 组成的平面 P 的空间所在；想象其上 K 点的空间所在；过 K 点在平面上作任意直线，向上延伸得到直线的正面迹点 N，它必在平面 P 的正面迹线上，该点也是直线正面迹点的正面投影 n'，向下延伸得到直线的水平迹点 M，其正面投影 m' 落在 X 轴上，见图 3-19a。

视频讲解

（2）保持看到的空间形象。直线水平迹点 M 必在平面 P 的水平迹线上，该点也是直线水平迹点的水平投影 m。由 m' 向下引投影联系线，得到水平迹点的水平投影 m；正面迹点的水平投影 n 落在 X 轴上。由 n' 向下引投影联系线，得到正面迹点的水平投影 n；连线 mn 即为直线 MN 的水平投影，见图 3-19b。

（3）K 点在直线 MN 上，K 点的水平投影必在直线 MN 的水平投影上，由此得到 K 点的水平投影 k，见图 3-19c。

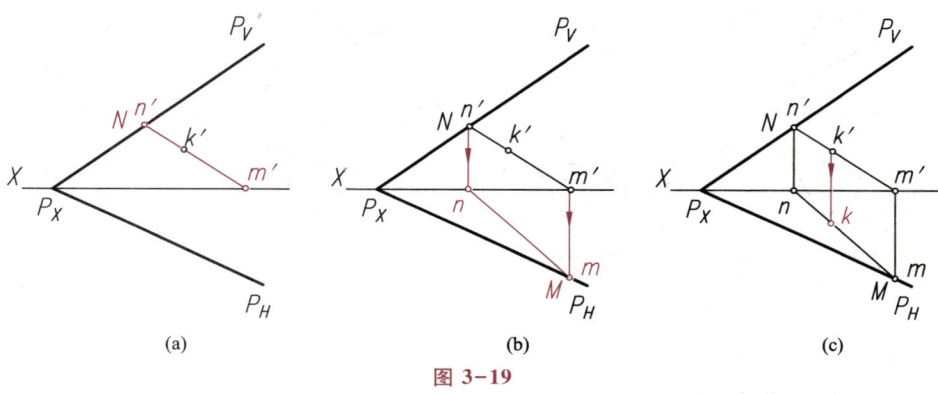

图 3-19

> **实践训练**
>
> 完成习题 3-5 和习题 3-6。
>
> 　　求解"面上定点"问题需要构造辅助线，利用辅助线的投影确定点的投影。迹线平面的空间位置不常见，想象其空间所在，以及辅助线和其投影的空间所在均有一定难度，但这恰好可以用来提升空间想象力，特别是第二类空间想象力。因此，习题 3-5 和习题 3-6 为本章练习的重点。
>
> 　　练习时，一定要坚持独立完成。如果一次练习不能很清晰地看到全部空间场景，可反复多作几次。
>
> 　　对比"点的二求三""求作直线的迹点"以及"迹线平面上确定点"这三类题目的求解过程可以看出，它们都需要在二维纸面上想象出投影对象的空间所在，然后在想象的空间环境中进行分析，寻求解决问题的方法，最后再以二维形式将思考结果表达在纸面上。这一过程正是工程图作为工程语言的使用过程。工程技术人员在讨论问题时，往往伴随着图的使用，讨论看似在二维图上进行，实质是在三维空间上交流信息。参与讨论的每个人都在脑海中快速地进行着从二维到三维或从三维到二维的信息转换。因此，空间想象力和二、三维信息形态的转换能力是工程图读、绘的核心能力，也是工程技术人员必备的素质之一。这也是为什么本书特别设计，并强调独立完成这类题目的原因。

3.4 直线与平面、平面与平面的相互位置关系

3.4.1 平行

(一) 直线与平面平行

设有平面和不在平面上的一条直线,由几何学可知,如果直线与平面上的某条直线平行,则直线与平面平行。

例题 3-3

判断直线与平面是否平行,见图 3-20。

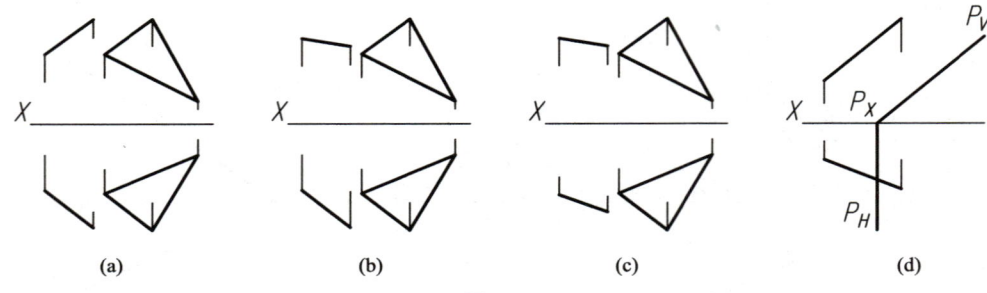

图 3-20

解题过程

视频讲解 a

图 3-20a:平行

聚焦正面投影或水平投影,努力看到直线和三角形的空间所在。直线与三角形的一边平行,因此直线与三角形所代表的平面平行。

视频讲解 b

图 3-20b:不平行

聚焦水平投影,努力看到直线和三角形的空间所在。水平投影中,直线与三角形一边平行,但它们的正面投影不平行,因此直线与平面必不平行。

视频讲解 c

图 3-20c:无法判定

聚焦正面投影或水平投影,努力看到直线和三角形的空间所在。投影图中,无法仅靠观察判断直线是否与平面上的某一直线平行,因此无法判定线面是否平行。

视频讲解 d

图 3-20d:平行

聚焦正面投影,构建空间环境,努力看到直线和平面的空间所在。平面 P 为正垂面,正面投影积聚,直线正面投影与平面 P 积聚的正面投影 P_V 平行,因此直线与平面平行。

空间形态 d

实践训练

完成习题 3-7。

虽然关于直线与平面、平面与平面位置关系的判断问题可以不经过空间想象，直接利用投影特征来完成，但仍然建议读者一定要进行空间想象，并从空间上验证投影特征与空间位置的相互关系。因为只有这样才能逐步养成从三维上认识投影对象的读图习惯，为后续内容的学习奠定基础。

（二）平面与平面平行

由几何学可知，如果一平面上的相交二直线与另一平面上的相交二直线对应平行，则二平面相互平行。

例题 3-4

判断平面与平面是否平行，见图 3-21。

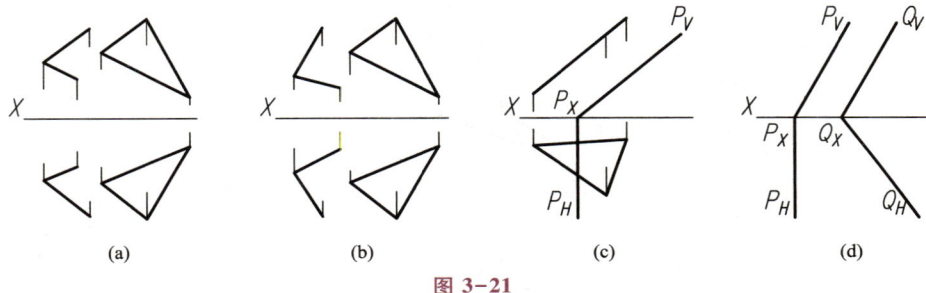

图 3-21

解题过程

视频讲解 a

图 3-21a：平行

聚焦正面投影或水平投影，努力看到相交二直线和三角形的空间所在。相交二直线与三角形的两条边对应平行，因此二面平行。

视频讲解 b

图 3-21b：无法判定

聚焦正面投影或水平投影，努力看到相交二直线和三角形的空间所在。投影图中，无法仅靠观察在二面上找到对应平行的相交二直线，因此结论为"无法判定"。

视频讲解 c

图 3-21c：平行

聚焦正面投影，想象空间环境，努力看到三角形和平面 P 的空间所在。三角形和平面 P 均为正垂面，正面投影积聚，且相互平行，因此二面平行。

视频讲解 d

图 3-21d：不平行

聚焦正面投影，想象空间环境，努力看到二面的空间所在。平面 P 为正垂面，平面 Q 为一般位置平面，因此二面必不平行。

空间形态 a

空间形态 b

空间形态 c

空间形态 d

> 实践训练
> 完成习题 3-8。

3.4.2 相交

直线与平面相交，需要确定交点；平面与平面相交，需要确定交线。投影图中，如果直线和平面均处于一般位置，则求解过程比较复杂，但如果直线或平面的投影有积聚性，即直线为投影面垂直线或平面为投影面垂直面，则求解过程相对容易。下面由易到难分别讨论直线与平面、平面与平面的相交问题。

（一）有积聚情况下的直线与平面相交

例题 3-5

求直线与平面的交点，并判断可见性，见图 3-22。

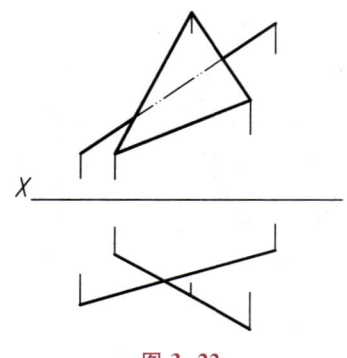

图 3-22

视频讲解

空间形态

解题过程

（1）聚焦水平投影，想象直线和三角形的空间所在，想象线面交点的空间所在。求线面交点的本质是寻找线面的公共点，即寻找既在直线上又在平面上的点。三角形为铅垂面，水平投影积聚，因此线面公共点 K 的水平投影必为线面水平投影的交点，标记该点为 k，见图 3-23a。

（2）线面交点为线面公共点，交点必在直线上，其正面投影必在直线的正面投影上。由 k 向上引投影联系线，与直线正面投影相交，交点即为线面交点的正面投影 k'，见图 3-23b。

（3）聚焦正面投影，想象直线和三角形的空间所在（实形象）。直线以交点为界，一部分在三角形前面，其投影可见，另一部分在三角形后面，其投影不可见。投影图中需区分这种不同，具体做法为：可见部分用实线表达，不可见部分用虚线表达，见图 3-23c。这一过程又被称作可见性判断。可见性判断依赖空间想象，因此常用来提升空间想象力或检验空间想象力水平。

三角形为铅垂面，水平投影积聚，从上向下观察，三角形无法对直线形成遮挡，因此水平投影不存在遮挡问题，亦即不存在可见性判断问题。

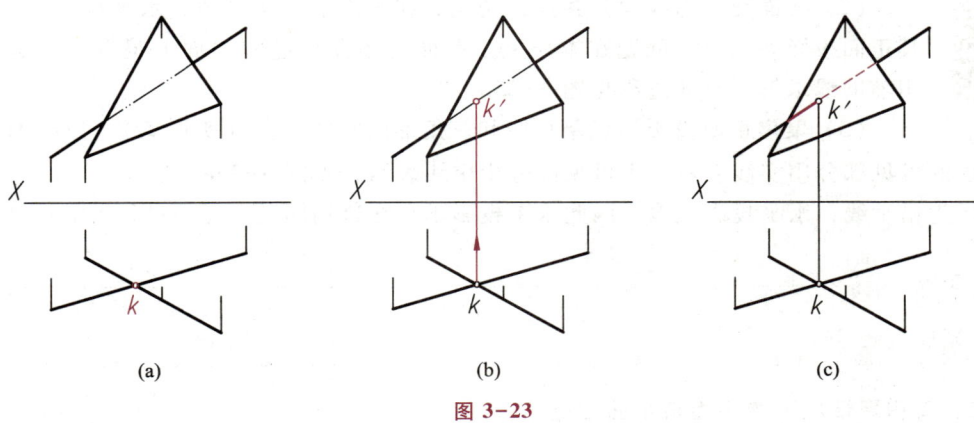

(a) (b) (c)

图 3-23

例题 3-6

求直线与平面的交点,并判断可见性,见图 3-24。

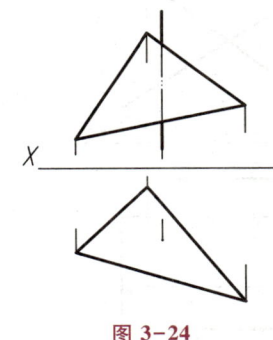

图 3-24

空间形态

解题过程

(1)聚焦水平投影,想象直线和三角形的空间所在,想象线面交点的空间所在。直线为铅垂线,水平投影积聚。因此,线面交点 K 的水平投影必与直线的水平积聚投影重合。标记该点为 k,见图 3-25a。

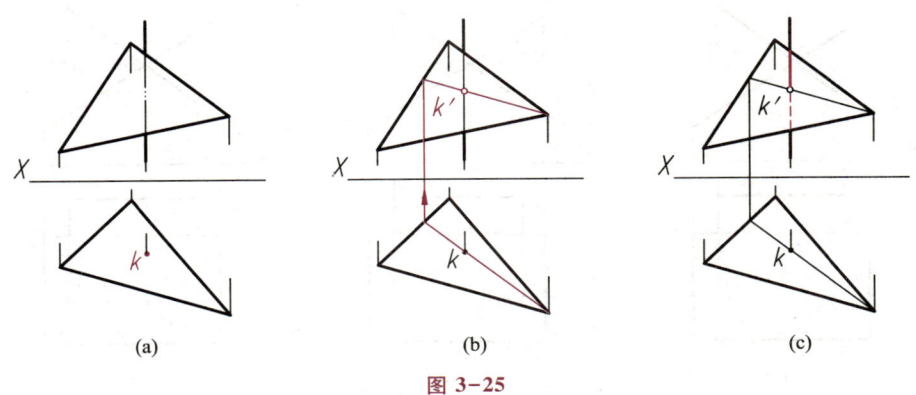

(a) (b) (c)

图 3-25

63

视频讲解

（2）线面交点为线面公共点，交点必在平面上，又已知其水平投影 k，现欲求其正面投影 k'。这一问题在本质上是前面已经介绍过的"面上定点"问题，需利用辅助线求解，具体过程见图 3-25b。

（3）聚焦正面投影，想象直线和三角形的空间所在（实形象）。以线面交点为界，直线的可见部分用实线表示，不可见部分用虚线表示，见图 3-25c。

直线为铅垂线，水平投影积聚，因此水平投影不存在遮挡问题，无须进行可见性处理。

> **实践训练**
> 完成习题 3-9。

（二）有积聚情况下的平面与平面相交

例题 3-7

求两平面交线，并判断可见性，见图 3-26。

空间形态

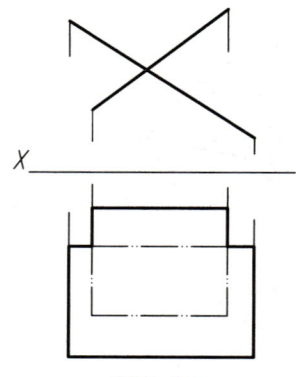

图 3-26

解题过程

（1）聚焦正面投影，想象二面的空间所在，想象二面交线的空间所在。二面为正垂面，交线为正垂线，交线的正面投影积聚，积聚点为二面正面积聚投影的交点。标记该点为 $m'(n')$，见图 3-27a。

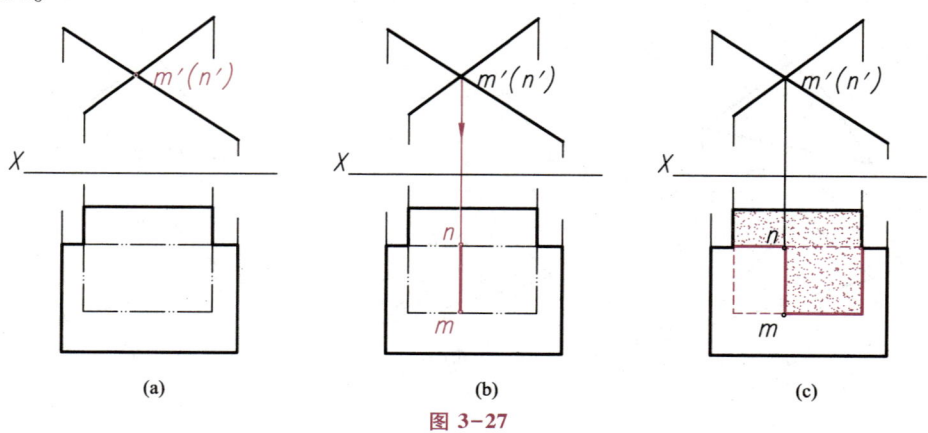

图 3-27

（2）聚焦水平投影，想象二面的空间所在，想象二面交线的空间所在。由二面交线的正面积聚投影向下引投影联系线，并注意交线水平投影的有效范围，求出二面交线的水平投影 mn，作图过程见图 3-27b。

（3）聚焦水平投影，想象二面的空间所在（实形象）。整理二面边界，可见部分用实线表示，不可见部分用虚线表示，见图 3-27c。

二面为正垂面，正面投影积聚，因此正面投影不存在相互遮挡问题。

视频讲解

例题 3-8

求两平面交线，并判断可见性，见图 3-28。

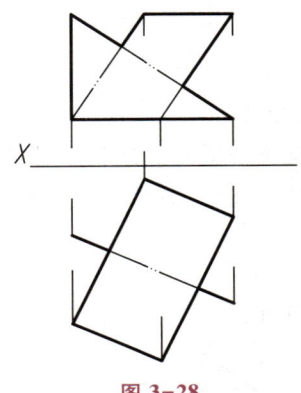

图 3-28

空间形态

理论上，二面交线为二面无数公共点的集合。实际作图时，由于二面交线为直线，只要确定二面的两个公共点，其连线即为二面交线。

解题过程

（1）聚焦水平投影，想象二面的空间所在。平行四边形有一对边与三角形相交，其交点可作为二面的两个公共点。由于三角形为铅垂面，水平投影积聚，因此两个公共点 M、N 的水平投影 m、n 可直接标出，见图 3-29a。想象二面交线的空间所在。

视频讲解

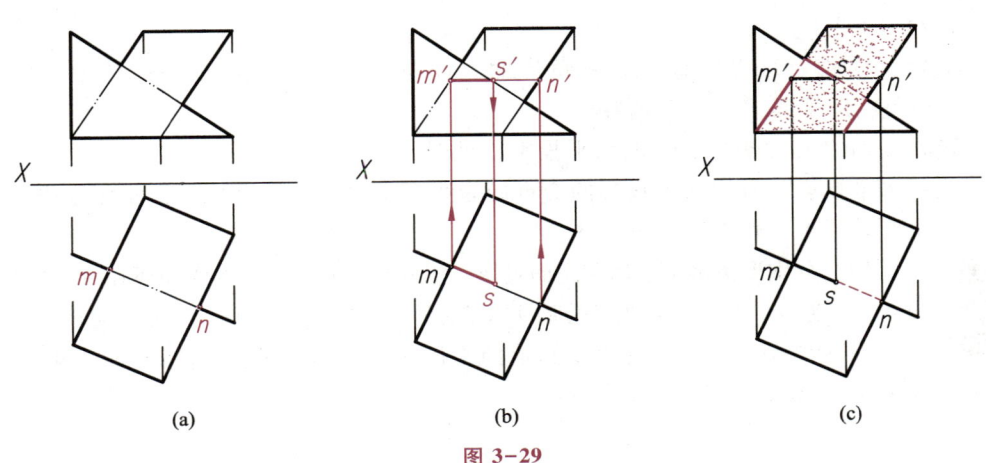

图 3-29

(2) 由 m、n 向上引投影联系线，求得其相应的正面投影 m′、n′。其连线为二面交线的正面投影。注意交线正面投影的有效范围为 m′s′，由 s′ 向下引投影联系线确定二面交线水平投影的有效范围，作图过程见图 3-29b。

(3) 聚焦正面投影，想象二面的空间所在（实形象）。整理二面边界，可见部分用实线表示，不可见部分用虚线表示，见图 3-29c 中的正面投影。

(4) 聚焦水平投影，想象二面的空间所在（实形象）。虽然三角形水平投影积聚，但部分三角形被平行四边形遮挡，遮挡部分要用虚线表示，见图 3-29c 中的水平投影。

 实践训练

完成习题 3-10。

（三）无积聚情况下的直线与平面相交

当直线和平面均无积聚时，求线面交点需过直线构造辅助平面，辅助平面一般为投影面垂直面。辅助平面与已知平面会产生交线，交线与已知直线的交点即为直线与平面的交点。下面通过例题说明求解过程。

例题 3-9

求直线与平面的交点，并判断可见性，见图 3-30。

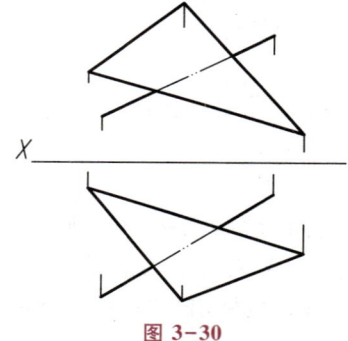

图 3-30

空间形态

解题过程

(1) 聚焦正面投影，想象直线和三角形的空间所在。过直线作正垂的辅助平面 P，见图 3-31a。想象辅助平面 P 的空间所在。

(2) 求作平面 P 与三角形交线的水平投影，见图 3-31b。

(3) 交线水平投影与直线水平投影的交点即为线面交点的水平投影。线面交点的正面投影落在直线的正面投影上，作图过程见图 3-31c。

(4) 分别聚焦水平投影和正面投影，想象直线和三角形的空间所在（实形象）。以线面交点为界，直线的可见部分用实线表示，不可见部分用虚线表示，见图 3-31d。

解题过程中，过直线所作的辅助平面为正垂面，也可作铅垂面求解，求解过程见图 3-32。

视频讲解

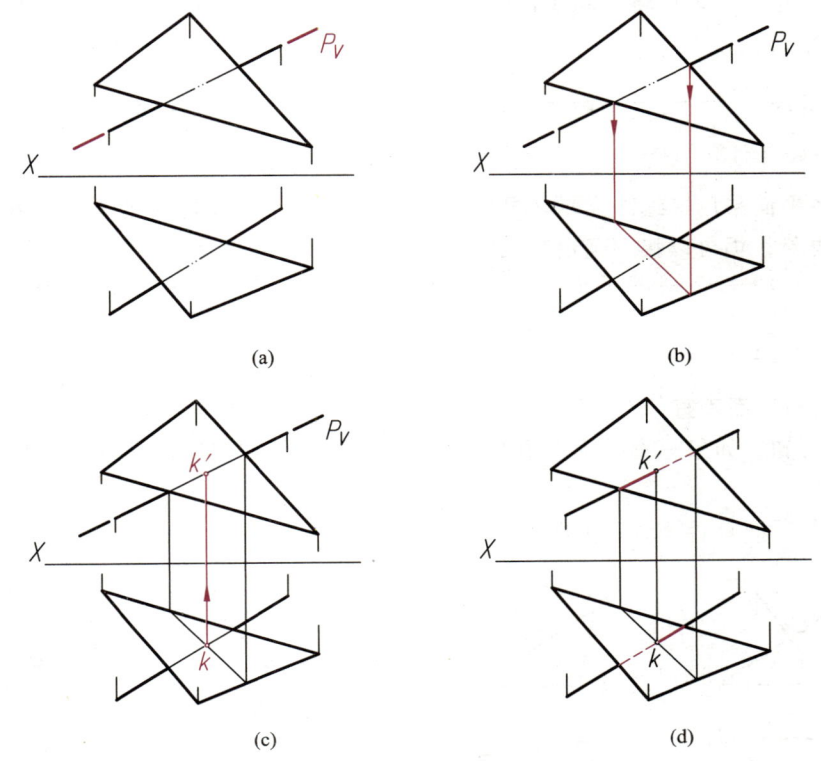

图 3-31

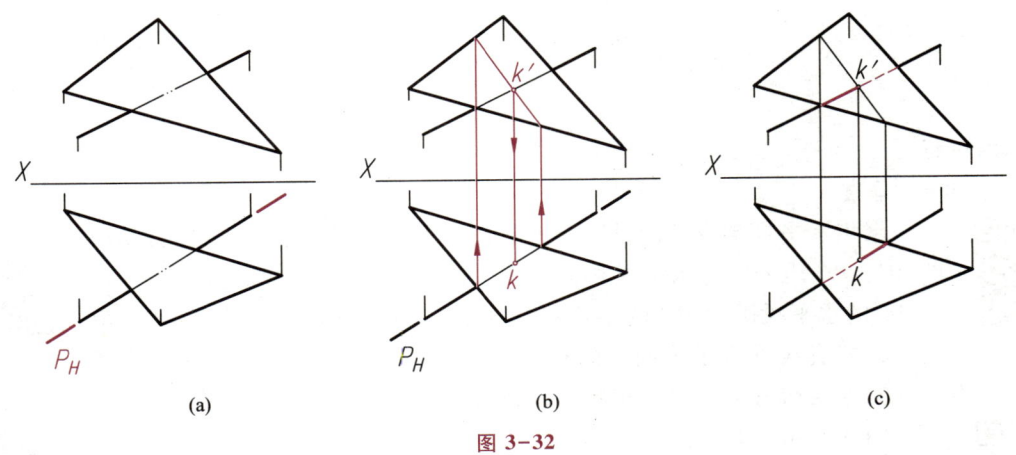

图 3-32

 实践训练

完成习题 3-11。

直线与平面、平面与平面的相交问题已经介绍了三种情况，按照顺序，最后一种应该是无积聚情况下的平面与平面相交。由于这种情况主要依赖作图求解，对空间想象训练作用不大，且第4章介绍的投影变换可将该问题转化为有积聚情况下的二面相交问题来处理，因此本书对此内容予以省略。

> **实践训练**
>
> 完成习题3-12。
>
> 题中各平面采用迹线法表示。虽然第（2）和第（4）小题中的平面无积聚性，但通过空间想象，仍可以找到确定交线的方法，请读者仔细思考。

3.4.3 垂直

（一）直线与平面垂直

由几何学可知，如果一直线垂直于平面上的相交二直线，则该直线与平面垂直。

例题 3-10

判断直线与平面是否垂直，见图3-33。

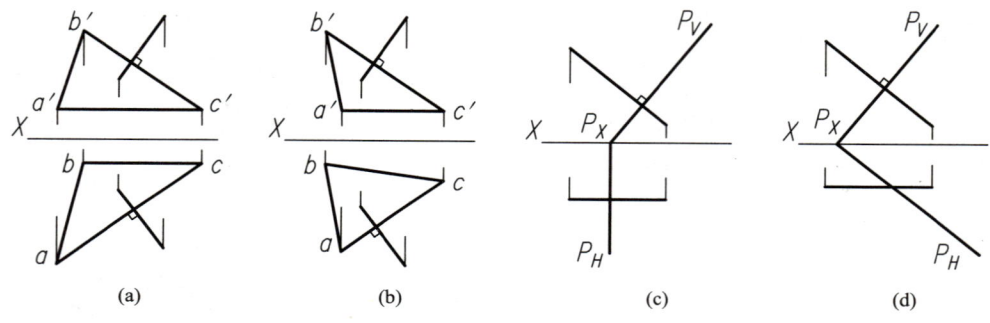

图 3-33

解题过程

图 3-33a：垂直

视频讲解 a

聚焦水平投影或正面投影，想象直线和三角形的空间所在。△ABC的AC、BC边分别为水平线和正平线，直线的水平投影和正面投影分别与AC的水平投影和BC的正面投影垂直，因此空间上直线与AC、BC垂直，即直线垂直于平面上的相交二直线，由此可推知直线垂直于平面。修正想象中的直线和三角形的空间所在，确认直线与三角形的垂直关系。

空间形态 a

图 3-33b：不垂直

视频讲解 b

如果一直线垂直于某一平面，则直线垂直于该平面上的所有直线。聚焦水平投影或正面投影，想象直线和三角形的空间所在。直线的正面投影与BC边的正面投影垂直，但直线和BC边同为一般位置线，因此空间上直线与BC边必不垂直，由此可以推知直线与平面必不垂直。

空间形态 b

视频讲解 c

空间形态 c

图 3-33c：垂直

聚焦正面投影，想象直线和平面 P 的空间所在。直线为正平线，平面 P 为正垂面，因此直线与平面必相互垂直。

视频讲解 d

空间形态 d

图 3-33d：不垂直

聚焦水平投影或正面投影，想象直线和平面 P 的空间所在。直线为正平线，若平面与直线垂直，平面必为正垂面，但平面 P 为一般位置平面，因此线面必不垂直。

 实践训练

完成习题 3-13。

（二）平面与平面垂直

由几何学可知，如果一直线垂直于某一平面，则过该直线的所有平面均与此平面垂直。

例题 3-11

判断二面是否垂直，见图 3-34。

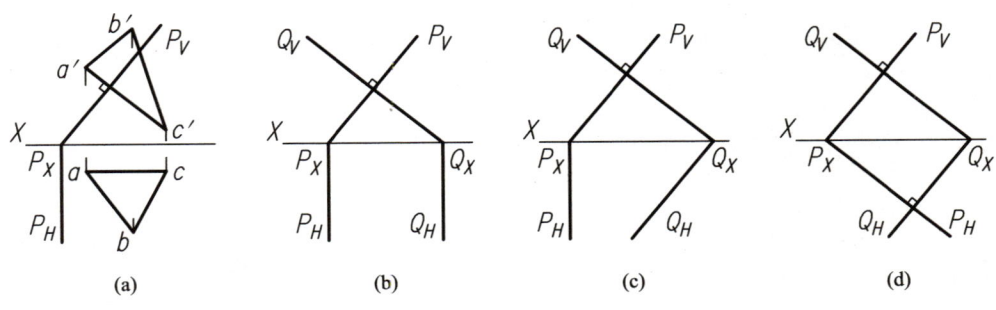

图 3-34

解题过程

图 3-34a：垂直

视频讲解 a

空间形态 a

聚焦正面投影，想象平面 P 和 $\triangle ABC$ 的空间所在。平面 P 为正垂面，$\triangle ABC$ 的 AC 边为正平线，且正面投影与平面 P 的正面积聚投影垂直，因此 AC 边垂直于平面 P，由此可知 $\triangle ABC$ 与平面 P 垂直。修正想象中的三角形和平面 P 的空间所在，确认它们的垂直关系。

图 3-34b：垂直

视频讲解 b

空间形态 b

聚焦正面投影，想象二面的空间所在。二面同为正垂面，且正面积聚投影相互垂直，因此二面垂直。

视频讲解 c

图 3-34c：垂直

　　聚焦正面投影，想象二面的空间所在。平面 P 为正垂面，平面 Q 的正面迹线与平面 P 垂直，因此二面垂直。

空间形态 c

视频讲解 d

图 3-34d：不垂直

　　分别聚焦水平投影和正面投影，想象二面的空间所在。二面均为一般位置平面，且二面的正面迹线和水平迹线对应相互垂直，由此可知二面必定不垂直。

空间形态 d

 实践训练

完成习题 3-14。

第 4 章 投影变换

本章在内容上介绍换面投影变换的理论和应用。训练上，进一步加大习题练习难度，在提升空间想象力的同时，强化三维思想二维表述方法的学习。

4.1 投影变换的作用及实现方法

投影变换是指通过调整投影对象与投影面之间的相对位置关系，使投影对象的几何特征在投影图中有更加准确和清晰的表达。例如，一般位置直线的投影不反映直线的实长和倾角，但如果能将直线变为投影面平行线，则其投影可反映实长和倾角。

调整投影对象与投影面相对位置关系的常用方法有两种：一是投影对象不动，通过在原投影体系中引入新投影面，实现位置关系的改变。这种方法称作换面投影变换，简称换面法。另一种是保持原投影体系不动，通过旋转投影对象，实现位置关系的改变，这种方法称作旋转投影变换，简称旋转法。本书只介绍换面法，对旋转法感兴趣的读者可参阅相关书籍。

4.2 点的换面投影变换

图 4-1a 为点的二面投影。面对投影图，聚焦水平投影；向上拉起 X 轴，想象 V 面的空间所在；想象 a' 的空间所在，进而想象 A 点的空间所在；在 A 点近旁设立一铅垂面 F_1，想象 F_1 面的空间所在；F_1 面与 H 面的交线记作 X_1，想象 X_1 的空间所在。将空间 A 点向 F_1 面作投射，投影记作 a^1，想象 a^1 的空间所在（空间形象见图 4-1b）。对比 A 点在 F_1 面和 V 面上的投影可以看出，A 点的 F_1 面投影与 A 点的正面投影作用相当，同样可以反映 A 点的 z 坐标值，即 $a'a_X = a^1 a_{X_1} = L_{A \to H}$。将 F_1 面绕 X_1 旋转，使之与 H 面重合，则 F_1 面可替代 V 面与 H 面一起构成新的表示 A 点空间位置的二面投影体系，其中 X_1 为新投影体系的投影轴，见图 4-1c。X_1 轴两侧可注写相应的投影面，如图中的 H 和 F_1。

为叙述方便，二面投影体系记作（*/*），其中"*"表示投影面。如图 4-1c 中的原投影体系为（V/H）或（H/V），新投影体系为（H/F_1）或（F_1/H）。

面对图 4-1c，聚焦水平投影，向上拉起 X 轴和 X_1 轴，想象 V 面和 F_1 面的空间所在，想象 a'、a^1 和 A 点的空间所在，形成如图 4-1b 所示的空间形象，验证联系新、旧投影体系之间的不变量 $L_{A \to H}$。

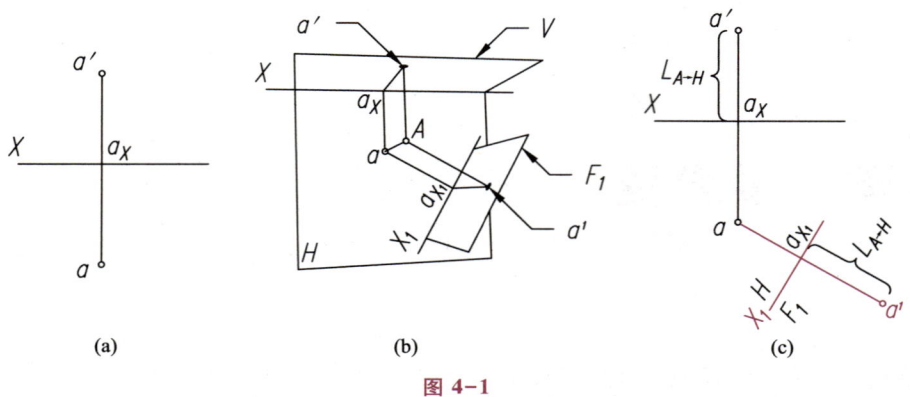

图 4-1

新的二面投影体系一旦建立，可以完全取代旧投影体系成为独立的投影图，读图时可以重新设定各投影面的方位。如面对图 4-1c 中的二面投影体系（H/F_1），可将纸面看作 F_1 面，相对于 F_1 面，X_1 轴可看作 H 面在 F_1 面上的积聚投影。试着拉起 X_1，想象 H 面的空间所在，进而想象 a、A 点的空间所在。

上述换面投影变换还可以在新的投影体系中继续进行，如在 F_1 面上可以继续设置投影面 F_2，F_2 与 F_1 的交线记作 X_2，将 F_2 面绕 X_2 旋转，使之与 F_1 面重合，则形成投影体系（F_1/F_2），其中 X_2 为投影体系（F_1/F_2）的投影轴，见图 4-2a。

面对图 4-2a，聚焦投影面 F_1（即将纸面看作 F_1 面），相对于 F_1 面，X_1 轴和 X_2 轴可分别看作 H 面和 F_2 面在 F_1 面上的积聚投影。将 X_1 轴和 X_2 轴向上垂直拉出纸面，恢复 H 面和 F_2 面的空间位置，想象它们的空间所在，想象 a、a^2 和 A 点的空间所在。验证（H/F_1）与（F_1/F_2）之间存在着不变量 $L_{A \to F_1}$。

上述换面投影变换也可以在 V 面上进行，见图 4-2b。试着分别聚焦 V 面和 F_1 面，想象空间环境，验证两次投影变换投影体系间的不变量 $L_{A \to V}$ 和 $L_{A \to F_1}$。

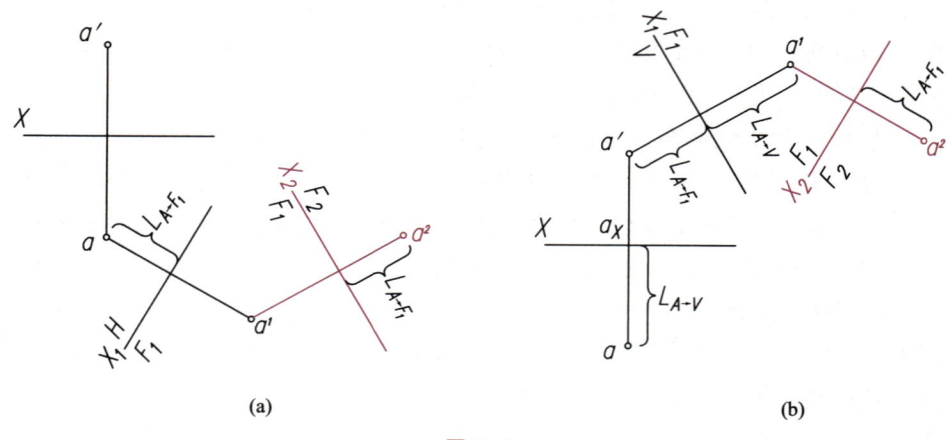

图 4-2

在原投影体系中设立投影面，进行投影变换，形成新的投影体系称作一次换面，如

图 4-2a 中的（H/F_1）和图 4-2b 中的（F_1/V）。在所换投影面上继续设立投影面，进行投影变换，再次形成新的投影体系，称作二次换面，如图 4-2a 和图 4-2b 中的（F_1/F_2）。

4.3 直线的换面投影变换

换面投影变换可以改变投影对象与投影面的相对位置关系，这种改变往往是某种应用上的需要。如将一般位置直线变换为投影面平行线，以获得直线的实长和倾角。

例题 4-1

求一般位置直线 AB 的实长和相对于 H 面的倾角 α，见图 4-3。

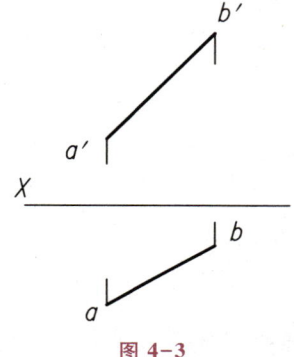

图 4-3

空间形态

解题过程

（1）聚焦水平投影，想象直线的空间所在。在直线 AB 近旁设立与其平行的铅垂面 F_1，这一过程表现在图面上，即作直线平行于 ab，标记为 X_1，见图 4-4a。聚焦水平投影，拉起 X_1，想象 F_1 面的空间所在。

（2）保持看到的空间环境，将 A、B 两点向 F_1 面作投射，形成 A、B 点的 F_1 面投影 a^1、b^1，想象 a^1、b^1 的空间所在。这一过程可作图表述为：过 a 和 b 作 X_1 轴的垂线 ［相当于在投影体系（H/F_1）中作投影联系线］，并在其上截取 $a^1 a_{X_1} = L_{A \to H} = a' a_X$ 和 $b^1 b_{X_1} = L_{B \to H} = b' b_X$，见图 4-4b。

聚焦水平投影，拉起 X_1 轴，想象 F_1 的空间所在；想象 F_1 面，连同其上的 a^1、b^1 绕 X_1 轴旋转，与 H 面重合。想象这一旋转过程，建立纸面上 a^1、b^1 与空间上 a^1、b^1 的对应关系。在想象的三维场景中加入 V 面的空间所在，验证（V/H）与（H/F_1）间存在的不变量 $L_{A \to H}$ 和 $L_{B \to H}$。

（3）保持看到的 F_1 面，连线 $a^1 b^1$，$a^1 b^1$ 即为直线 AB 的 F_1 面投影。想象直线 AB 和其 F_1 面投影 $a^1 b^1$ 的空间所在。验证直线 AB 与 F_1 面的平行关系。由于直线 AB 为 F_1 面的平行线，因此 $a^1 b^1$ 反映 AB 的实长，且 $a^1 b^1$ 与 X_1 轴的夹角反映直线 AB 相对于 H 面的倾角 α，见图 4-4c（注意：$a^1 b^1$ 为所求结果，图线要加粗、加深）。

视频讲解

由上述解题过程可以看出，解题的每一步都对应着三维思想的二维表述，同时也喻示着表面上的二维投影图实际承载着三维空间信息。

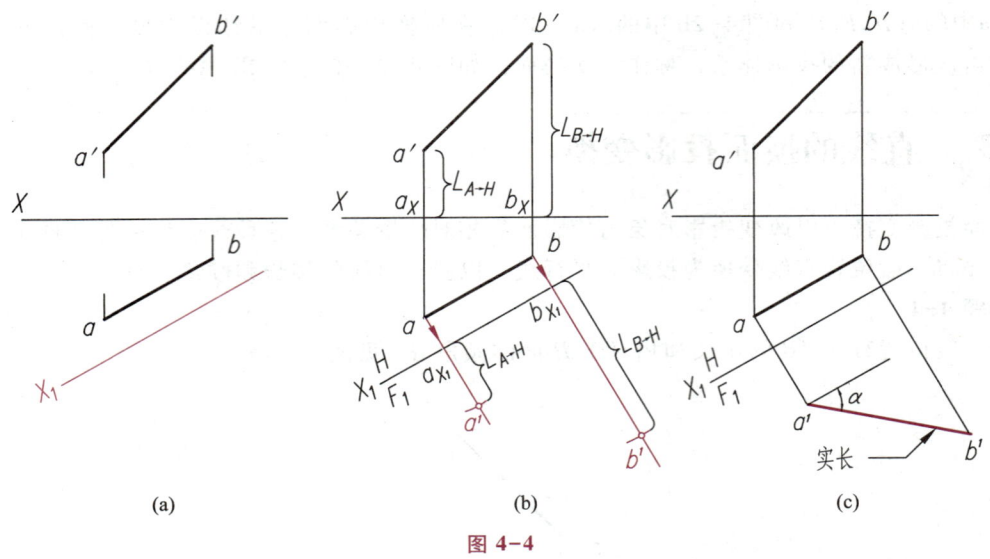

图 4-4

> **实践训练**
>
> 完成习题 4-1。
>
> 换面法形成的新投影体系与原投影体系没有本质区别，读、绘图时仍要像以前一样，努力在投影图中构建空间环境，看到投影对象的空间所在。
>
> 换面法可以根据需要反映投影对象的几何特征，是投影表达的重要手段。它曾是图解法的重要组成部分，虽然其应用价值日趋衰落，但换面法却能很好地阐释制图作为工程语言的表述过程，因而仍然是很好的空间想象力和三维思想二维表述能力的训练手段。

例题 4-1 要求求解直线相对于 H 面的倾角 α，因此在作换面投影变换时，新投影面须设在 H 面上。假如题目要求求解直线相对于 V 面的倾角 β，则新投影面须设在 V 面上，作图过程见图 4-5。

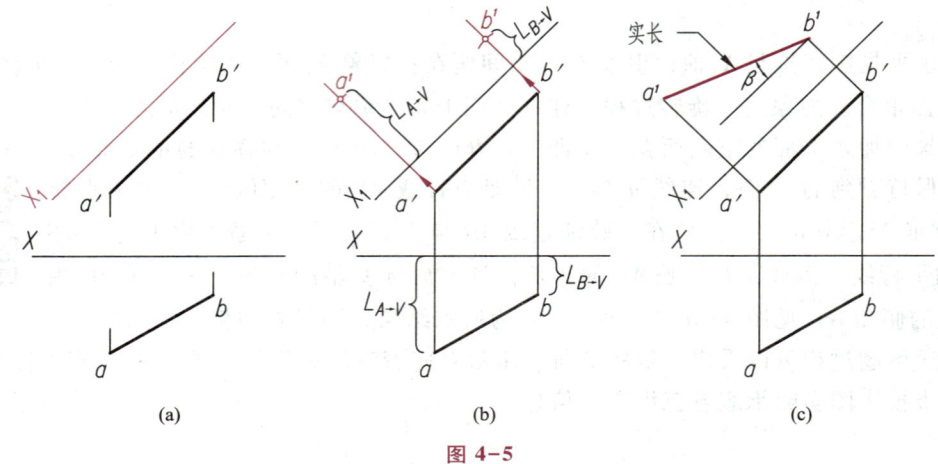

图 4-5

由于各投影面可通过其上的投影加以区分,因而投影轴两侧的投影面标识可被省略。如图 4-5 中的 X_1 轴两侧省略了投影面标识 H 和 F_1。

作换面投影变换时,新投影面必须垂直于某一原有投影面,这是新投影面的设立原则,以保证新、旧投影面之间具有确定的联系。在此限制条件下,一次换面可将一般位置直线变换为投影面平行线,但无法将其变换为投影面垂直线(因为空间上不存在与原投影面和一般位置直线同时垂直的平面),除非直线的空间位置特殊。例如,如果直线是投影面平行线,则直线可经一次换面变换为投影面垂直线。

例题 4-2

作水平线 AB 的换面投影,使其成为投影面垂直线,见图 4-6。

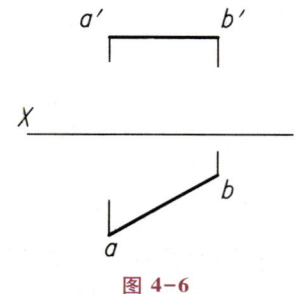

图 4-6

空间形态

解题过程

(1)聚焦水平投影,想象直线 AB 的空间所在。直线是水平线,因此在 H 面上可设立投影面 F_1,使其同时垂直于直线 AB 和 H 面。这一过程可作图表述为:作直线垂直于 ab,标记为 X_1,见图 4-7a。

(2)聚焦水平投影,想象直线 AB 的空间所在。拉起 X_1 轴,想象 F_1 面的空间所在,并将直线 AB 向 F_1 面作投射。这一过程可作图表述为:延长直线 ab,并在其上截取 $L_{A\to H}$ 或 $L_{B\to H}$,得到直线 AB 的 F_1 面积聚投影 $b^1(a^1)$,见图 4-7b。图中直线水平投影 ab 和 F_1 面投影 $b^1(a^1)$ 组成了新的直线的二面投影。

视频讲解

面对新的二面投影,聚焦 H 面或 F_1 面,构建三维环境,想象直线 AB 的空间所在,验证其与 F_1 面的垂直关系。

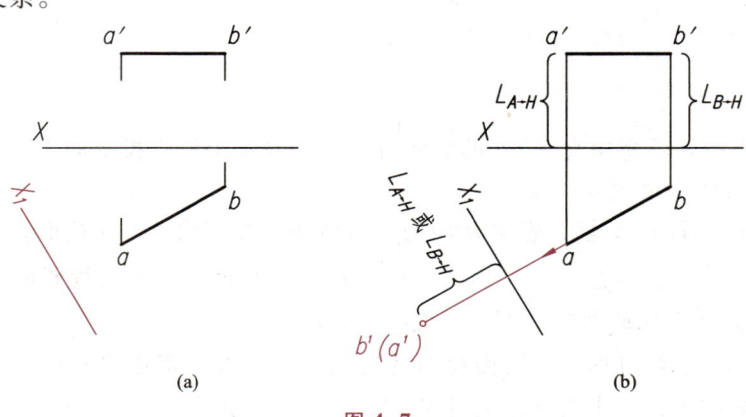

图 4-7

例题中直线为水平线，若为正平线，则必须在 V 面上设立新投影面，才能仅经一次换面将其变为投影面垂直线，作图过程见图 4-8。

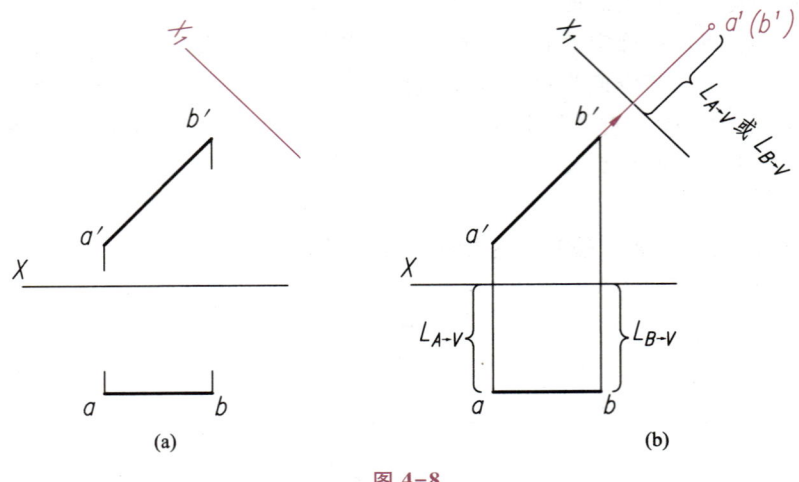

图 4-8

对于一般位置直线，若使其变为投影面垂直线，则必须经过两次换面，即先经一次换面将其变换为投影面平行线，再经二次换面将其变换为投影面垂直线。

例题 4-3

作直线 AB 的换面投影，使其成为投影面垂直线，见图 4-9。

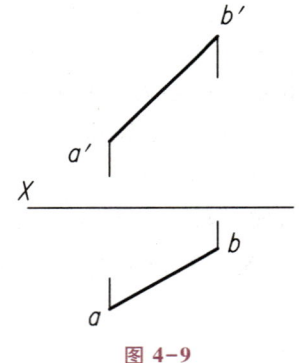

图 4-9

空间形态

解题过程

（1）聚焦水平投影，想象直线 AB 的空间所在。在 H 面上设立投影面 F_1，经一次换面将其变换为 F_1 面的平行线，见图 4-10a。

（2）聚焦 F_1 面，拉起 X_1 轴，想象 H 面的空间所在，在直线 AB 的 F_1 面投影中看到直线的空间所在，看到直线与 F_1 面的平行关系；在 F_1 面上再设立投影面 F_2，经二次换面将直线变换为 F_2 面的垂直线，见图 4-10b。

上述求解过程中的换面投影变换是在水平投影面中进行的，变换也可以在正投影面中进行，作图过程见图 4-11。

视频讲解

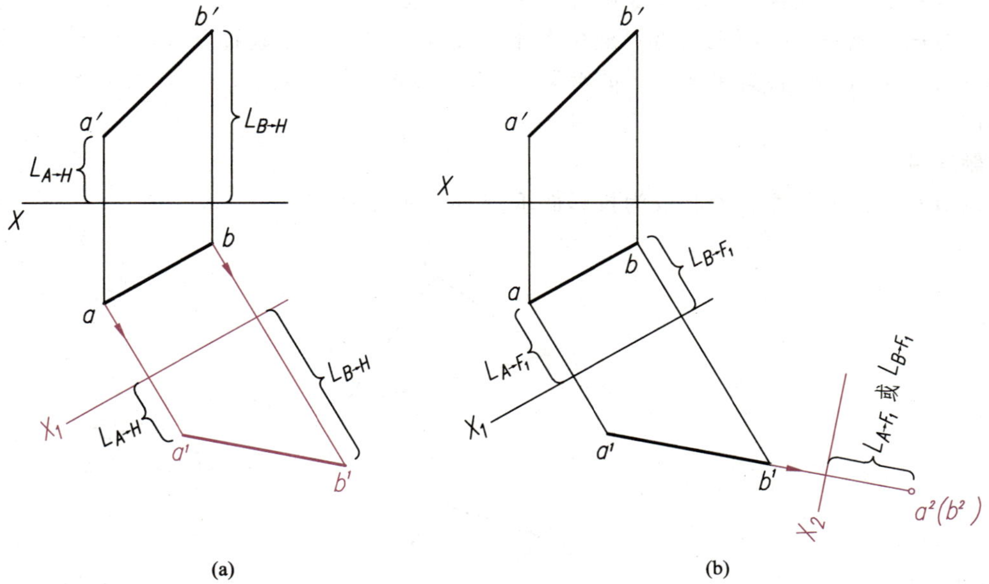

图 4-10

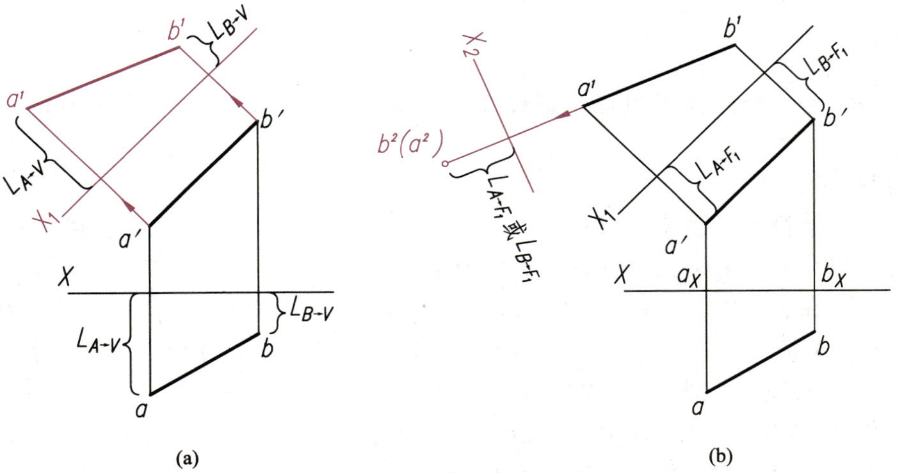

图 4-11

实践训练

完成习题 4-2。

4.4 平面的换面投影变换

与直线的换面投影变换相类似，平面的换面投影变换也要根据平面的空间形态和应用需求

77

确定换面次数。如一次换面可将一般位置平面变换为投影面垂直面，或将投影面垂直面变换为投影面平行面，但一次换面无法将一般位置平面变换为投影面平行面（空间上不存在既与原投影面垂直，又与一般位置平面平行的平面），将一般位置平面变换为投影面平行面必须经过两次换面。

例题 4-4

作 △ABC 的换面投影，使其成为投影面垂直面，见图 4-12。

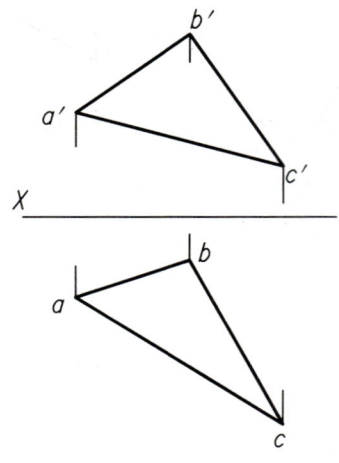

图 4-12

空间形态

为使 △ABC 变为投影面垂直面，新设立的投影面需同时与 △ABC 和原有的某一投影面垂直。

解题过程

（1）聚焦水平投影，想象 △ABC 的空间所在。设有铅垂面 F_1，如欲使其与 △ABC 垂直，则需使其与 △ABC 上的某条直线垂直。F_1 面为铅垂面，能够与其垂直的 △ABC 上的直线必为水平线。过 A 点在想象中的 △ABC 上作水平线，想象水平线 AD 的空间所在。作 AD 的正面投影 $a'd'$（$a'd'$ 与 X 轴平行），并由此求出其水平投影 ad。H 面上，选择合适位置放置代表 F_1 面水平积聚投影的 X_1 轴（X_1 轴须与 AD 的水平投影 ad 垂直），见图 4-13a。

（2）聚焦水平投影，想象 △ABC 的空间所在，向上拉起 X_1 轴，想象 F_1 面的空间所在。将三角形各顶点向 F_1 面投射，作图过程见图 4-13b（注意：△ABC 的 F_1 面积聚投影 △$a^1b^1c^1$ 为所求结果，图线要加粗、加深）。

读图（H/F_1），聚焦 H 面，想象 △ABC 的空间所在（实形象），向上拉起 X_1 轴，想象 F_1 面的空间所在。验证 △ABC 与 F_1 面的垂直关系，验证其 F_1 面积聚投影反映 △ABC 相对于 H 面的倾角 α。

上述投影变换是在 H 面上进行的，其结果可反映平面相对于 H 面的倾角 α，若要获得其相对于 V 面的倾角 β，则投影变换须在 V 面上进行，作图过程见图 4-14。

视频讲解

读图 4-14b，聚焦 V 面，想象 △ABC 的空间所在（实形象），向前拉出 X_1 轴，

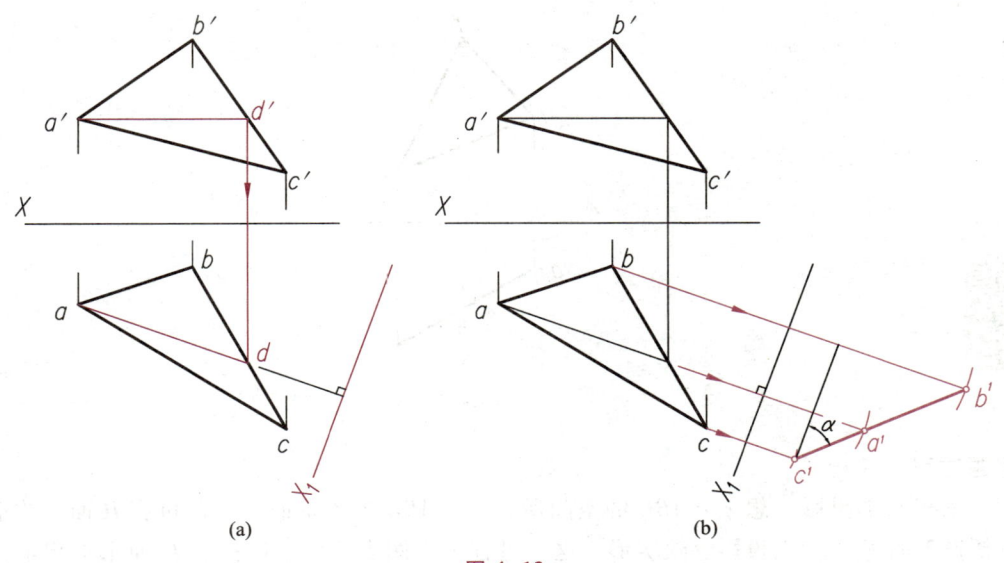

图 4-13

想象 F_1 面的空间所在。验证 △ABC 与 F_1 面的垂直关系，且其 F_1 面积聚投影反映其倾角 β。

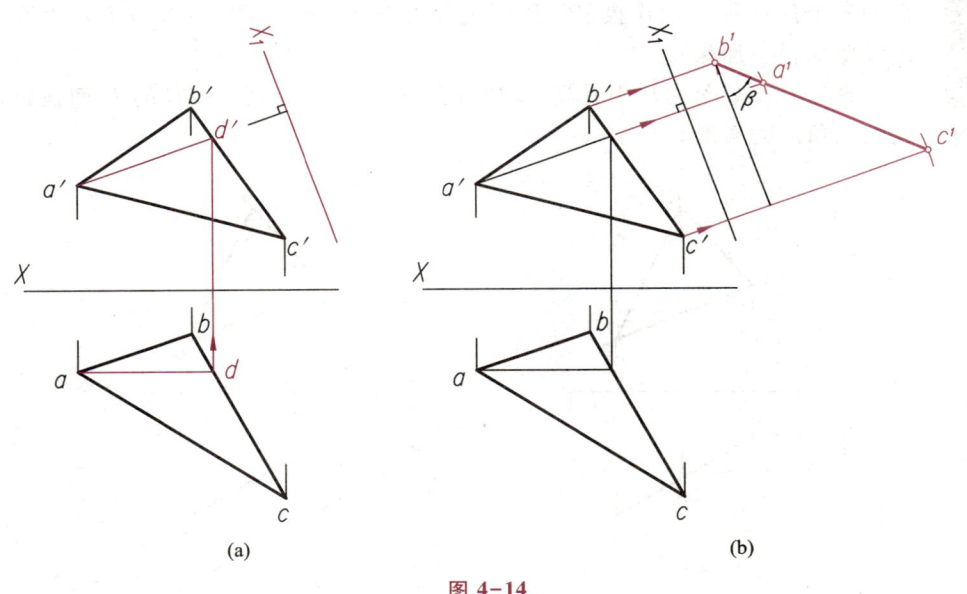

图 4-14

实践训练

完成习题 4-3。

例题 4-5

求作 △ABC 的实形，见图 4-15。

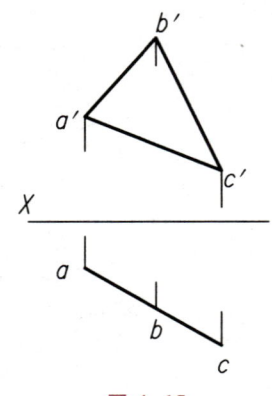

空间形态

图 4-15

解题过程

（1）聚焦水平投影，想象△ABC 的空间所在。△ABC 为铅垂面，因此可在 H 面上构造与其平行的新投影面 F_1，使其投影反映实形。这一过程可作图表述为：作代表 F_1 面水平积聚投影的 X_1 轴，使其与△ABC 的水平积聚投影平行，见图 4-16a。

（2）聚焦水平投影，想象△ABC 的空间所在。拉起 X_1 轴，想象 F_1 面的空间所在。将三角形的三个顶点向 F_1 面作投射，作图过程见图 4-16b（注意：△$a^1b^1c^1$ 为所求结果，图线要加粗、加深）。

视频讲解

聚焦 F_1 面，努力从中看到△ABC 的空间所在，验证△ABC 的 F_1 面投影△$a^1b^1c^1$ 反映三角形的实形。

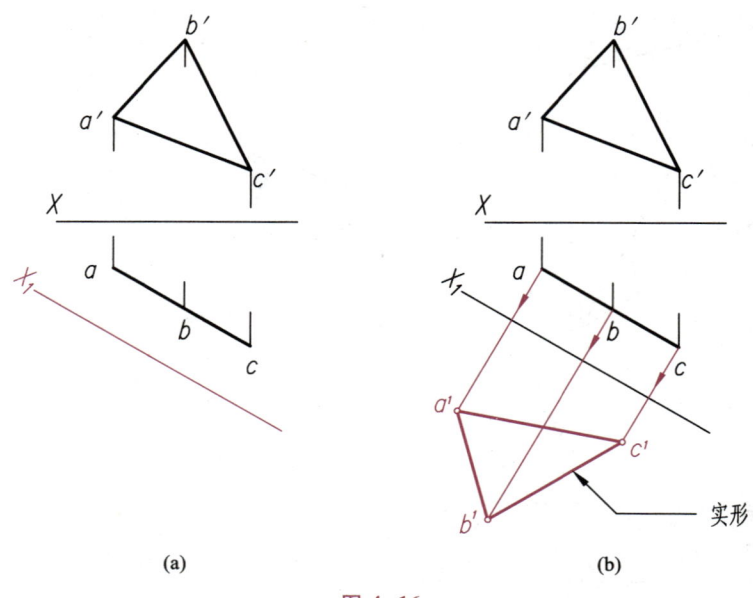

图 4-16

例题中的三角形为铅垂面，H 面上可构造出与之平行的新投影面。如果平面为正垂面，则投影变换应在 V 面上进行，作图过程见图 4-17。

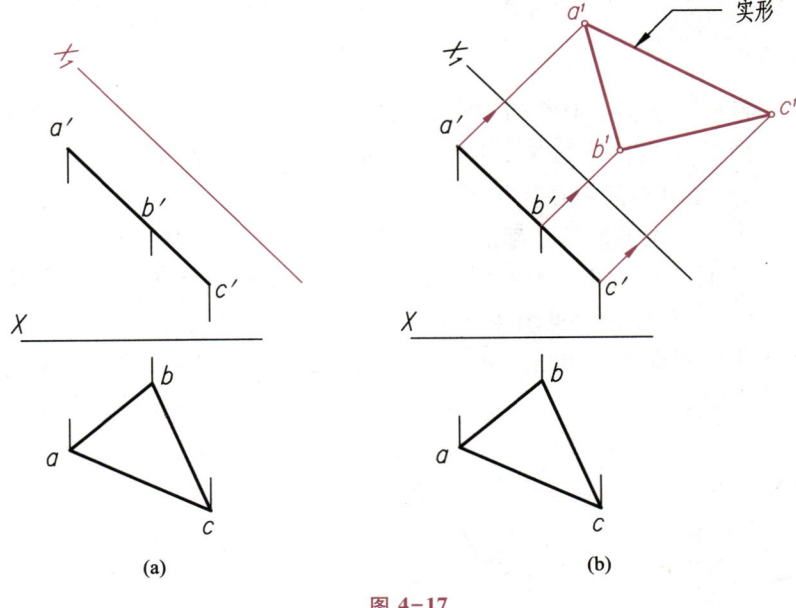

图 4-17

聚焦正面投影，想象△ABC 和新投影面的空间所在，验证△ABC 的换面投影反映三角形的实形。

 实践训练

完成习题 4-4。

例题 4-6

求作△ABC 的实形，见图 4-18。

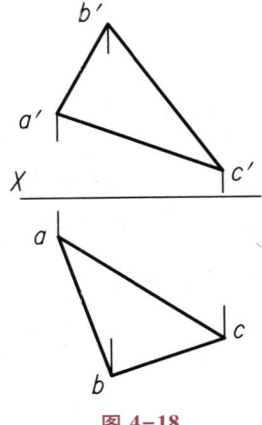

图 4-18

空间形态

△ABC 为一般位置平面，在现有投影体系内无法构造出与之平行的新投影面。因此换面投影需分两步进行，第一步先将 △ABC 变换为投影面垂直面，然后再将其变换为投影面平行面。

解题过程

（1）聚焦水平投影，想象 △ABC 的空间所在。在 △ABC 上作水平线，想象其空间所在；在 H 面上设立铅垂的投影面 F_1，使其与 △ABC 上的水平线垂直，想象其空间所在；作 △ABC 的 F_1 面投影 $\triangle a^1b^1c^1$，想象其空间所在，作图过程见图 4-19a。

视频讲解

（2）在一次换面的基础上继续换面。聚焦投影面 F_1，想象 △ABC 的空间所在；在 F_1 面上设立平行于 △ABC 的投影面 F_2，想象 F_2 的空间所在；作 △ABC 的 F_2 面投影 $\triangle a^2b^2c^2$，作图过程见图 4-19b。

聚焦投影面 F_2，想象 △ABC 的空间所在，验证 $\triangle a^2b^2c^2$ 反映三角形实形。

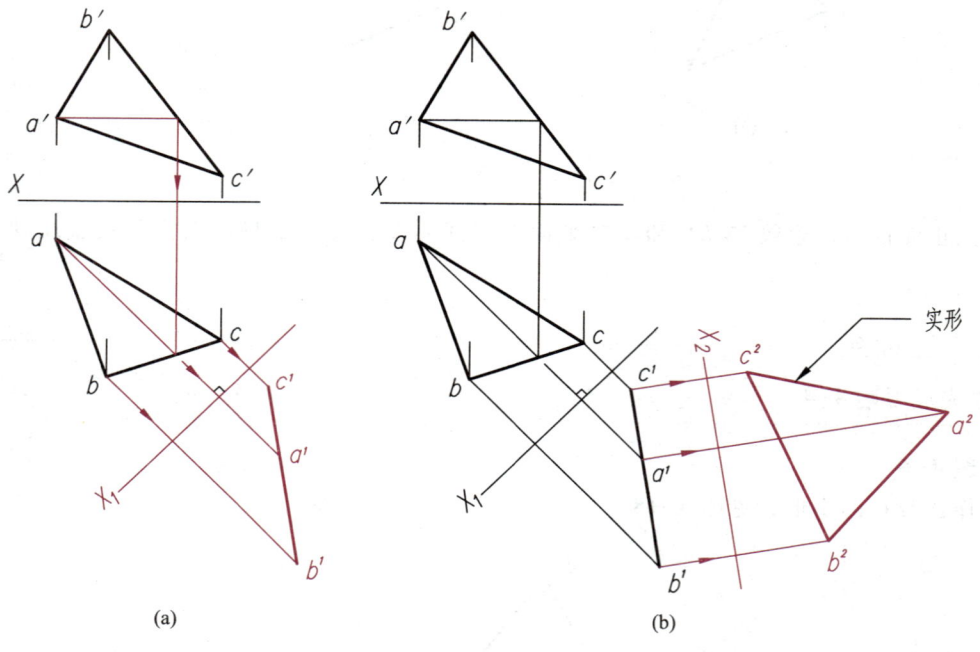

图 4-19

上述解题过程也可以在 V 面上进行，见图 4-20。其中，图 4-20a 为一次换面将三角形变换为投影面垂直面，图 4-20b 为二次换面将三角形变换为投影面平行面。

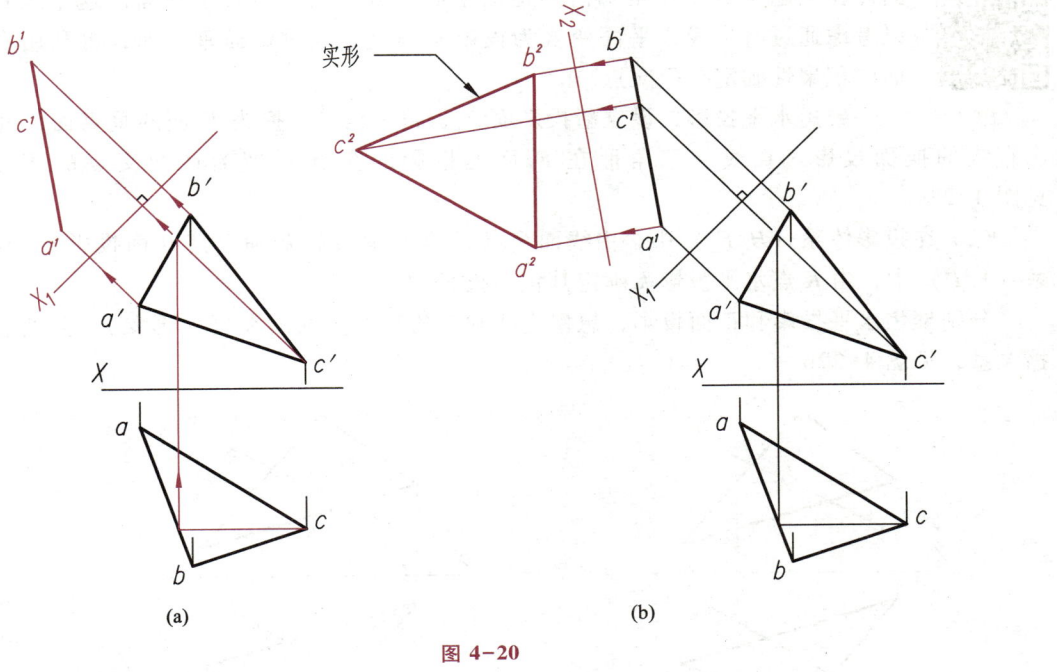

图 4-20

4.5 换面法的应用

换面法除了可以求解直线的实长、平面的实形等问题，还有许多应用。例如，在求作线面交点或面面交线时，如果线或面没有积聚性，则可以通过换面投影变换使其具有积聚性，从而简化求解过程。

例题 4-7（该题与例题 3-9 相同）

求作直线与平面交点 K，并判断直线的可见性，见图 4-21。

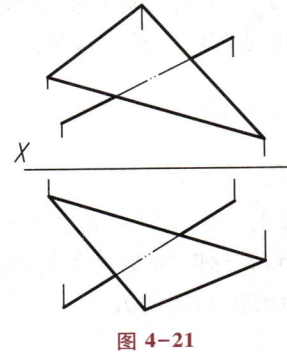

图 4-21

空间形态

解题过程

（1）聚焦水平投影或正面投影，想象直线和三角形的空间所在。直线和平面均无积聚性，

83

因此在例题 3-9 中不得不借助辅助平面求解。而现在有了换面法这个工具后，可以考虑通过将直线或平面变换为投影面垂直线或投影面垂直面，再利用直线或平面的积聚性确定线面交点。

视频讲解　　聚焦水平投影，设立新投影面 F_1，将三角形变换为 F_1 面的垂直面，并同时作出直线的换面投影。直线与三角形在 F_1 面上投影的交点 k^1 即为线面交点的 F_1 面投影，见图 4-22a。

（2）在投影体系（H/F_1）中，由线面交点 K 的 F_1 面投影 k^1 确定其 H 面投影 k；在投影体系（V/H）中，由 K 点水平投影 k 确定其正面投影 k'。

分别聚焦水平投影和正面投影，想象直线和三角形的空间所在（实形象），判断它们的遮挡关系，见图 4-22b。

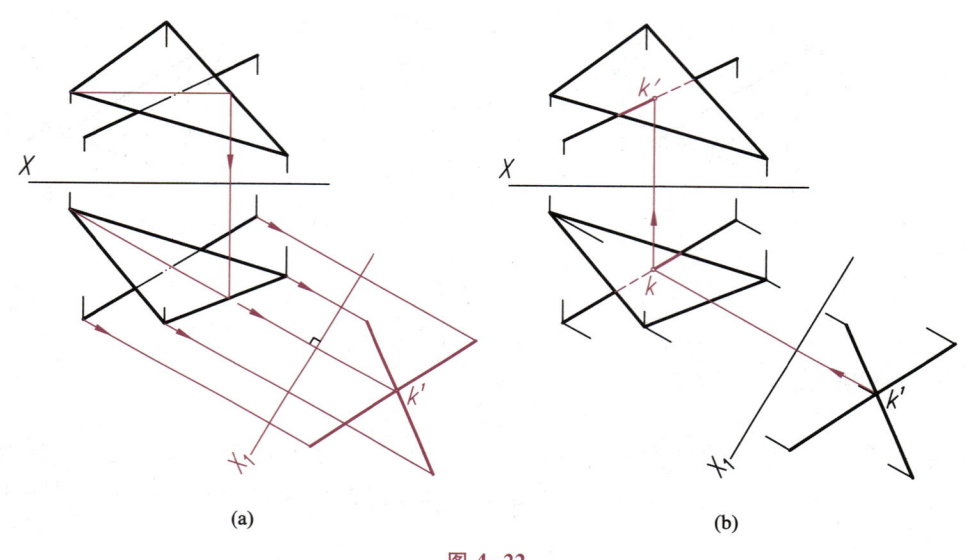

图 4-22

使投影对象产生积聚是求解线面交点的一种解题思想，具体实现方式可有多种，如可以使三角形积聚，也可以使直线积聚，可以在 H 面上进行换面投影变换，也可以在 V 面上进行换面投影变换。本例题的求解过程只选取了其中一种，读者可以尝试其它解法。

 实践训练

完成习题 4-5 和习题 4-6。

在前几章空间想象训练的基础上，本章训练难度进一步加大。其中有些习题似乎没有现成的解题方法（如习题 4-6），这时需要读者从空间上认识投影对象，通过分析问题的本质，争取能创造性地提出解决问题的方法。

例题 4-8

求作两平面的交线 MN，并判断可见性，见图 4-23。

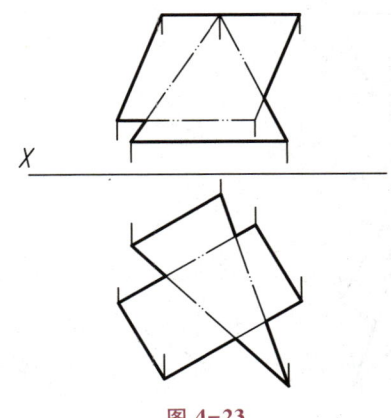

图 4-23

空间形态

解题过程

（1）聚焦水平投影或正面投影，想象二面的空间所在。二面均无积聚性，需作投影变换将其中一个平面变换为投影面垂直面。聚焦水平投影，设新投影面 F_1，将二面中的矩形（四边形为矩形，因为四边形的一对边为水平线，且水平投影中相邻边相互垂直）变换为 F_1 面的垂直面，并同时作出三角形的换面投影，见图4-24a。

（2）读图（H/F_1），聚焦 F_1 面，延长矩形的积聚投影，想象矩形和三角形的空间所在。三角形的两边与矩形积聚投影的交点即为二面两个公共点的 F_1 面投影，由此可确定其 H 面投影，两个公共点 H 面投影的连线即为二面交线的水平投影，取其有效部分 mn，见图 4-24b。

（3）由二面交线 MN 的水平投影 mn 确定其正面投影 $m'n'$，见图 4-24c。

（4）分别聚焦水平投影和正面投影，想象二面的空间所在（实形象），判断它们的遮挡关系，见图 4-24d。

视频讲解

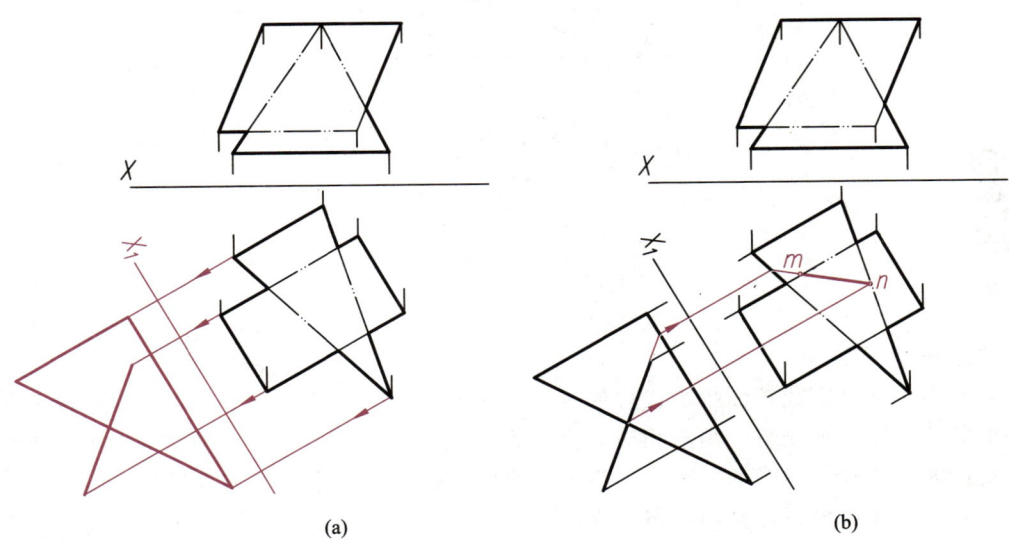

(a)　　　　　　　　　　　　(b)

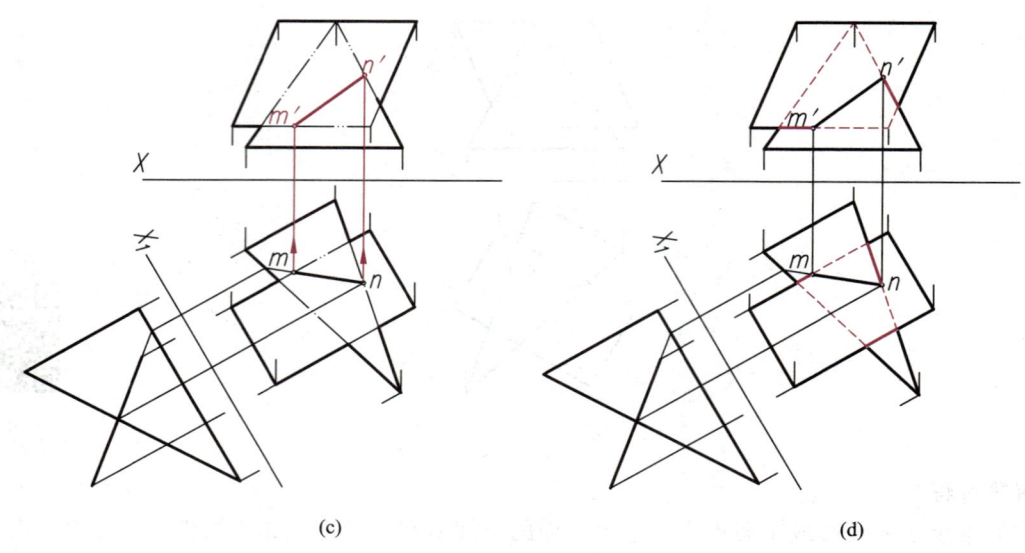

(c)　　　　　　　　　　　　(d)

图 4-24

 实践训练

完成习题 4-7。

例题 4-9

求点到三角形的距离，见图 4-25。

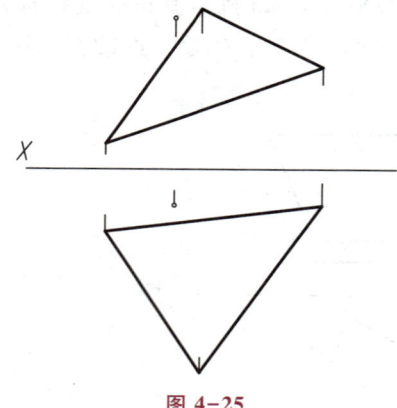

图 4-25

空间形态

解题过程

（1）聚焦水平投影或正面投影，想象点和三角形的空间所在。三角形为一般位置平面，过点作三角形的垂线，垂线与三角形相交，交点为垂足，连接点与垂足，想象连线的空间所在，连线的实长即为点到三角形的距离。因为三角形为一般位置平面，点与垂足的连线必为一般位置直线，因此在现有投影体系中，点与垂足连线的投影不反映实长。如果能将三角形变为投影面垂直面，则点与垂足的连线将变为投影面平行线，其投影则可以反映实长。上述空间思考和分析的作图表述见图4-26a。

（2）若仅要求求解点到三角形的距离，作图过程可到此为止。若还要在原投影体系中确定距离的投影，则需进一步作图。

读图（H/F_1），聚焦F_1面，想象点与垂足连线和三角形的空间所在。在（H/F_1）体系中，三角形为F_1面的垂直面，因此点与垂足的连线必为F_1面的平行线，即点与垂足连线的H面投影必平行于X_1轴。由此可确定垂足的H面投影k。再根据新、旧投影体系间的等量关系$L_{K \to H}$确定垂足的正面投影k'，见图4-26b。点与垂足同面投影的连线即为点到三角形距离的投影。

视频讲解

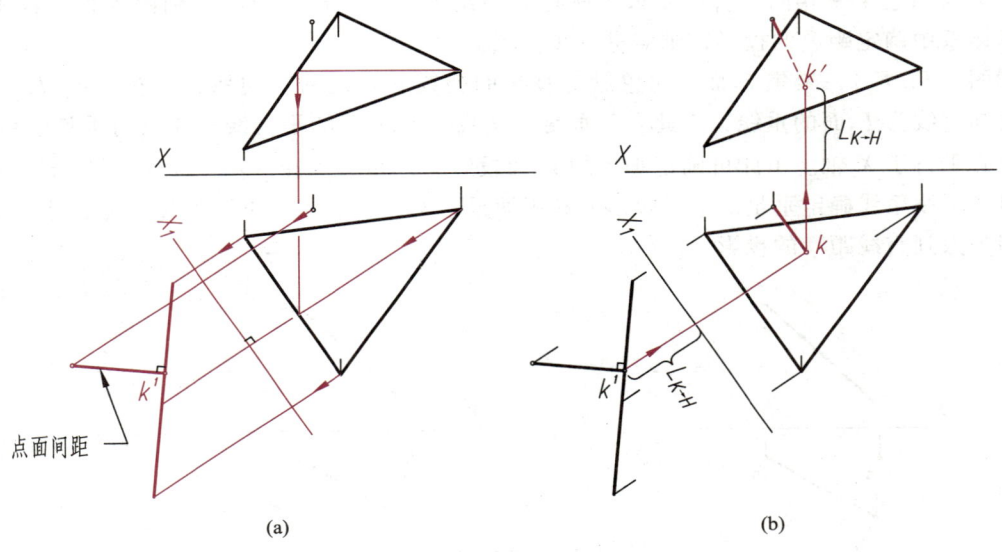

(a)   (b)

图 4-26

实践训练

完成习题4-8。

例题 4-10

求点到直线的距离，见图4-27。

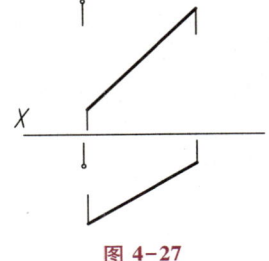

图 4-27

空间形态

解题过程

视频讲解

（1）聚焦水平投影或正面投影，想象点和直线的空间所在。直线为一般位置直线，过点作直线的相交垂线，连接点与垂足，想象连线的空间所在，连线的实长即为点到直线的距离。因为直线为一般位置直线，点与垂足的连线在一般情况下也为一般位置直线，在现有投影体系中不反映实长。如果能将已知直线变换为投影面垂直线，则点与垂足的连线将变为投影面平行线，其投影则可以反映实长。

投影变换需分两次进行，先将已知直线变为投影面平行线，再将其变为投影面垂直线。上述空间思考和分析过程的作图表述见图 4-28a。

（2）与例题 4-9 相同，若仅要求求解点到直线的距离，作图过程可到此为止。若还要在原投影体系中确定距离的投影，则需进一步作图。

读图（F_1/F_2），聚焦 F_2 面，想象点与垂足的连线和直线的空间所在。在（F_1/F_2）体系中，已知直线为 F_2 面的垂线，因此点与垂足的连线必为 F_2 面的平行线，即点与垂足连线的 F_1 面投影必平行于 X_2 轴。由此可确定垂足的 F_1 面投影 k^1。再分别在（H/F_1）和（V/H）投影体系内引投影联系线确定垂足的水平投影 k 和正面投影 k'，见图 4-28b。则点与垂足同面投影的连线即为点到直线距离的投影。

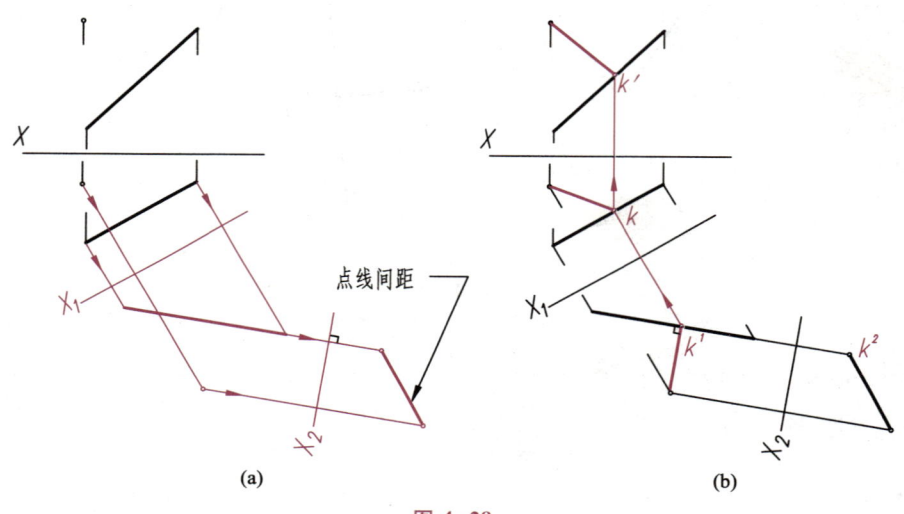

图 4-28

 实践训练

完成习题 4-9。

例题 4-11

求二面夹角，见图 4-29。

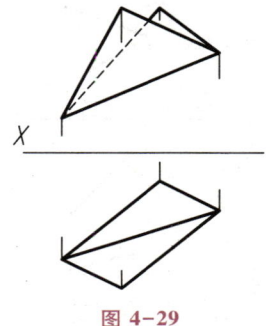

图 4-29

空间形态

解题过程

聚焦水平投影或正面投影，想象二面的空间所在，二面均为一般位置平面，两个投影均不反映二面夹角。若能通过投影变换将二面变换为投影面垂直面，则二面积聚投影的夹角即为二面夹角。

记二面交线为 MN，想象其空间所在。显然，如果能将 MN 变换为投影面垂直线，则二面必为投影面垂直面。MN 为一般位置直线，换面投影变换需分两次进行，即先将其变换为投影面平行线，见图 4-30a；再将其变换为投影面垂直线，见图 4-30b，图中二面在 F_2 面上积聚投影的夹角 θ 即为二面夹角。

视频讲解

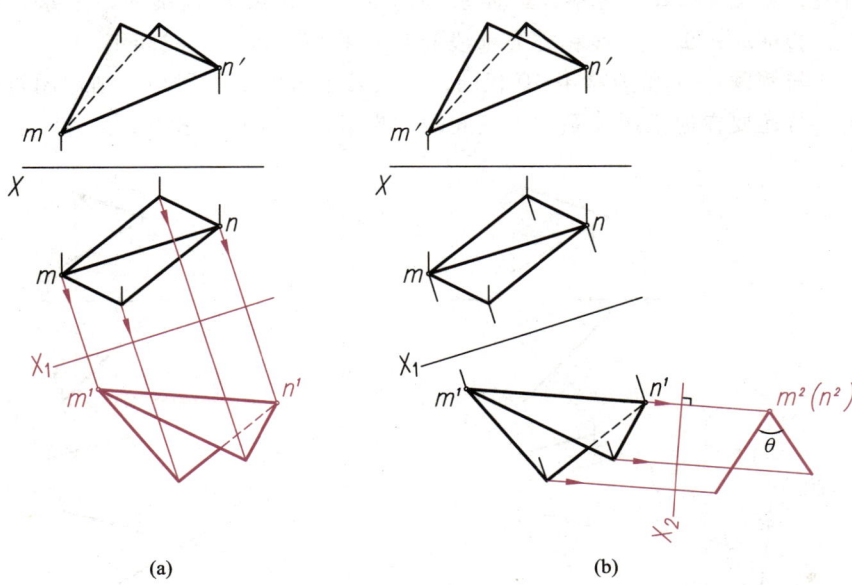

图 4-30

例题 4-12

求二线间距，见图 4-31。

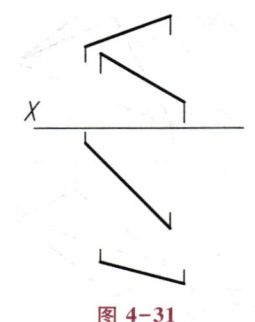

空间形态

图 4-31

解题过程

聚焦水平投影或正面投影，想象二线空间所在。二线均为一般位置直线，相互位置关系为交错。

记二线的相交公垂线为 MN（M、N 为相交公垂线与二线的交点），想象 MN 大致的空间所在，其实长即为二线间距。二线为一般位置直线，大多数情况下，代表二线间距的 MN 也为一般位置直线，在现有投影体系中不反映实长。如果能将二线中的一条直线变为投影面垂直线，则 MN 必为投影面平行线，由此可在其所平行的投影面上反映实长。

换面投影需分两次进行，先将二线中的一条直线变为投影面平行线，再将其变为投影面垂直线，见图 4-32a。考察投影体系（F_1/F_2），聚焦 F_2 投影面，想象二线的空间所在，验证 $m^2 n^2$ 即为二线相交公垂线的 F_2 面投影，反映二线间距。

视频讲解

与例题 4-9 和例题 4-10 相同，若仅要求求解二线间距，则作图过程可到此为止。若还要在原投影体系中确定间距的投影，则需进一步作图。

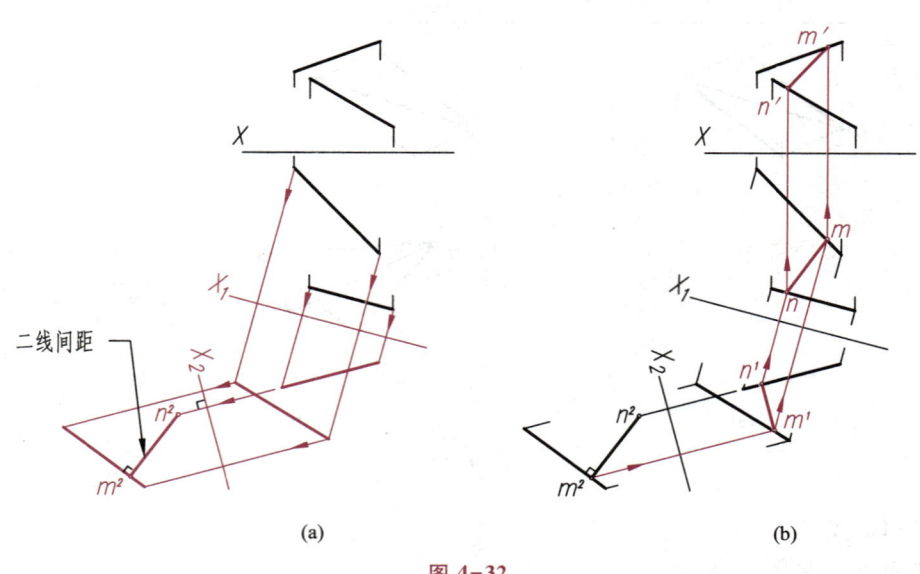

图 4-32

读图（F_1/F_2），聚焦 F_2 面，想象 MN 的空间所在。在（F_1/F_2）体系中，二线中的一条直

线为 F_2 面的垂线，因此 MN 必为 F_2 面的平行线，即 MN 的 F_1 面投影必平行于 X_2 轴。由此可确定 m^1n^1。再分别在（H/F_1）和（V/H）投影体系内引投影联系线确定二线间距的水平投影 mn 和正面投影 $m'n'$，见图 4-32b。

 实践训练

完成习题 4-10~习题 4-17。

习题 4-10~习题 4-17 为综合练习，是本章的训练重点。它们的解题方法各不相同，解题时，需要在想象的空间环境中分析、认识问题的本质，以创新的思维构思解决方案。

切记练习要反复进行，尽量不看答案，争取独立完成。掌握解题方法并不重要，重要的是能专注于空间想象，能在想象的空间环境中依靠自己的分析找到解题方法，并在二维纸面上将思考、分析过程作图表述出来。即空间想象力和三维思想二维表述能力的培养才是训练的根本目的。

第 5 章　平面立体的投影

本章在内容上主要介绍平面立体的投影表达。训练上，通过对平面立体实施截切、相贯等各种操作，学习掌握由简单形体推理、生成复杂形体的技巧，为空间想象力应用提高阶段的训练做准备。

从本章开始，空间想象训练进入能力拓展阶段，这一阶段的训练重点是在形体已知的情况下，想象其空间所在和形态。

5.1　平面立体的投影表达

平面立体是指其表面为平面的立体。虽然平面立体千姿百态，种类繁多，但它们或本身是棱柱、棱锥，或可被看作棱柱、棱锥的变体。因此，平面立体的投影表达首先从棱柱、棱锥开始。

与点、线、面的投影表达一样，平面立体也可由投影图来表达。投影表达平面立体时，先要确定形体在投影体系中的放置方位。选取方位的一般原则是使形体的主要表面反映实形，其它面尽可能多地有积聚性，见图 5-1。其中，图 5-1a 为竖直放置（即轴线垂直于 H 面）的正三棱柱，其背面处于正平位置，正面投影反映实形，水平投影和侧面投影积聚；上、下端面处于水平位置，水平投影反映实形，正面投影和侧面投影积聚。图 5-1b 为竖直放置的正三棱锥，其底面处于水平位置，水平投影反映实形，正面投影和侧面投影积聚；背面处于侧垂位置，侧面投影积聚。

注意图 5-1 中的两投影图均省略了投影轴，为无轴投影。

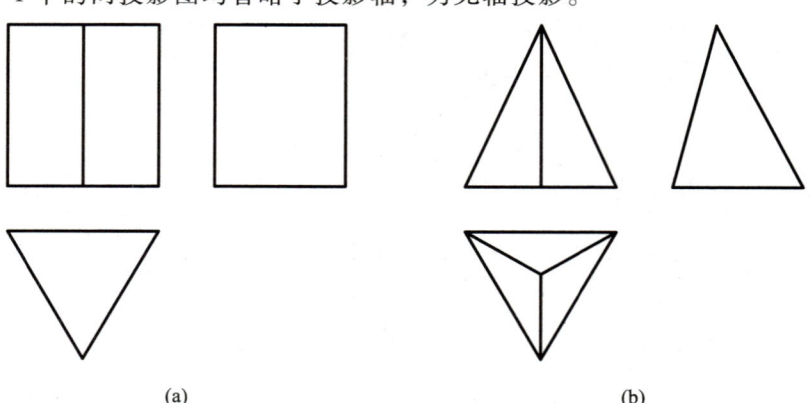

图 5-1

与读点、线、面的投影图相同，读形体的投影图时，也要通过想象，努力从投影图中看到形体的空间所在。下面以图 5-1a 所示的正三棱柱为例，说明读图的具体过程。

先闭上眼睛想象三棱柱的空间形态。当然，也可以睁开眼睛想，此时要将视线移向空中，在空中形成三棱柱的三维形象（这种形象不是真实存在，应属于虚形象）。

想象形体时，还应该能变换角度，从不同方向观察形体，见图 5-2。

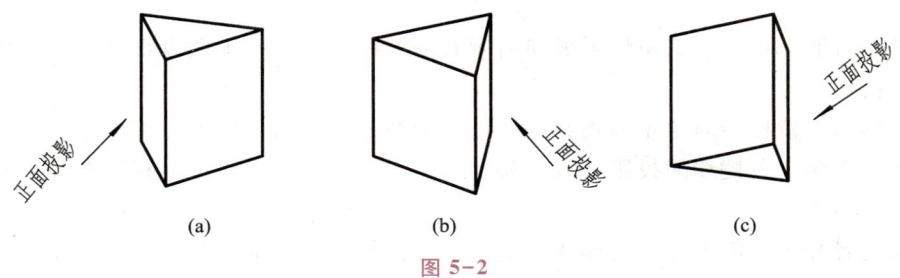

图 5-2

想象出三棱柱的空间形态后，再尝试从投影图中想象形体的空间所在和形态。

1. 聚焦正面投影，想象形体的空间所在和形态

先以虚形象呈现形体：

面对图 5-1a，聚焦正面投影，见图 5-3a。

三棱柱的正面投影由两条水平线和三条竖直线组成，其中上、下水平线为三棱柱上、下端面的积聚投影，三条竖直线为三棱柱三条棱线的投影。

将表示最前棱线投影的中竖直线从纸面拉出，参照水平投影或侧面投影，想象最前棱线的空间所在；由最前棱线的上、下端点与投影图中的上、下水平线组成表示三棱柱上、下端面的三角形，想象其空间所在；想象最前棱线与投影图中左、右竖直线构成的三棱柱左、右矩形侧面的空间所在；由三棱柱上、下端面和左、右侧面想象三棱柱的空间所在和形态，见图 5-3b。图中的红色粗双点画线表示想象中的空间形体。

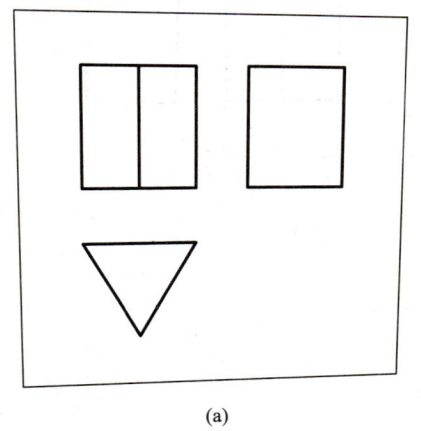
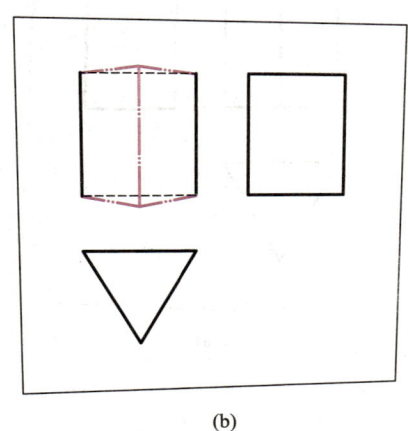

图 5-3

再以实形象呈现形体：

与以实形象呈现直线和平面的空间所在相同，形体的投影图同样既可被看作平面图形，也可以通过空间想象使其具有立体效果。

面对图 5-1a，聚焦正面投影，保持投影图中的左、右竖直线不动，参照水平投影或侧面投影，将表示最前棱线投影的中竖直线从纸面拉出，并带动左、右矩形浮出纸面，使其具有空间感，看上去像两个向后倾斜的坡面。坡面的前缘为投影图中的中竖直线，后缘为左、右竖直线。

试一试，看能否将左、右矩形看成向后倾斜的坡面，从而使正面投影具有空间感，可被看作空间的三棱柱。

保持看到的三棱柱，对照正面投影，验证图中的上、下水平线为三棱柱上、下端面的积聚投影；三条竖线为三条棱线的投影，且反映实长；上、下水平线和左、右竖直线组成的矩形反映三棱柱背面的实形。

想象观察者升到形体上方，对形体从上向下作投射，形成水平投影。验证投影中的三条直线为三棱柱侧面的积聚投影；三条直线所形成的三角形反映三棱柱上、下端面的实形。

想象观察者转到形体左侧，对形体从左向右作投射，形成侧面投影。验证投影中的上、下水平线为三棱柱上、下端面的积聚投影；左竖直线为三棱柱背面的积聚投影；右竖直线为三棱柱最前棱线的投影，且反映实长。

2. 聚焦水平投影，想象形体的空间所在和形态

先以虚形象呈现形体：

面对图 5-1a，聚焦水平投影，见图 5-4a。

三棱柱的水平投影为三角形，它既表示三棱柱的上、下端面，又表示三棱柱的三个侧面。将三角形向上拉起，悬于半空，想象其空间所在；将空中的三角形和投影中的三角形分别看作三棱柱的上、下端面，想象由此形成的三棱柱的空间所在，见图 5-4b。

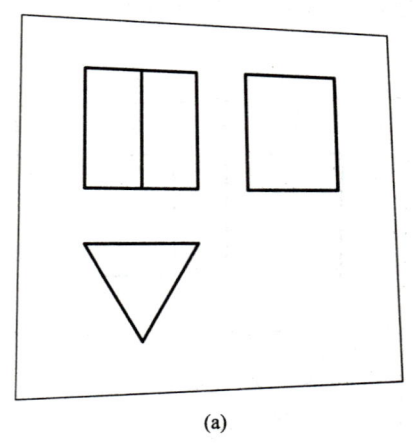
(a)

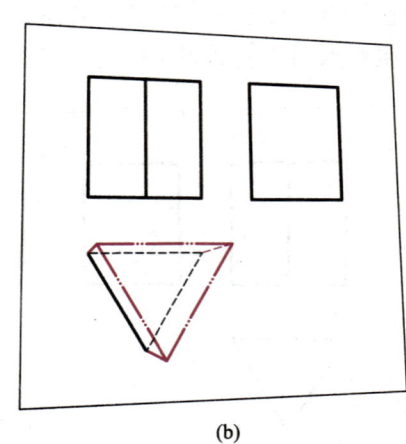
(b)

图 5-4

再以实形象呈现形体：

俯视图 5-1a，聚焦水平投影，直接将三角形想象成三棱柱的上端面，并使三角形的三边向下延伸，产生纵深感，使整个投影具有立体效果，仿佛是一个从上向下看到的三棱柱。

试一试，看能否从水平投影中看到三棱柱的空间所在。

保持看到的三棱柱，对照水平投影，验证三角形的三边为三棱柱侧面的积聚投影；三角形反映三棱柱上、下端面的实形。

想象观察者处于形体前面，对形体从前向后作投射，形成正面投影。验证投影中的上、下水平线为三棱柱上、下端面的积聚投影；三条竖直线为三条棱线的投影，且反映实长；上、下水平线和左、右竖直线组成的矩形反映三棱柱背面的实形。

想象观察者转到形体左侧，对形体从左向右作投射，形成侧面投影。验证投影中的上、下水平线为三棱柱上、下端面的积聚投影；左竖直线为三棱柱背面的积聚投影，右竖直线为三棱柱最前棱线的投影，且反映实长。

3. 聚焦侧面投影，想象形体的空间所在和形态

先以虚形象呈现形体：

面对图 5-1a，聚焦侧面投影，见图 5-5a。

三棱柱的侧面投影由两条水平线和两条竖直线组成，其中上、下水平线为三棱柱上、下端面的积聚投影，左竖直线为三棱柱背面的积聚投影，右竖直线为三棱柱最前棱线的投影。将上、下水平线拉出，想象三棱柱上、下端面三角形的空间所在；将左竖直线拉出，想象三棱柱背面矩形的空间所在；参照正面投影或水平投影，将右竖直线拉出，想象三棱柱最前棱线的空间所在；由三棱柱上、下端面三角形、背面矩形和最前棱线组成三棱柱，想象它的空间所在，见图 5-5b。

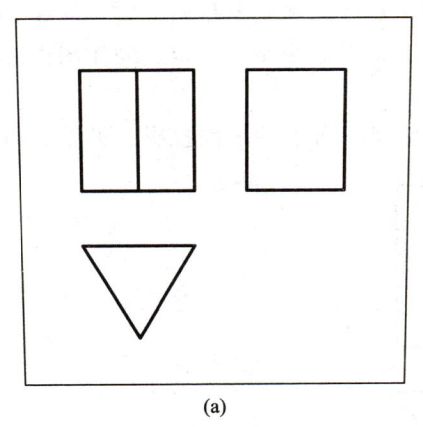 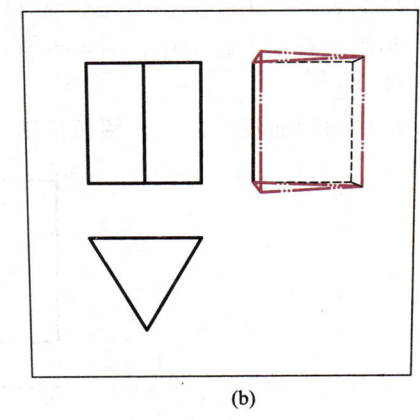

(a)　　　　　　　　　　　　(b)

图 5-5

再以实形象呈现形体：

面对图 5-1a，聚焦侧面投影，将投影中的矩形想象成两个叠合在一起的平面，分别代表三棱柱的左、右侧面。想象上面的矩形绕三棱柱最前棱线向前旋出纸面，使其具有空间感，成为由左前向右后倾斜、可见的三棱柱的左侧面，下面的矩形向后旋入纸面，成为被遮挡的三棱柱的右侧面。

试一试，看能否从侧面投影中看到可见的三棱柱的左侧面，并透过左侧面看到被遮挡的右侧面，进而看到三棱柱的空间所在。

保持看到的三棱柱，对照侧面投影，验证图中的上、下水平线为三棱柱上、下端面的积聚

投影；左竖直线为三棱柱背面的积聚投影，右竖直线为三棱柱最前棱线的投影，且反映实长。

想象观察者转到形体前面，对形体从前向后作投射，形成正面投影。验证投影中的上、下水平线为三棱柱上、下端面的积聚投影；三条竖直线为三条棱线的投影，且反映实长；上、下水平线和左、右竖直线组成的矩形反映三棱柱背面的实形。

想象观察者升到形体上方，对形体从上向下作投射，形成水平投影。验证投影中三角形的三边为三棱柱侧面的积聚投影；三角形反映三棱柱上、下端面的实形。

图 5-1b 为正三棱锥的投影图。面对该图，按照图 5-1a 的读图过程，即分别从正面投影、水平投影和侧面投影中读图 5-1b，想象三棱锥的空间所在和形态（虚、实形象）。并验证其正面投影中的水平线为三棱锥底面的积聚投影，左、右斜线为三棱锥左、右棱线的投影，正中竖直线为三棱锥最前棱线的投影；水平投影中的等边三角形反映三棱锥底面的实形，内部汇聚一点的三条直线为三棱锥三条棱线的投影；侧面投影中的水平线为三棱锥底面的积聚投影，左斜线为三棱锥背面的积聚投影，右斜线为三棱锥最前棱线的投影，且反映实长。

5.2 平面立体上确定点

立体上确定点又被称作"体上定点"，指的是如果点在立体表面上，已知点的一个投影，如何确定点的其它投影。

平面立体的表面均为平面，因此平面立体上的定点问题本质上是面上定点问题。求解这类问题需从投影图中看到三维形体，明确点所在的平面，然后按照面上定点的作图方法求解。

例题 5-1

已知三棱柱的两面投影，求作侧面投影，并补绘其上各点的三面投影，见图 5-6。

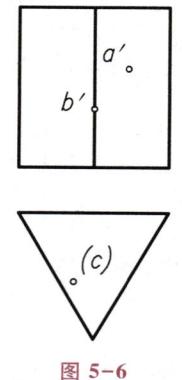

空间形态

图 5-6

解题过程

1. 求作侧面投影

面对图 5-6，聚焦正面投影或水平投影，将其拉出，努力看到三棱柱的空间所在（实形象）。保持看到的形体不动，假想观察者转到形体左侧，对形体从左向右作投射，形成侧面投影，想象投影的形状。

侧面投影中，三棱柱上、下端面必积聚成直线，且相互平行；背面也积聚成直线，并与最前棱线的投影平行；投影整体上呈矩形，矩形的高度为三棱柱的高度，其长度可从正面投影中量取；矩形的宽为三棱柱最前棱线到背面的距离，其长度可从水平投影中量取。

上述思考过程可作图表述为：过三棱柱上、下端面的正面积聚投影向右引水平投影联系线，由此确定三棱柱上、下端面侧面积聚投影的高度位置；取"合适"位置作两条竖直线，其间距为 L（L 为三棱柱最前棱线到背面的距离，可从水平投影中量取），见图 5-7a。

视频讲解

所谓"合适"位置，是指看起来构图比较合理的位置。之所以可以在正面投影近旁任意选择侧面投影的放置位置，是因为图 5-6 为无轴投影，形体与投影面的距离并不明确（当然也没必要明确）。

聚焦底稿线勾勒出来的侧面投影，将其拉出，努力从中看到三棱柱的空间所在（实形象），验证上、下水平线为三棱柱上、下端面的积聚投影；左竖直线为三棱柱背面的积聚投影，右竖直线为三棱柱最前棱线的投影，且反映实长。并将底稿线的有效部分加工成粗实线，见图 5-7b。

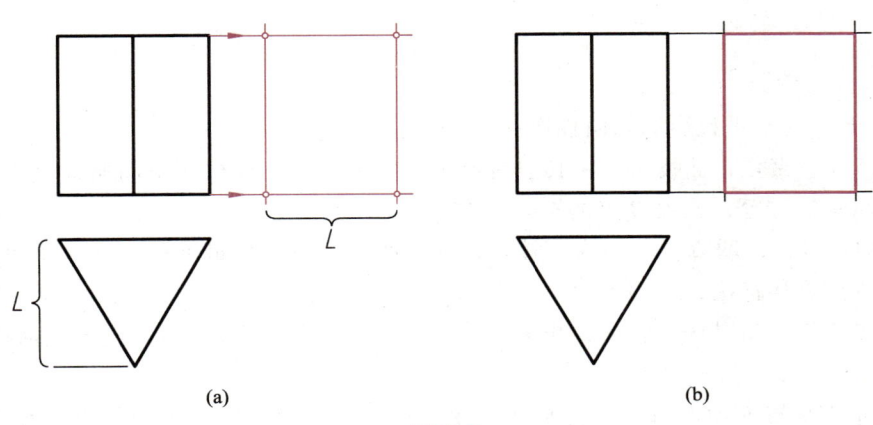

图 5-7

2. 求作 A 点的水平投影和侧面投影

面对图 5-6，聚焦正面投影，将其向前拉出，努力看到三棱柱的空间所在（实形象）；由 A 点正面投影 a' 的位置，想象 A 点的空间所在。

a' 外未加括号，说明 A 点在三棱柱右侧面上，由 a' 向下引竖向投影联系线，与三棱柱右侧面的水平积聚投影相交，交点即为 A 点的水平投影 a，见图 5-8a。注意：积聚线或积聚面上的点按可见处理，因此 a 外不要加括号。

聚焦水平投影，想象三棱柱的空间所在（实形象），想象 A 点的空间所在。

求作 A 点侧面投影的过程，与前文介绍的"点的二求三"过程完全相同，在此不再赘述。需要提醒的是：作图方法有两种，一是空间形象分析法，二是图解法，见图 5-8b。建议读者多采用空间形象分析法求解，等空间想象纯熟后，为提高作图效率、节省时间，可再用图解法求解。

图 5-6 为无轴投影，使用图解法时，要先作出 45°斜线。方法是：分别延长三棱柱背面的水平积聚投影和侧面积聚投影，二线相交，过交点作 45°斜线。该线即可将形体水平投影和侧

面投影 Y 方向上的长度关系联系在一起。当然，也可利用三棱柱最前棱线的水平投影和侧面投影构造 45°线。

侧面投影中，A 点被三棱柱遮挡，A 点的侧面投影 a″ 外一定要加括号。否则，A 点会被认为在三棱柱的左侧面上。

聚焦侧面投影，想象三棱柱的空间所在（实形象），想象被遮挡 A 点的空间所在。

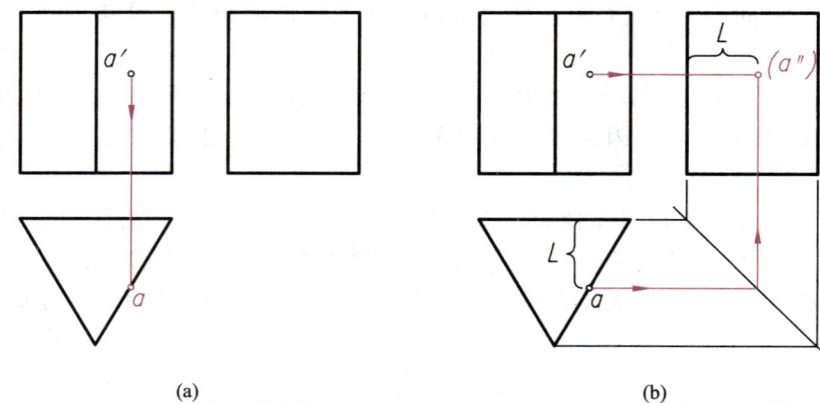

图 5-8

3. 求作 B 点的水平投影和侧面投影

面对图 5-6，聚焦正面投影，将其向前拉出，努力看到三棱柱的空间所在（实形象）；由 B 点正面投影 b′ 的位置，想象 B 点的空间所在。

b′ 外未加括号，说明 B 点一定在三棱柱最前棱线上。三棱柱最前棱线的水平投影积聚，B 点水平投影 b 可直接标出，见图 5-9a。

聚焦水平投影，将其向上拉起，想象三棱柱的空间所在（实形象），想象最前棱线上 B 点的空间所在。

过 B 点正面投影 b′ 向右引水平投影联系线，与三棱柱最前棱线的侧面投影相交，交点即为 B 点的侧面投影 b″，见图 5-9b。

聚焦侧面投影，将其拉出，想象三棱柱的空间所在（实形象），想象 B 点的空间所在。

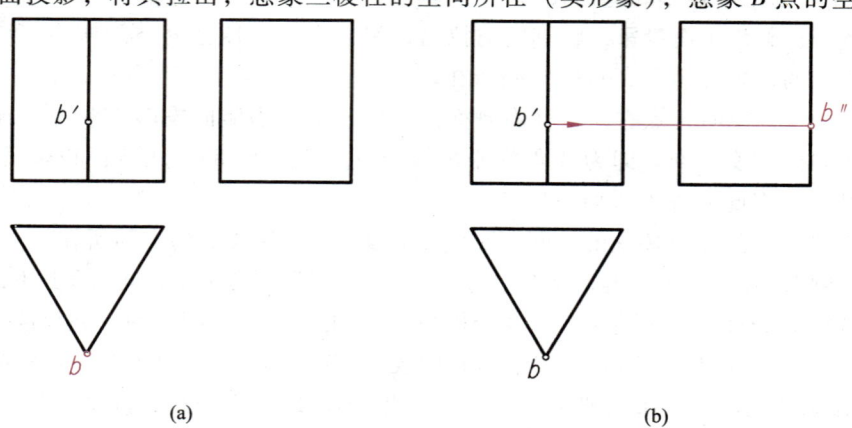

图 5-9

4. 求作 C 点的正面投影和侧面投影

面对图 5-6，聚焦水平投影，将其向上拉起，努力看到三棱柱的空间所在（实形象）；由 C 点水平投影 c 的位置，想象 C 点的空间所在。

c 外有括号，说明 C 点被遮挡，它一定在三棱柱的下端面上。过 C 点水平投影 c 向上引竖向投影联系线，与三棱柱下端面的正面积聚投影相交，交点即为 C 点的正面投影 c'，见图 5-10a。

聚焦正面投影，想象三棱柱的空间所在（实形象），想象三棱柱下端面上 C 点的空间所在。

C 点侧面投影 c'' 可用空间形象分析法或图解法求出，见图 5-10b。

聚焦侧面投影，想象三棱柱的空间所在（实形象），想象三棱柱下端面上 C 点的空间所在。

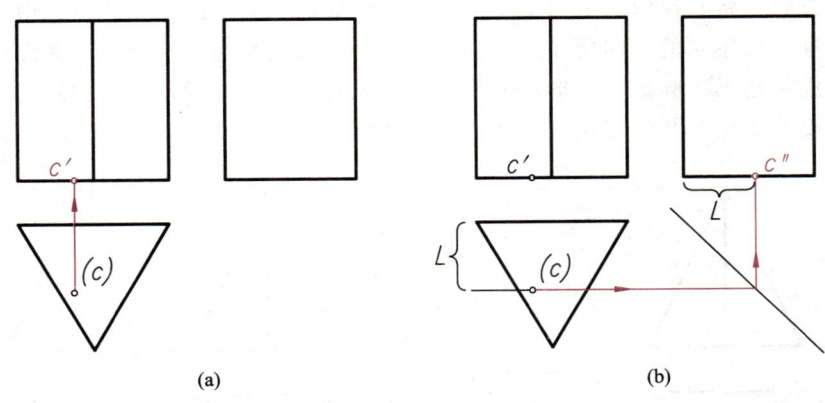

图 5-10

例题 5-2

已知三棱锥的两面投影，求作侧面投影，并补绘其上各点的三面投影，见图 5-11。

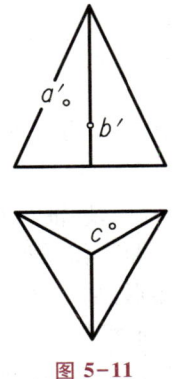

图 5-11

空间形态

解题过程

1. 求作侧面投影

面对图 5-11，聚焦正面投影或水平投影，将其拉出，努力看到三棱锥的空间所在（实形象）。保持看到的形体不动，假想观察者转到形体左侧，对形体从左向右投射，形成侧面投影，想象投影的形状。

视频讲解

侧面投影中，三棱锥底面和背面积聚成直线，最前棱线为侧平线，反映实长。投影整体上呈三角形，三角形的高度为棱锥的高度，其长度可从正面投影中量取，三角形底边长度和高线位置可从水平投影中量取。

上述思考过程可作图表述为：分别过三棱锥底面的正面积聚投影和顶点的正面投影向右引水平投影联系线，由此确定三棱锥底面的侧面积聚投影和顶点的侧面投影的高度位置；取合适位置放置三棱锥底面的侧面积聚投影并作出高线的侧面投影，见图 5-12a。

聚焦侧面投影，将其拉出，努力从中看到三棱锥底面和高线的空间所在，由顶点和底面三角形组成三棱锥，想象它的空间所在。分别将顶点的侧面投影与三棱锥底面侧面积聚投影的两端点相连，形成三角形，验证三角形左腰线为三棱锥背面的积聚投影；右腰线为三棱锥最前棱线的投影，且反映实长。并将底稿线的有效部分加深成粗实线，见图 5-12b。

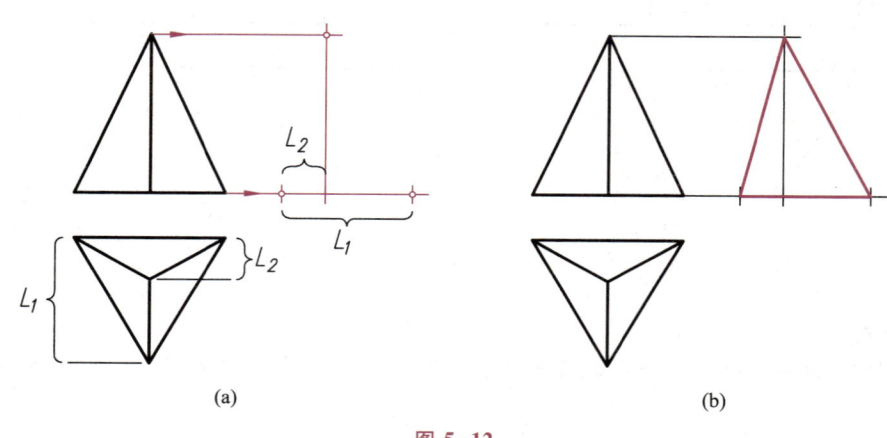

图 5-12

2. 求作 A 点的水平投影和侧面投影

面对图 5-11，聚焦正面投影，将其向前拉出，努力看到三棱锥的空间所在（实形象）；由 A 点正面投影 a' 的位置想象 A 点的空间所在。

a' 外未加括号，说明 A 点在三棱锥左侧面上。三棱锥左侧面为三角形，是没有积聚性的一般位置平面。求 A 点的水平投影属于面上定点问题，作图过程见图 5-13a。

聚焦水平投影，想象三棱锥的空间所在（实形象），想象 A 点空间所在。

A 点侧面投影 a'' 可通过 A 点的正面投影和水平投影求出，见图 5-13b。

聚焦侧面投影，想象三棱锥的空间所在（实形象），想象 A 点的空间所在。

3. 求作 B 点的水平投影和侧面投影

面对图 5-11，聚焦正面投影，将其向前拉出，努力看到三棱锥的空间所在（实形象）；由 B 点正面投影 b' 的位置想象 B 点的空间所在。

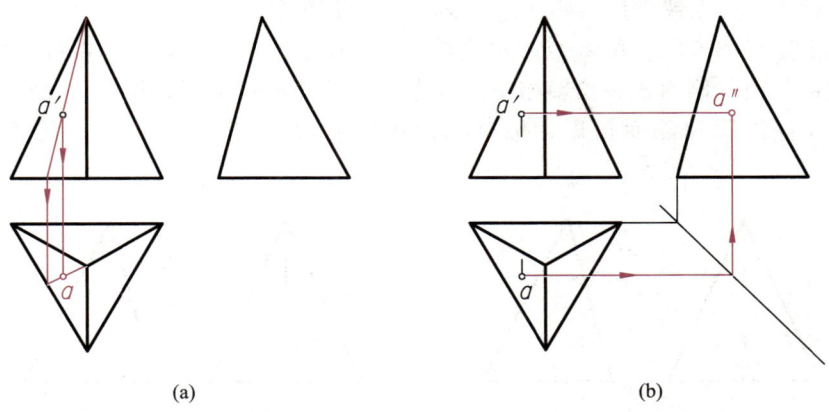

图 5-13

b' 外未加括号，说明 B 点一定在三棱锥的最前棱线上。最前棱线为侧平线，直接由 B 点正面投影 b' 向下引投影联系线无法获得 B 点的水平投影 b。可过 b' 向右引投影联系线，先求得 B 点的侧面投影 b''，再利用 B 点的侧面投影确定 B 点的水平投影，作图过程见图 5-14a。

若不利用侧面投影，也可用面上定点的方法由 B 点的正面投影 b' 直接求出水平投影 b，见图 5-14b。

分别聚焦水平投影和侧面投影，想象三棱锥的空间所在（实形象），想象最前棱线上 B 点的空间所在。

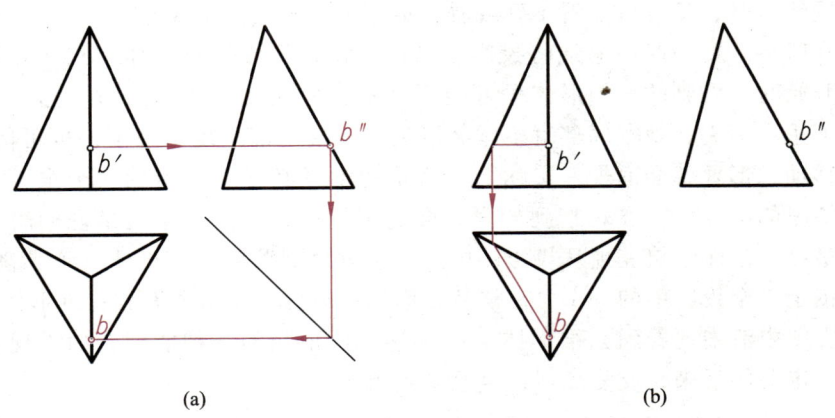

图 5-14

4. 求作 C 点的正面投影和侧面投影

面对图 5-11，聚焦水平投影，将其向上拉起，努力看到三棱锥的空间所在（实形象）；由 C 点水平投影 c 的位置想象 C 点的空间所在。

c 外未加括号，说明 C 点在三棱锥背面上。三棱锥背面的侧面投影积聚，可过 C 点的水平投影 c 引水平投影联系线，经 45° 斜线转为竖直方向，与三棱锥背面的侧面积聚投影相交，由此求出 C 点的侧面投影 c''，再由 C 点的水平投影和侧面投影确定其正面投影 c'，见图 5-15a。

注意：正面投影中，C 点被遮挡，C 点正面投影 c′ 外要加括号。

也可用面上定点的方法，由 C 点的水平投影 c 直接求出正面投影 c′，再过 c′ 引水平投影联系线，与三棱锥背面的侧面积聚投影相交，求出 C 点的侧面投影 c″，见图 5-15b。

分别聚焦正面投影和侧面投影，想象三棱锥的空间所在（实形象），想象 C 点的空间所在。

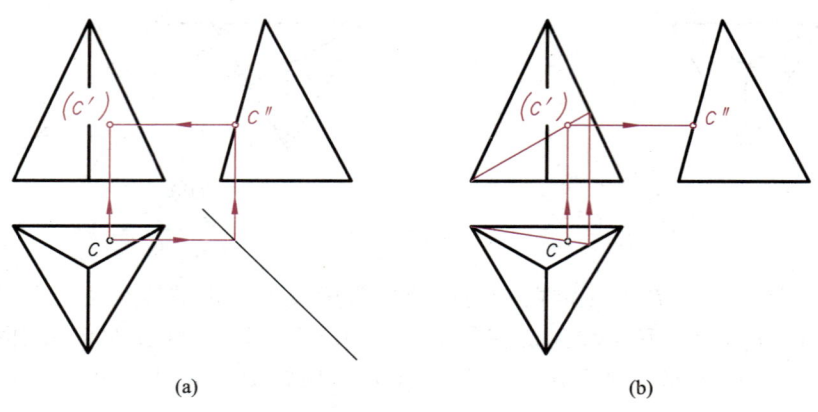

图 5-15

 实践训练

完成习题 5-1。

作习题练习时，很有可能看不到或看不清三维形体（虚形象或实形象），这时特别需要耐心和坚持。要一遍一遍地将投影从纸面拉出，慢慢地将形体一点一点地呈现在纸面上。开始时，看到的三维形体很可能不完整，如观察形体左边时右边会消失，观察上边时下边会消失，观察局部时整体会消失。即使全部呈现出来了，也可能不稳定，视线稍有移动，形象就会消失。实际上，这是初学者必然要经历的一个艰苦过程。不过，随着练习的深入，能够观察到的内容会越来越多，空间形象所呈现的时间也会越来越长，最终一定能够快速地从投影图中随心所欲地观察到三维形体（所谓随心所欲，是指任意锁定三个投影中的一个，总能从投影图中以虚、实形象看到三维形体）。

从投影图中清晰地看到三维形体是后续学习所依赖的一种能力，如果现在还不能做到，请一定要停下来，反复练习，直至做到为止。

5.3　平面立体的截交线

形体被平面截切，截切平面与形体表面的交线称为截交线，截切产生的新表面称为截面，见图 5-16。图中双点画线表示截切前形体的形态。

形体可被单一平面截切，也可被多个平面联合截切。

多个同一投影面的垂直面联合截切形体时，若截交线为一条连续、封闭的空间折线，则所

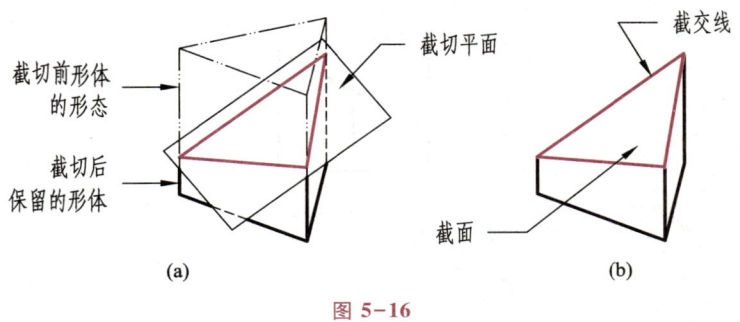

图 5-16

作的截切称作开槽，见图 5-17。需要特别注意的是：图中直线 AB 为截切平面间的交线，不是截交线。

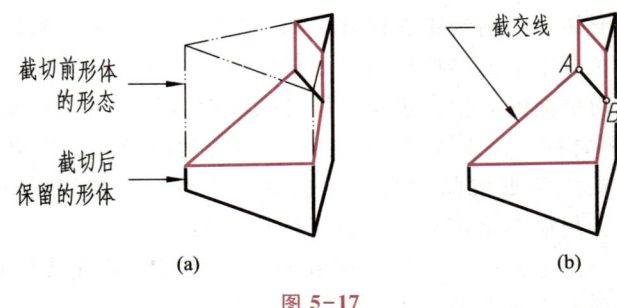

图 5-17

若截交线在空间上分为多支，各自是连续、封闭的折线，则所作的截切称为穿洞，见图 5-18。图中形体的截交线分为前、后两支，前面一支为连续、封闭的空间折线，后面一支为连续、封闭的平面折线。同样，直线 AB 为截切平面间的交线，而非截交线。

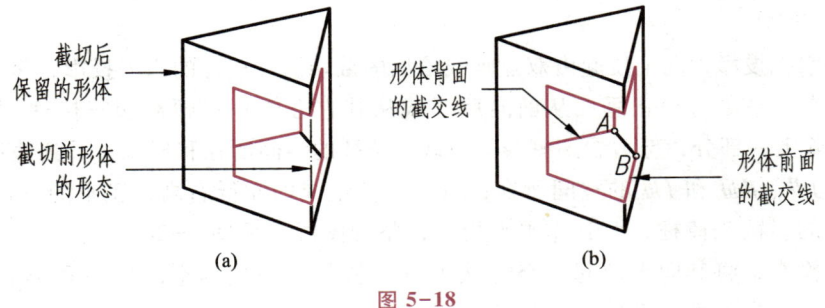

图 5-18

求作平面立体的截交线，本质上即求作截切平面与形体表面的一系列交线。

例题 5-3
求作斜截三棱柱的水平投影和侧面投影，见图 5-19。

103

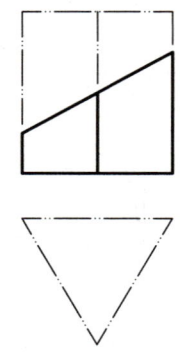

空间形态

图 5-19

解题过程

（1）由题目可知，形体截切前为正三棱柱。闭上眼睛想象三棱柱截切前的形状，或睁开眼睛，将视线移向空中，在空中形成三棱柱的三维形象。

按照题目中所给截切平面的方位，想象三棱柱的截切过程。可以想象有一正垂面从前向后（或从后向前，或从左下向右上，或从右上向左下）拦腰截切形体，想象平面的运动过程，想象平面在移动中所形成的截交线。想象形体被拦腰截切后分成的上、下两部分，移除上部分，想象剩余部分的空间所在和形态。

视频讲解

截面为三角形，由三棱柱背面和左、右侧面上的交线组成。想象截面的空间所在，验证该截面为左低右高的正垂三角形。

（2）求作截切前三棱柱的侧面投影。

面对图 5-19，聚焦正面投影或水平投影，将其拉出，努力从中看到截切前三棱柱的空间所在。保持看到的形体不动，假想观察者转到形体左侧，对形体从左向右作投射，形成侧面投影，想象投影的形状。按照例题 5-1 介绍的作图方法作出截切前三棱柱的侧面投影，见图 5-20a。

（3）聚焦水平投影，向上拉起由双点画线给出的截切前三棱柱的水平投影，努力从中看到三棱柱的空间所在。想象有一正垂面从前向后（或从其它方向）拦腰截切三棱柱，将其分为上、下两部分，移除上一部分，努力看到剩余的斜截三棱柱的空间所在和形态；看到截切平面与三棱柱的表面交线 I II、II III 和 I III 的空间所在；看到由其组成的左低右高且正垂的三角形。

保持看到的斜截三棱柱，对其作水平投影，整理图线，见图 5-20b。

聚焦水平投影，将其向上拉起，努力从中看到斜截三棱柱的空间所在和形态（实形象），检验其水平投影的完整性和准确性。

（4）聚焦侧面投影，将其拉出纸面，努力从中看到截切前三棱柱的空间所在。想象其被一正垂面截切，努力看到截切平面与三棱柱的表面交线 I II、II III 和 I III 的空间所在及与三条棱的交点 I、II 和 III 的空间所在。

由正面投影求出 I、II 和 III 点的侧面投影，并连接 1″2″、2″3″和 1″3″，见图 5-20c。聚焦侧面投影，努力从中看到正垂的、相对于 W 面前低后高的截面 △I II III 的空间所在，看到截切后剩余的斜截三棱柱的空间所在和形态。

（5）聚焦侧面投影，对照看到的斜截三棱柱，整理图线（结果线加工为粗实线），见图 5-20d。

聚焦侧面投影，将其拉出纸面，努力从中看到斜截三棱柱的空间所在和形态（实形象），检验其侧面投影的完整性和准确性。

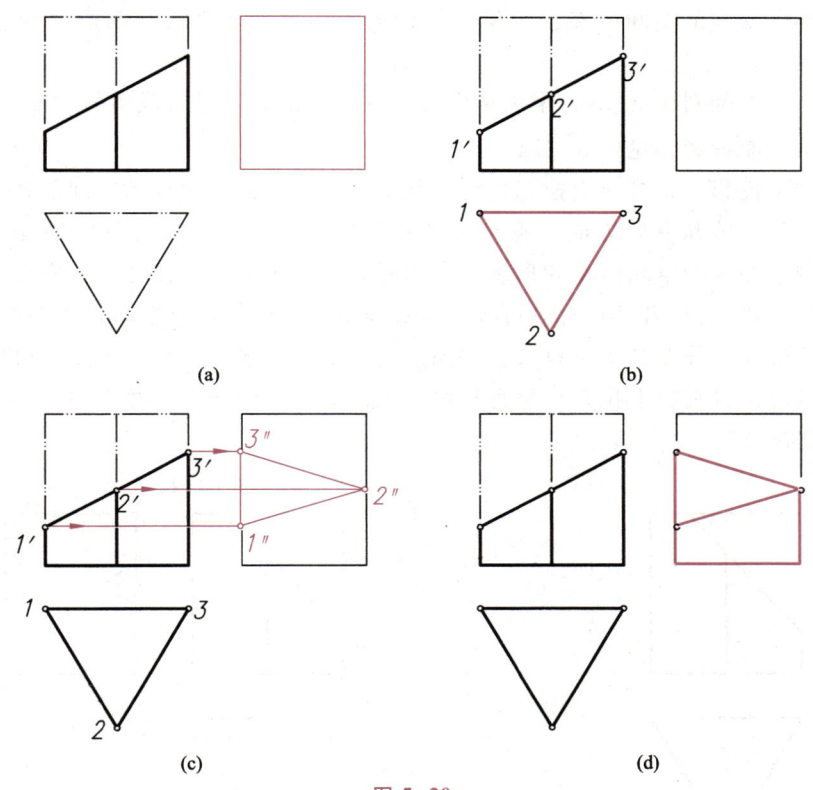

图 5-20

例题 5-4

完成斜截三棱柱的三面投影，见图 5-21。

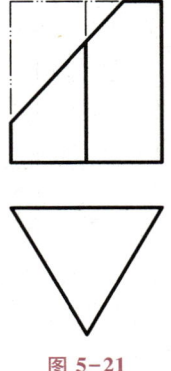

图 5-21

空间形态

解题过程

（1）此题与上题几乎相同，只是截切面从上端面切入（或切出）。按照题目所给的截切方位，想象形体截切前、后的形态，想象截面的空间所在。

视频讲解

截面为四边形，由位于三棱柱背面，左、右侧面和上端面上的交线组成。想象四条交线的空间所在，想象由其构成的四边形。确认该四边形为左低右高的正垂面。

（2）面对图 5-21，聚焦正面投影或水平投影，想象截切前三棱柱的空间所在。对照形体，作出侧面投影，见图 5-22a。

（3）聚焦水平投影，将其向上拉起，努力从中看到截切前三棱柱的空间所在。想象有一正垂面从右上向左下（或从其它方向）截切三棱柱，将其分为左上和右下两部分，移除左上部分，努力看到剩余部分的空间所在和形态；努力看到截切平面与三棱柱左、右侧面，上端面和背面的交线 I II、II III、III IV 和 I IV 的空间所在；看到由其组成的左低右高且正垂的四边形。

保持看到的形体，补全其水平投影，即添加交线 III IV 的水平投影，见图 5-22b。

聚焦水平投影，将其向上拉起，努力从中看到形体的空间所在（实形象），检验其水平投影的完整性和准确性。

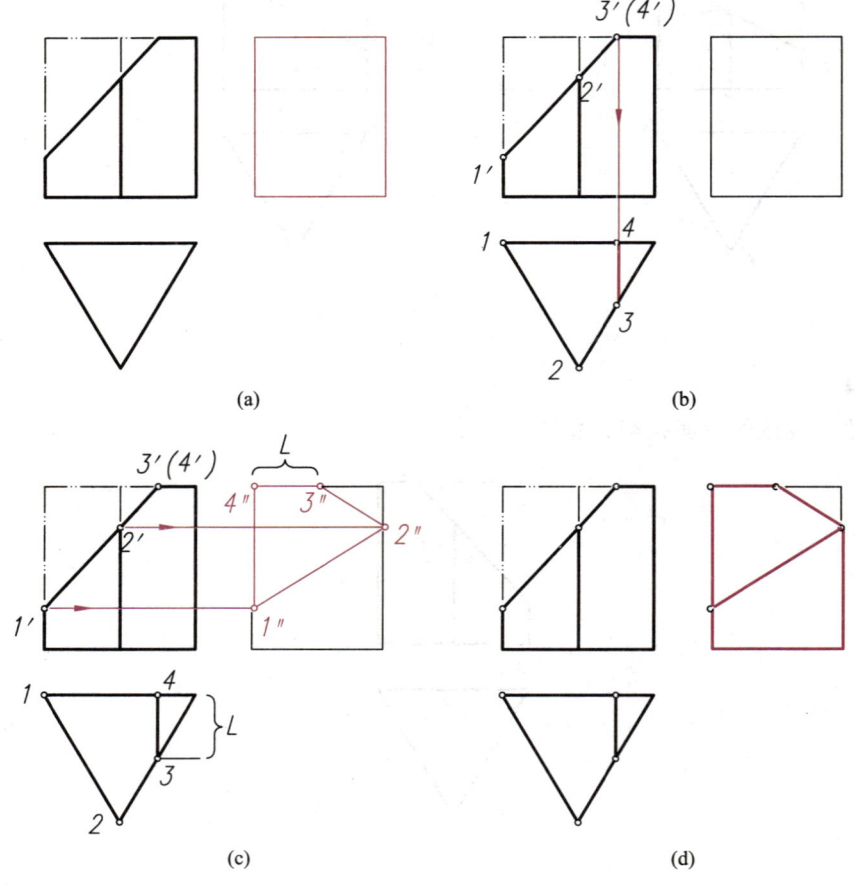

图 5-22

（4）聚焦侧面投影，想象截切前三棱柱的空间所在。想象截切平面与三棱柱表面交线 Ⅰ Ⅱ、Ⅱ Ⅲ、Ⅲ Ⅳ 和 Ⅰ Ⅳ 的空间所在。移除形体被切除的部分，想象截面 Ⅰ Ⅱ Ⅲ Ⅳ 的空间所在。

由正面投影求出 Ⅰ、Ⅱ 点的侧面投影 1″、2″，由水平投影量取长度 L，求出 Ⅲ 点的侧面投影 3″，连接 1″2″、2″3″、3″4″ 和 1″4″，见图 5-22c。聚焦侧面投影，努力从中看到截面 Ⅰ Ⅱ Ⅲ Ⅳ 的空间所在，看到截切后形体的空间所在和形态。

（5）聚焦侧面投影，保持看到的形体，整理侧面投影，见图 5-22d。

聚焦侧面投影，想象形体的空间所在（实形象），检验其侧面投影的完整性和准确性。

 **实践训练**

完成习题 5-2（1）和习题 5-3（1）。

例题 5-5

完成开槽三棱柱的三面投影，见图 5-23。

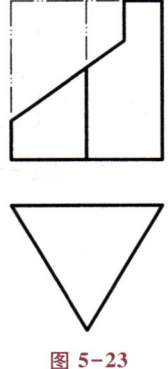

图 5-23

空间形态

解题过程

（1）由题目可知，三棱柱被两个平面所截，一个是正垂面，另一个是侧平面。按照题目所给的截切方位，想象形体截切前后的形态，想象两个截面的空间所在。

侧平截面为矩形，其中三条边分别在三棱柱背面、右侧面和上端面上，另一边为两截切面的交线。正垂截面为四边形，其中三条边分别在三棱柱背面和左、右侧面上，另一边与侧平截面共用。想象两个截面的空间所在，努力看到它们。

（2）面对图 5-23，聚焦正面投影或水平投影，想象截切前三棱柱的空间所在，对其作侧面投影，见图 5-24a。

（3）聚焦水平投影，将其向上拉起，努力从中看到截切前三棱柱的空间所在。想象有一侧平面从上向下（或其它方向）切入形体，一正垂面从左下向右上（或其它方向）切入形体，二面在中途相交，将三棱柱分为两部分，移除左上部分，努力看到剩余部分的空间所在和形态，努力看到截面 Ⅰ Ⅲ Ⅵ 和 Ⅲ Ⅳ Ⅴ Ⅵ 的空间所在。

视频讲解

保持看到的形体，补全水平投影，即添加交线 Ⅳ Ⅴ 的水平投影（该线也是截面 Ⅲ Ⅳ Ⅴ Ⅵ 的积聚投影），见图 5-24b。

聚焦水平投影，将其向上拉起，努力从中看到形体的空间所在和形态（实形象），检验水平投影的完整性和准确性。

（4）聚焦侧面投影，想象截切前三棱柱的空间所在。想象侧平截切平面与三棱柱表面交线ⅢⅣ、ⅣⅤ和ⅤⅥ的空间所在；想象正垂截切平面与三棱柱表面交线ⅠⅡ、ⅡⅢ和ⅠⅥ的空间所在，移除形体被切除的部分，想象两截面的空间所在。

由正面投影和水平投影求出Ⅰ～Ⅵ各点的侧面投影，连接 1″2″、2″3″、3″4″、4″5″、5″6″和 1″6″，见图 5-24c。聚焦侧面投影，努力从中看到截面ⅠⅡⅢⅥ和截面ⅢⅣⅤⅥ的空间所在，看到截切后形体的空间所在和形态。

（5）聚焦侧面投影，保持看到的形体，整理侧面投影，见图 5-24d，注意侧面投影中不要遗漏截面间的交线ⅢⅥ。

聚焦侧面投影，想象形体的空间所在（实形象），检验其侧面投影的完整性和准确性。

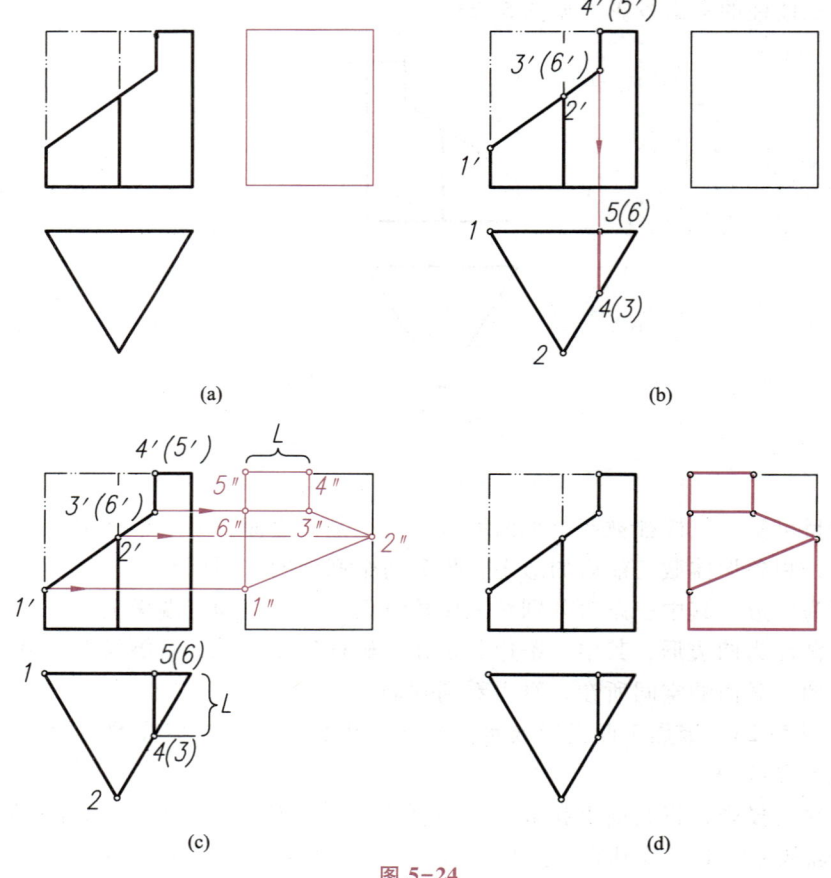

图 5-24

 实践训练

完成习题 5-2（2）和习题 5-3（2）。

例题 5-6

完成开槽三棱锥的三面投影，见图 5-25。

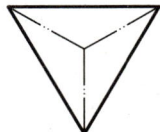

图 5-25

空间形态

解题过程

（1）由题目可知，三棱锥被两个平面所截，一个是平行于三棱锥背面的侧垂面，另一个是水平面。按照题目所给的截切方位，想象形体截切前后的形态，想象两个截面的空间所在。

侧垂截面为等腰三角形，三角形的两条腰线分别在三棱锥的左、右侧面上，底边为截切平面间的交线。水平截面为梯形，梯形的两腰线和长底边分别在三棱锥的左、右侧面和背面上，短底边与侧垂截面共用。想象两个截面的空间所在，努力看到它们。

视频讲解

（2）面对图 5-25，聚焦水平投影，想象截切前三棱锥的空间所在。对照形体，作出截切前的正面投影，见图 5-26a。

（3）假设水平截面向四面延伸，将三棱锥拦腰截断，作出截面的正面积聚投影和水平投影（等边三角形），见图 5-26b。分别聚焦正面投影和水平投影，想象截面的空间所在。

（4）聚焦正面投影，想象截切前三棱柱的空间所在。想象形体上方有一侧垂面从上向下平行背面自 Ⅰ 点切入，想象与三棱锥左、右侧面的交线 ⅠⅡ 和 ⅠⅢ 的空间所在（直线 ⅠⅡ 和 ⅠⅢ 分别平行于三棱锥的左、右棱线）；想象形体后方有一水平面从后向前自直线 ⅣⅤ 切入，并与侧垂切面汇交于直线 ⅡⅢ。透过形体想象三角形截面 ⅠⅡⅢ 和梯形截面 ⅡⅢⅣⅤ 的空间所在。

聚焦水平投影，想象截切前三棱锥的空间所在。想象形体上方有一侧垂面从上向下平行背面自 Ⅰ 点切入，想象与三棱锥左、右侧面的交线 ⅠⅡ 和 ⅠⅢ 的空间所在（直线 ⅠⅡ 和 ⅠⅢ 分别平行于三棱锥的左、右棱线）；想象形体后方有一水平面从后向前自直线 ⅣⅤ 切入，并与侧垂切面汇交于直线 ⅡⅢ。想象三角形截面 ⅠⅡⅢ 和梯形截面 ⅡⅢⅣⅤ 的空间所在。

上述空间思考过程可作图表述为：由侧面投影求出 Ⅰ 点的正面投影 1'；过 1' 作三棱锥左、右棱线的平行线，求出 2'、3' 点；分别过 2'、3' 点向下引竖向投影联系线，求出 Ⅱ、Ⅲ 点的水平投影 2、3；在水平投影中，分别过 2、3 点作三棱锥左、右棱线的平行线，确定最前棱线上的 1 点，连接相应各点的投影，初步形成截交线的投影图，见图 5-26c。分别聚焦正面投影和

109

水平投影，努力从中看到侧垂截面ⅠⅡⅢ和水平截面ⅡⅢⅣⅤ的空间所在，看到截切后形体的空间所在。

（5）分别聚焦正面投影和水平投影，保持看到的形体，整理图线，见图5-26d。注意不要遗漏截面间的交线ⅡⅢ。

分别聚焦正面投影和水平投影，想象形体的空间所在（实形象），检验其投影的完整性和准确性。

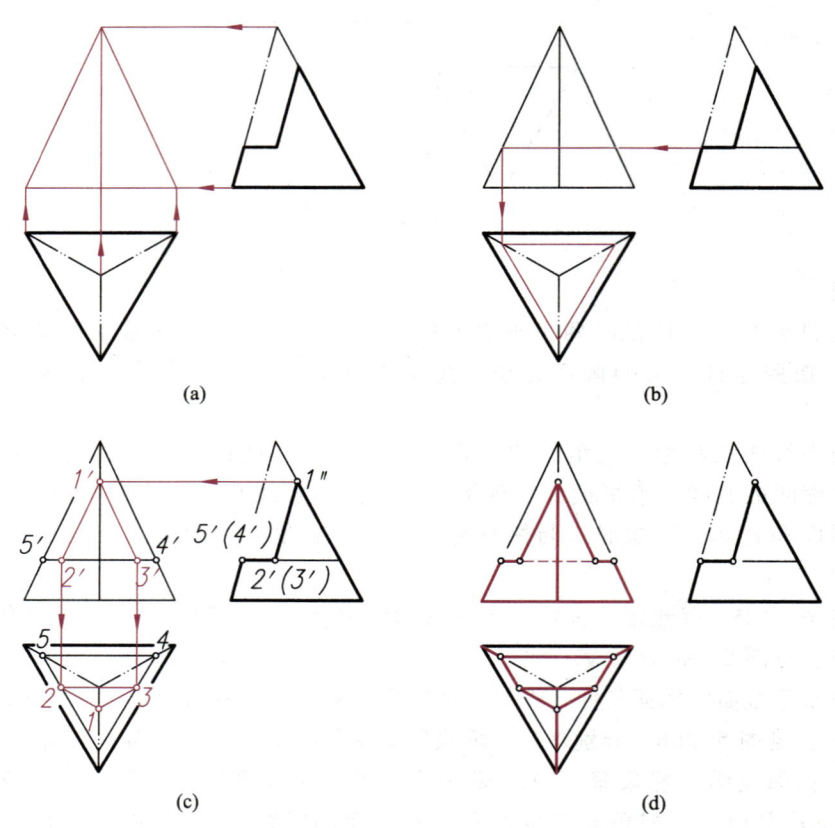

图 5-26

实践训练

先完成习题5-2~习题5-3中的各题，再完成习题5-4和习题5-5。

本章为空间想象训练的拓展阶段。在空间想象力的形成、拓展和应用提高三个阶段中，拓展阶段具有承上启下的重要作用，是提升空间想象力水平的关键阶段。

反复练习是提高空间想象力水平的唯一方法。练习的核心是学习掌握如何从投影图中看到形体，看到形体截切变化后的空间形态，以及投影图上所对应的变化。

例题是习题练习的重要指导，请仔细研读。需要强调的是：能否读懂解题过程并不重要，重要的是体会、学习解题过程中的思维方法，并将其应用到习题练习中。

作图要求：
1. 图线必须使用铅笔、直尺或圆规完成。
2. 图线分为底稿线和结果线两种类型。底稿线是指轻、细、浅的线，与此相对应，结果线是指重、粗、深的线。作图先从底稿线开始，最后根据需要再将部分底稿线加工成结果线。
3. 反映求解过程的底稿线一定要保留。
4. 作图完成后，要对照想象中的形体（虚、实形象）反复检查各投影，确保形体投影的完整性和准确性。

例题 5-7

补全开槽三棱柱的正面投影，见图 5-27。

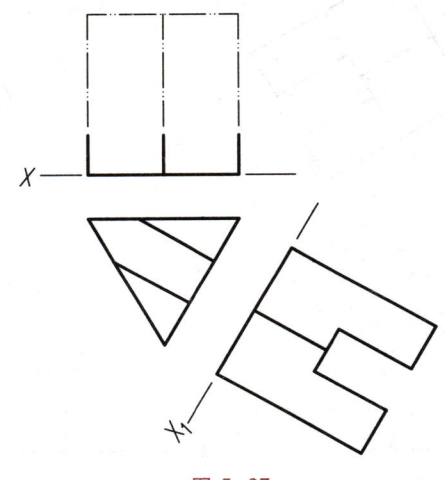

图 5-27

空间形态

解题过程

（1）由题目中的水平投影和换面投影可知，三棱柱被两个铅垂面和一个水平面所截，三个截切平面共同作用，在三棱柱上部形成槽口。想象三棱柱截切前后的空间形态，想象两个铅垂截面和水平截面的空间所在。

两个铅垂截面均为矩形，它们从右前向左后延伸，前面的铅垂截面分别与三棱柱的右侧面、顶面和左侧面相交；后面的铅垂截面分别与三棱柱的右侧面、顶面和背面相交。水平截面为五边形，五边形的三条边在三棱柱的左、右侧面和背面上，另外两边与铅垂截面共用。想象三个截面的空间所在，努力看到它们。

视频讲解

（2）面对图 5-27，聚焦水平投影，将其向上拉起，想象开槽三棱柱的空间所在。

想象水平截面的空间所在，假设水平截面向四周延伸，将三棱柱拦腰截断，从换面投影中量取高度，作出其正面积聚投影，见图 5-28a。

想象铅垂截面的空间所在，想象前面的铅垂截面与三棱柱左、右侧面的交线 *IV* 和 *II III* 的空间所在，并由水平投影求出正面投影，见图 5-28b；想象后面的铅垂截面与三棱柱背面和右

111

侧面的交线Ⅴ Ⅷ和Ⅷ Ⅶ的空间所在，并由水平投影求出正面投影，见图5-28c。

（3）聚焦正面投影，想象开槽三棱柱的空间所在和形态，整理图线，注意遮挡关系，见图5-28d。

聚焦正面投影，想象形体的空间所在和形态（实形象），检验其投影的完整性和准确性。

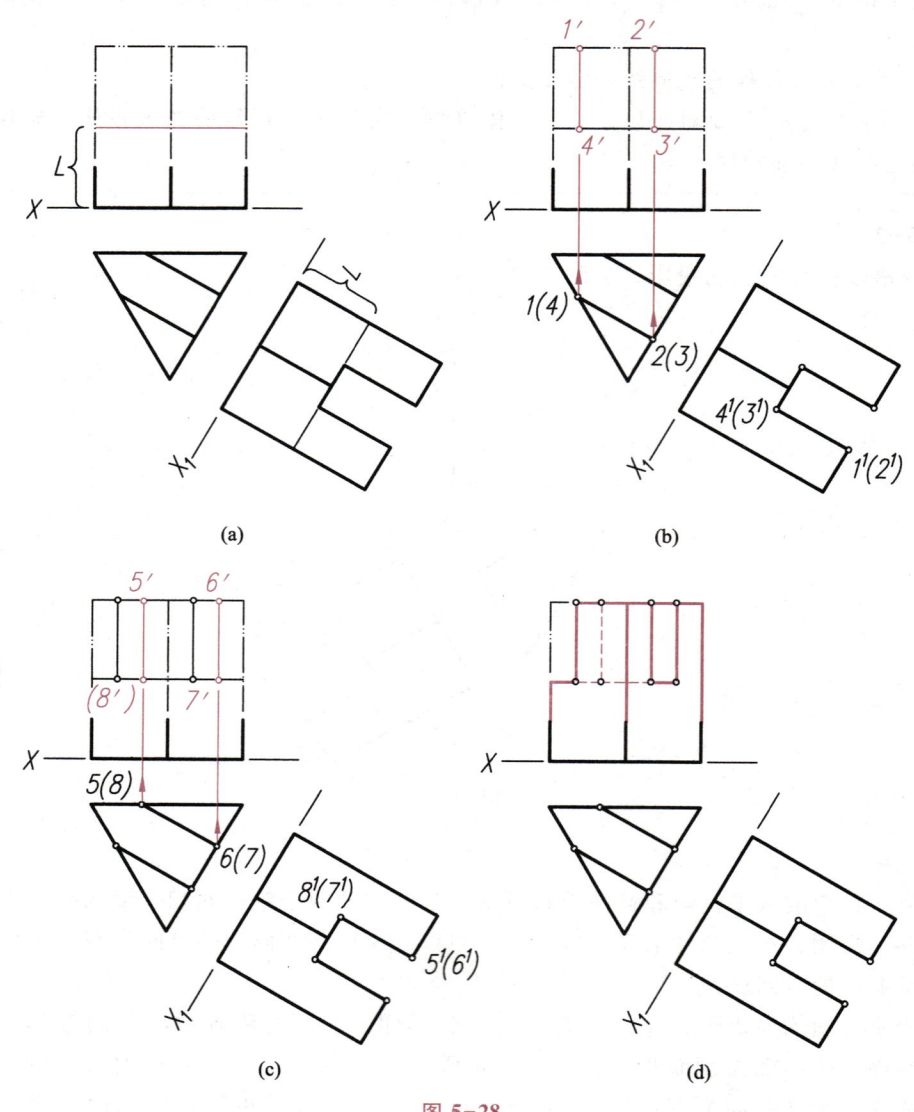

图 5-28

实践训练

完成习题5-6和习题5-7。

例题 5-8

完成穿洞三棱柱的三面投影，见图5-29。

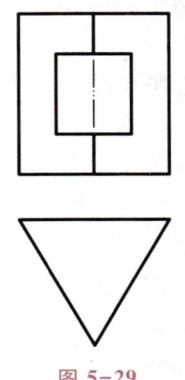

图 5-29

空间形态

解题过程

(1) 由题目可知，三棱柱被四个平面所截，其中两个是水平面，另外两个是侧平面。四个截切平面沿前后方向将三棱柱的中部挖空，所形成的截交线分为前、后两支，前一支在三棱柱左、右侧面上，为一空间折线，后一支在三棱柱背面上，为平面矩形。想象三棱柱截切前、后的空间形态，想象四个截面的空间所在，想象前、后两支截交线的空间所在。

上、下水平截面为五边形。五边形前面的两条边分别在三棱柱左、右侧面上，左、右两条边为截面间的交线，最后面的一条边在三棱柱背面上。左、右侧平截面为矩形。矩形最前面的一条边在三棱柱的左、右侧面上，上、下两条边为截面间的交线，最后面的一条边在三棱柱背面上。想象四个截面的空间所在，努力看到它们。

视频讲解

(2) 面对图 5-29，聚焦水平投影，将其向上拉起，努力从中看到截切前三棱柱的空间所在。透过形体想象内部有两个水平面和两个侧平面从前向后（或从后向前）截切形体，想象截切过程，想象所形成的各截面的空间所在，想象前、后两支截交线的空间所在。

两个水平截面的水平投影反映实形，两个侧平截面的水平投影积聚成直线。前、后两支截交线均在三棱柱侧面上，其水平投影与三棱柱各侧面的积聚投影重合。

保持看到的截切后的形体，补全其水平投影。即由正面投影向下引投影联系线，在水平投影中添加两个侧平截面的积聚投影（虚线），见图 5-30a。

聚焦水平投影，将其向上拉起，努力从中看到形体的空间所在（实形象），检验其水平投影的完整性和准确性。

(3) 聚焦正面投影，想象截切前三棱柱的空间所在，作截切前三棱柱的侧面投影。假想上、下水平截面向四周延伸，将三棱柱完全截断，则截交线为上、下两个水平三角形，其侧面投影积聚成直线，见图 5-30b。聚焦侧面投影，努力从中看到三棱柱的空间所在，看到三棱柱表面上、下两条截交线的空间所在。

(4) 保持看到的形体，想象两个侧平面切入形体，想象它们与三棱柱左、右侧面和背面相交产生的交线。背面上的两条交线与三棱柱背面的积聚投影重合；左、右侧面上的两条交线，其侧面投影重合，位置可由水平投影确定，见图 5-30c。

(5) 聚焦侧面投影，努力从中看到三棱柱的空间所在，看到四个截面的空间所在，移除四个截面围成的形体，努力看到截切后剩余的形体，并据此整理侧面投影，见图 5-30d。注意：部分上、下水平截面被遮挡，应画虚线。

聚焦侧面投影，想象形体的空间所在和形态（实形象），检验其投影的完整性和准确性。

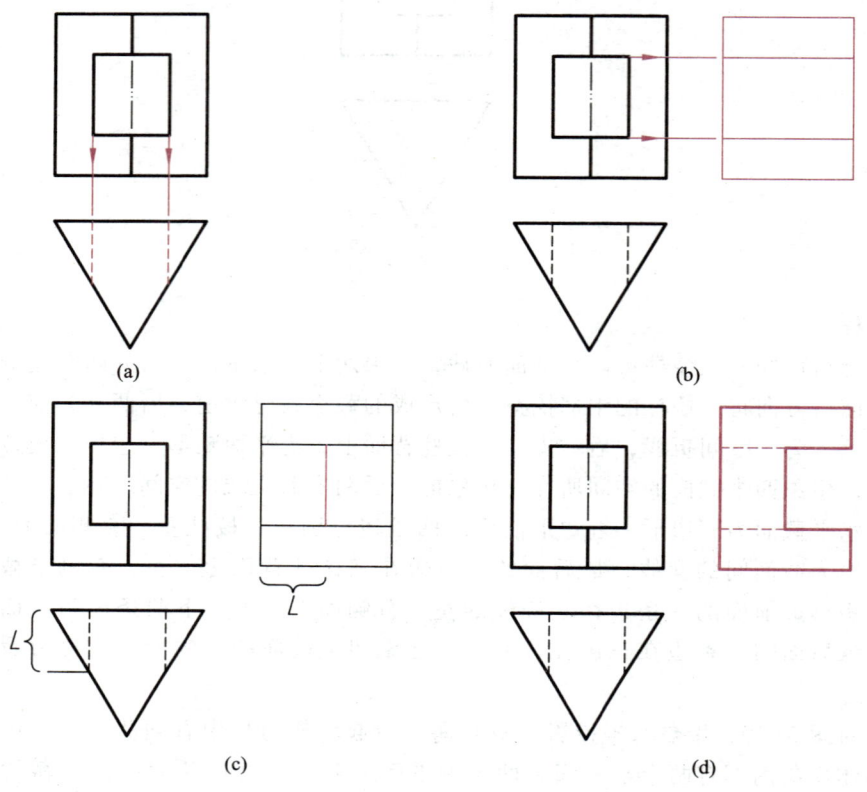

图 5-30

 实践训练

完成习题 5-8～习题 5-12。

练习时，一定要先闭眼或眯眼想象形体截切前的空间形态，然后再用心想象截切后的形态，努力看到截面和截交线的空间所在。

想象形体截切后的形态相对较难，往往需要反复尝试才能做到，但这恰好是提高空间想象力最有效的方法。一定要先确信清楚地看到了截面和截交线的空间所在，然后再练习在投影图中想象形体的空间所在和形态，并最终完成形体的投影表达。

5.4 平面立体相贯

两个立体相互贯穿，融为一体的过程称为相贯。两相贯形体的表面交线称为相贯线，见图 5-31。

114

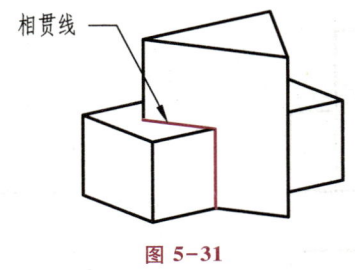

图 5-31

求作相贯线的过程,本质上即为求作两个立体一系列表面交线的过程。

例题 5-9

四棱柱与三棱柱相贯,补全其正面投影,见图 5-32。

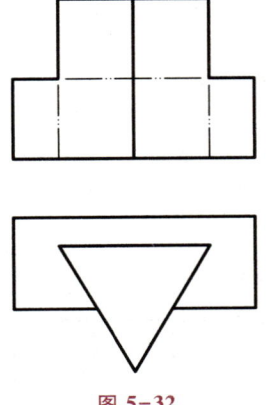

图 5-32

空间形态

解题过程

(1) 闭上眼睛,想象四棱柱和三棱柱的空间所在和形态,或睁开眼睛,将视线移向空中,在空中形成四棱柱和三棱柱的三维形象,想象两形体各自的空间所在和形态。

两形体相互贯穿,合二为一。想象其表面相交形成的相贯线。努力看到四棱柱前表面与三棱柱左、右侧面的铅垂交线,看到四棱柱上表面与三棱柱左、右侧面的水平交线,以及四棱柱上表面与三棱柱背面产生的侧垂交线。观察各交线的空间所在。

视频讲解

(2) 面对图 5-32,聚焦水平投影,将其向上拉起,想象四棱柱和三棱柱的空间所在,努力看到其表面交线的空间所在。

四棱柱的正平前表面与三棱柱铅垂左、右侧面相交,产生铅垂交线 *II III* 和 *V VI*;水平上表面与三棱柱铅垂左、右侧面相交,产生水平交线 *I II* 和 *IV V*,与三棱柱正平背面相交,产生侧垂交线 *III IV*。由水平投影求出各交线的正面投影,见图 5-33a。

(3) 聚焦正面投影,想象两形体的空间所在,想象其相贯线的空间所在,整理正面投影(加工图线),见图 5-33b。注意图中虚线既表示 *III IV* 交线的被遮挡部分,又表示被遮挡的四棱柱水平上表面的积聚投影。此外,二体相贯融合,成为一体,形体内部不再显现各自棱线。

聚焦正面投影,想象相贯体的空间所在(实形象),检验其投影的完整性和准确性。

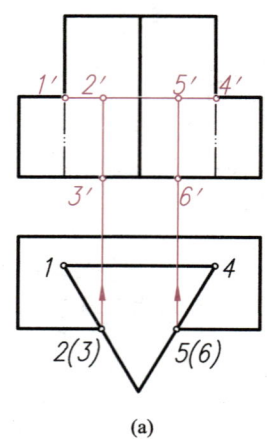 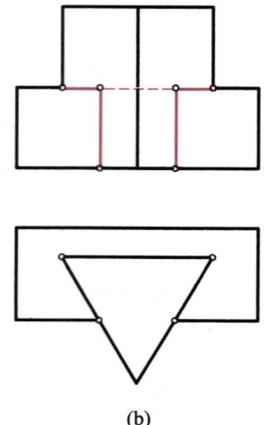

(a)   (b)

图 5-33

 实践训练
完成习题 5-13。

例题 5-10

正六棱锥与正四棱柱相贯，补全其正面投影，见图 5-34。

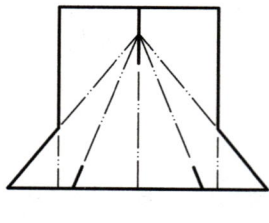
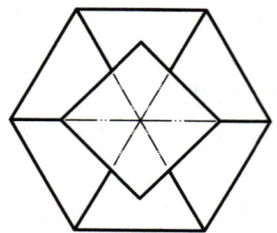

空间形态   图 5-34

解题过程

（1）想象四棱柱和六棱锥的空间所在和形态，想象其表面交线的空间所在。

（2）面对图 5-34，聚焦水平投影，将其向上拉起，想象六棱锥和四棱柱的空间所在和形态，想象其相贯线的空间所在。

（3）相贯线由前后、左右对称的八段交线组成。下面重点分析左前 1/4 的两段交线，其余交线可与此类似求出。

四棱柱的左前侧面与六棱锥的左前侧面相交，产生交线ⅠⅡ。交线ⅠⅡ的左端点Ⅰ为四棱柱与六棱锥最左棱线的交点，其正面投影可直接标出，右端点Ⅱ为六棱锥左前棱线与四棱柱左前侧面的交点，可由水平投影向上引竖向投影联系线求出，作图过程见图5-35a。

视频讲解

四棱柱的左前侧面与六棱锥的前侧面相交，产生交线ⅡⅢ。交线ⅡⅢ的左端点Ⅱ已经确定，右端点Ⅲ为四棱柱最前棱线与六棱锥前侧面的交点，该交点的求解过程与有积聚情况下的线面相交求交点过程相同，见图5-35b。

（4）聚焦正面投影，想象两形体的空间所在和形态，想象其相贯线的空间所在。相贯线前后对称，其正面投影显现为四段直线，左侧两段已经求出，由对称性可作出右侧两段。加工整理其它图线，见图5-35c。

聚焦正面投影，想象相贯体的空间所在和形态（实形象），检验其投影的完整性和准确性。

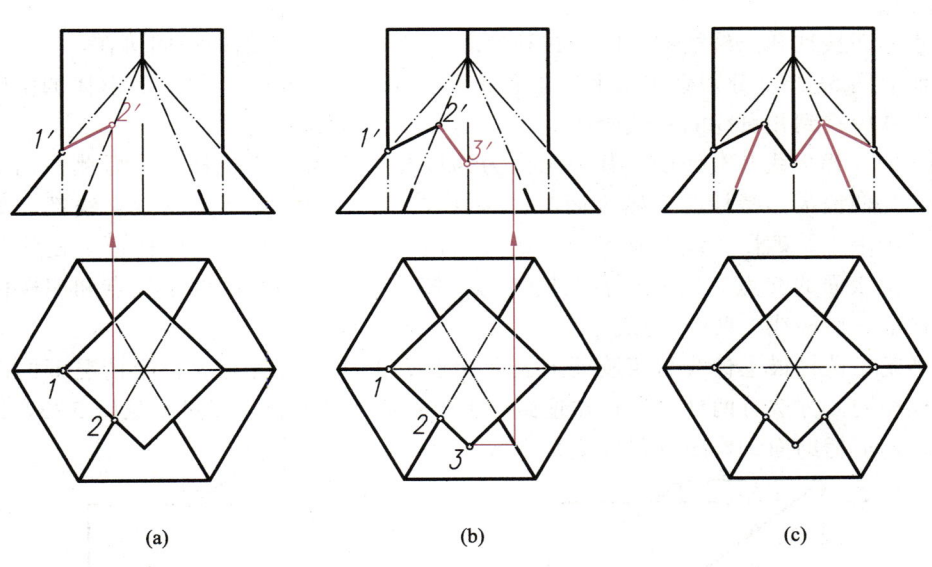

(a)　　　　　　　　　(b)　　　　　　　　　(c)

图 5-35

实践训练

完成习题5-14。

例题 5-11
四棱柱与三棱柱相贯，补全其正面投影，见图5-36。

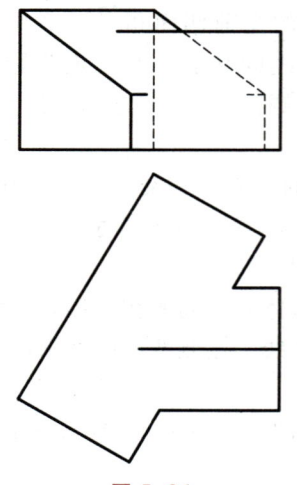

空间形态

图 5-36

解题过程

（1）想象四棱柱和三棱柱的空间所在和形态，想象其表面交线的空间所在。

（2）面对图 5-36，分别聚焦水平投影和正面投影，将其拉出，想象两形体的空间所在和形态，努力从中看到相贯线的空间所在。

视频讲解

相贯线共有四段，其中两段为四棱柱上表面与三棱柱前、后侧面的交线，另外两段为四棱柱右前铅垂面与三棱柱前、后侧面的交线。每段交线都需要确定两个端点，四段交线共有五个点需要求出。它们分别是：三棱柱最上棱线与四棱柱上表面的交点、四棱柱右上棱线与三棱柱前、后侧面的两个交点和四棱柱右下棱线与三棱柱前、后棱线的两个交点。

（3）确定三棱柱最上棱线与四棱柱上表面交点 I 的作图过程与无积聚情况下的线面相交求交点过程相同。方法有两种：一是在正面投影中构造辅助面，作图过程见图 5-37a；二是在水平投影中构造辅助面，作图过程见图 5-37b。

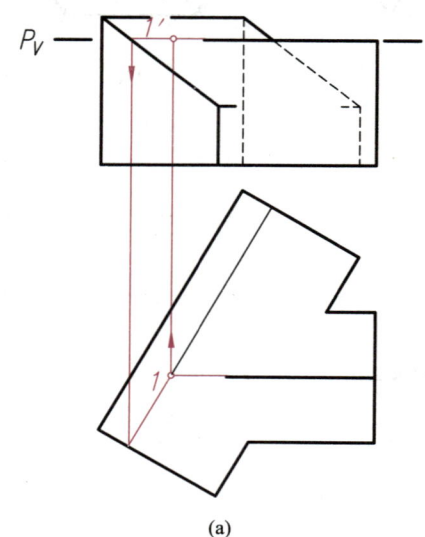

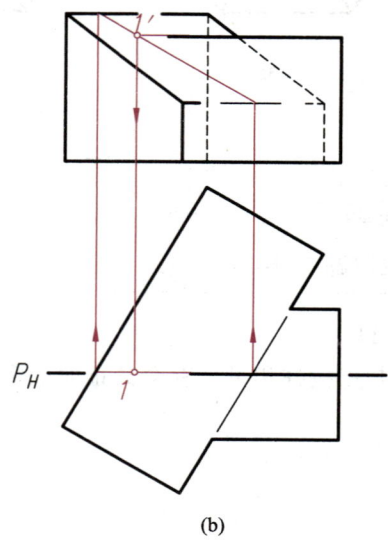

(a)   (b)

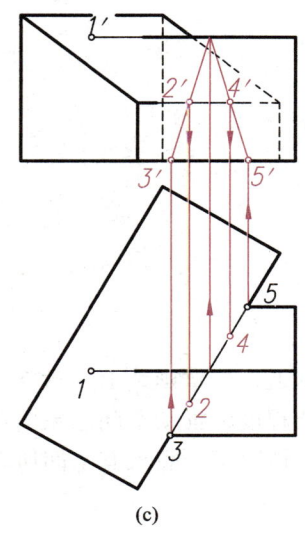 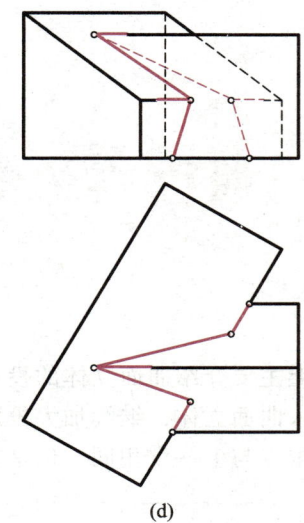

(c) (d)

图 5-37

（4）四棱柱右前铅垂面的水平投影积聚，求解它与三棱柱前、后侧面的两段交线相当于有积聚情况下的二面相交求交线问题，作图过程见图 5-37c，由此可求出四棱柱右前铅垂面与三棱柱前侧面交线ⅡⅢ和后侧面交线ⅣⅤ。

（5）分别聚焦水平投影和正面投影，想象两形体的空间所在和形态，想象其相贯线的空间所在。整理加工各自图线，见图 5-37d。

分别聚焦水平投影和正面投影，想象相贯体的空间所在和形态（实形象），检验各自投影的完整性和准确性。

 实践训练

完成习题 5-15~习题 5-18。

拓展空间想象力水平要坚持循序渐进的原则。每个人的天赋不同，空间想象力的天然水平也不同，训练时，一定要体会题目的难度水平，太简单或太难都得不到锻炼，要选择既有一定难度，又有可能完成的题目去练习。

做完练习后不要急于看答案，要反复检查，甚至放置一段时间后再检查，直到确信准确无误后再看答案，以验证自己的判断，增强自信心。

第 6 章　曲面立体的投影

本章在内容上主要介绍曲面立体的投影表达。训练上，本章延续上一章空间想象拓展阶段的训练，通过引入曲面立体，继续加大投影对象的复杂程度，推动空间想象向更高水平发展。本章训练的重点与上一章相同，仍是在形体已知的情况下，想象其空间所在和形态。

6.1　曲面立体的投影表达

曲面立体是指某些或全部表面为曲面的立体。曲面立体种类繁多，无法一一列举，在此拟以圆柱、圆锥和球（见图 6-1）这三种简单形体为例，介绍其投影表达方法，以及截交、相贯等投影特征，用以说明曲面立体投影表达的一般规律。

(a) 圆柱　　　　　(b) 圆锥　　　　　(c) 球

图 6-1

1. 圆柱的投影表达

合理选取形体在投影体系中的放置方位，可以使形体的投影表达更简洁、明了。对于圆柱，一般使其上、下端面与某一投影面保持平行，见图 6-2a。图中，圆柱的上、下端面与 H 面平行，其水平投影为一圆周，该圆周既是上、下端面的实形投影，也是圆柱面的积聚投影。在此位置下，圆柱的正面投影和侧面投影均为矩形，矩形的上、下边为圆柱上、下端面的积聚投影，左、右边为圆柱的投射轮廓线。所谓投射轮廓线，是指沿投射方向形体表面前、后分界线的投影。如正面投影中，矩形的左、右边为圆柱的前后投射轮廓线即前后柱面分界线的投影；侧面投影中，矩形的左、右边为圆柱的左右投射轮廓线即左、右柱面分界线的投影，见图 6-2b。

与读平面立体投影图一样，读曲面立体投影图时，也要通过想象，努力从投影图中看到形体的空间所在和形态（虚、实形象）。

先闭上眼睛想象圆柱的空间形态，或将视线移向空中，在空中形成圆柱的三维形象。并试

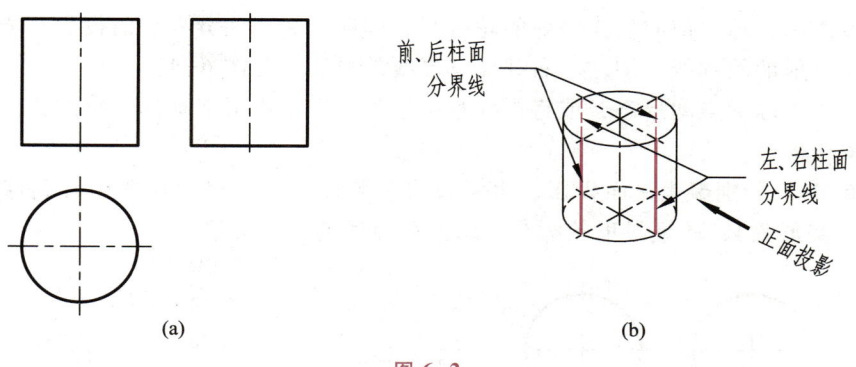

图 6-2

着从不同角度观察想象中的圆柱。

然后，面对图 6-2a，分别聚焦正面投影、水平投影和侧面投影，努力从图中看到圆柱的空间所在和形态（虚、实形象）。验证水平投影中的圆周既反映上、下端面的实形，又是圆柱面的积聚投影；正面投影中，矩形上、下边为圆柱上、下端面的积聚投影，左、右边为圆柱前后投射轮廓线；侧面投影中，矩形上、下边为圆柱上、下端面的积聚投影，左、右边为圆柱左右投射轮廓线。

2. 圆锥的投影表达

与圆柱投影表达相类似，投影表达圆锥时，可使圆锥底面与 H 面平行，以便水平投影反映圆锥底面实形。在此位置下，圆锥的正面投影和侧面投影均为等腰三角形，三角形的底边为圆锥底面的积聚投影，左、右腰线为圆锥的投射轮廓线，见图 6-3。

闭上眼睛想象圆锥的空间形态，或将视线移向空中，在空中形成圆锥的三维形象。试着从不同角度观察想象中的圆锥。

面对图 6-3a，分别聚焦正面投影、水平投影和侧面投影，努力从图中看到圆锥的空间所在和形态（虚、实形象）。验证水平投影中的圆周反映圆锥底面实形；正面投影和侧面投影中等腰三角形的底边为圆锥底面的积聚投影，左、右腰线为圆锥的投射轮廓线。

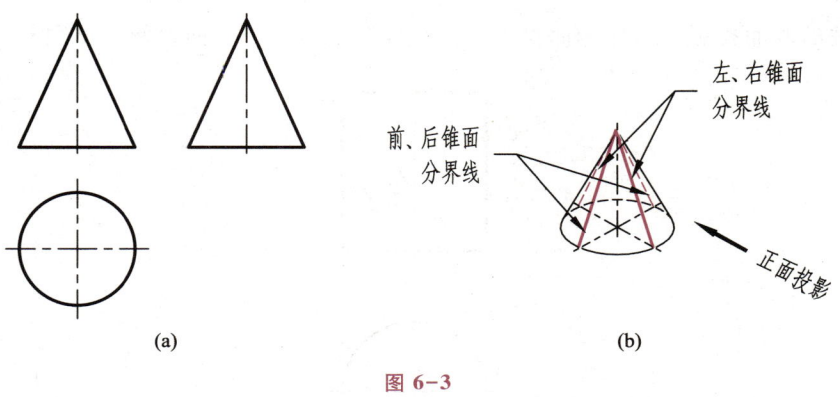

图 6-3

3. 球的投影表达

球的三个投影都是圆。水平投影圆为球由上向下作投射的轮廓线，即上、下球面分界线的投影；正面投影圆为球由前向后作投射的轮廓线，即前、后球面分界线的投影；侧面投影圆为球由左向右作投射的轮廓线，即左、右球面分界线的投影，见图 6-4。

闭上眼睛想象球的空间形态，或将视线移向空中，在空中形成球的三维形象。试着从不同角度观察想象中的球。

面对图 6-4a，分别聚焦正面投影、水平投影和侧面投影，努力从图中看到球的空间所在和形态（虚、实形象），验证投射轮廓线与球面分界线的对应关系。

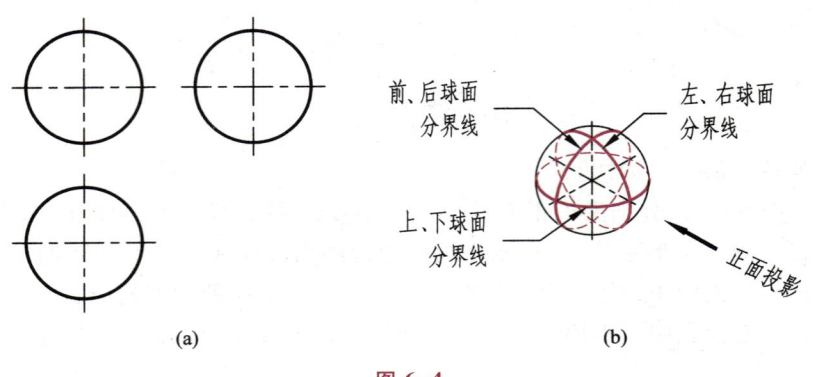

图 6-4

6.2 曲面立体上确定点

曲面立体的表面可能是平面，也可能是曲面。如果点位于平面上，则曲面立体上的定点问题本质上是面上定点问题，可按面上定点作图方法求解。如果点位于曲面上，则要看曲面的投影是否有积聚性，如果有积聚性，则可利用曲面的积聚投影求解；如果没有积聚性，则与面上定点相类似，需要在曲面上过点作辅助线，利用辅助线的投影确定点的投影。下面通过例题分别介绍各种情况下曲面立体上定点的求解方法。

例题 6-1

已知圆柱的两面投影，求作侧面投影，并完成其上各点的三面投影，见图 6-5。

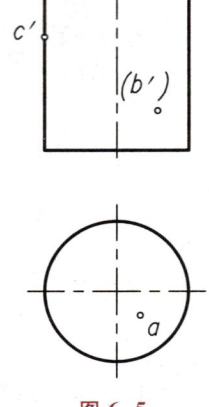

图 6-5

空间形态

解题过程

1. 作侧面投影

面对图6-5,聚焦正面投影或水平投影,努力看到圆柱的空间所在。保持看到的形体不动,假想观察者转到形体左侧,对形体从左向右作投射,形成侧面投影,想象投影的形状。

视频讲解

圆柱的侧面投影呈矩形,上、下边为圆柱上、下端面的积聚投影,左、右边为圆柱前、后轮廓线的投影。矩形高度为圆柱高度,其长度可从正面投影中量取;矩形宽度为圆柱直径,可从水平投影中量取。

上述思考过程可作图表述为:由圆柱上、下端面的正面积聚投影向右引水平投影联系线,由此确定圆柱上、下端面侧面积聚投影的高度所在;选取合适位置画一条竖直点画线,定位圆柱轴线的侧面投影,并以此为基准量取长度L,作出圆柱前、后轮廓线的投影,见图6-6a。

聚焦底稿线勾勒出的圆柱侧面投影,将其拉出,努力从中看到圆柱的空间所在和形态(实形象),验证上、下水平线为圆柱上、下端面的积聚投影,左、右竖线为圆柱前、后轮廓线的投影。将底稿线的有效部分加工为粗实线,见图6-6b。

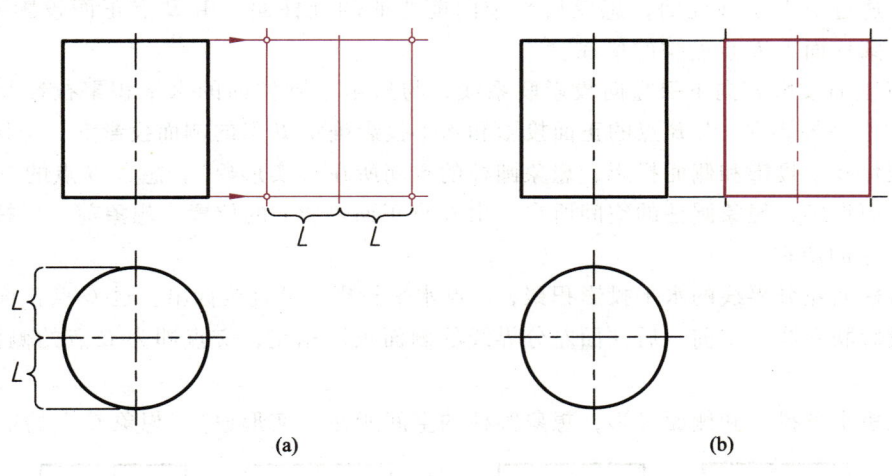

图6-6

2. 求作A点的正面投影和侧面投影

面对图6-5,聚焦水平投影,将其向上拉起,努力看到圆柱的空间所在;由A点水平投影a的位置,想象A点的空间所在。

a外未加括号,说明A点在圆柱的上端面上,由a向上引竖向投影联系线,与圆柱上端面的正面积聚投影相交,交点即为A点的正面投影a',见图6-7a。

聚焦正面投影,将其拉出,想象圆柱的空间所在(实形象),想象A点的空间所在。

与求作A点正面投影相类似,过a点引水平投影联系线,经45°斜线转为竖直方向,与圆柱上端面的侧面积聚投影相交,交点即为A点的侧面投影a'',见图6-7b。

聚焦侧面投影,将其拉出,想象圆柱的空间所在(实形象),想象A点的空间所在。

3. 求作B点和C点的水平投影和侧面投影

面对图6-5,聚焦正面投影,将其向前拉出,想象圆柱的空间所在,想象前半个向后弯曲

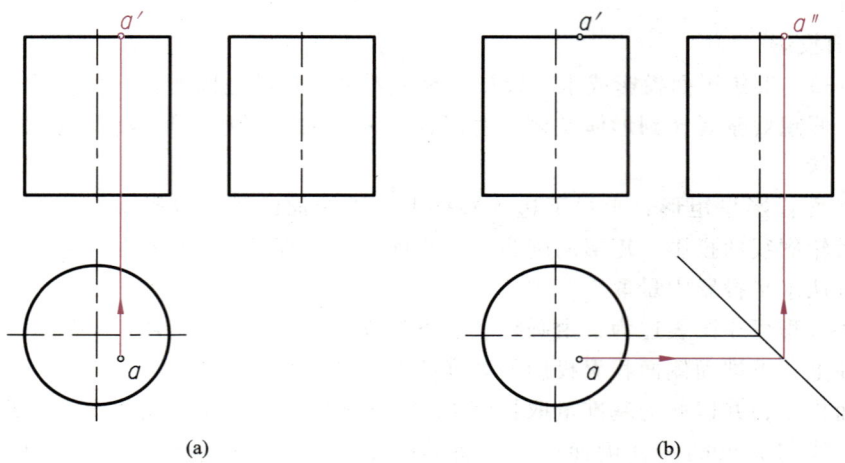

图 6-7

的圆柱面；透过前半个圆柱面，想象后半个向前弯曲的圆柱面；由 B 点正面投影 b' 的位置，想象后半个圆柱面上 B 点的空间所在。

过 B 点正面投影 b' 向下引竖向投影联系线，与后半个圆柱面的水平积聚投影相交，交点即为 B 点的水平投影 b。由 B 点的正面投影和水平投影确定 B 点的侧面投影 b''，见图 6-8a。

分别聚焦水平投影和侧面投影，想象圆柱的空间所在（实形象），想象 B 点的空间所在。

聚焦正面投影，想象圆柱的空间所在。由 C 点正面投影 c' 的位置，想象前、后柱面左分界线上 C 点的空间所在。

前、后柱面左分界线的水平投影积聚，C 点水平投影 c 可直接标出。过 C 点正面投影 c' 向右引水平投影联系线，与前、后柱面左分界线的侧面投影相交，交点即为 C 点的侧面投影 c''。见图 6-8b。

分别聚焦水平投影和侧面投影，想象圆柱的空间所在（实形象），想象 C 点的空间所在。

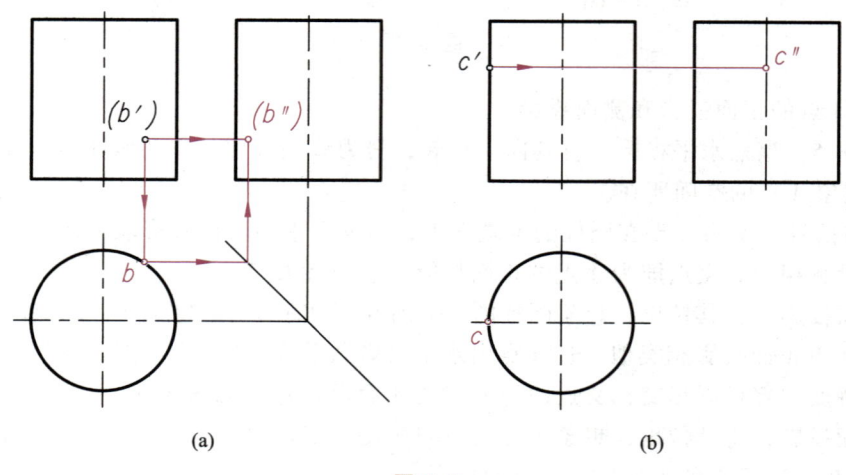

图 6-8

实践训练

完成习题 6-1（1）。

例题 6-2

已知圆锥的两面投影，求作侧面投影，并补全其上 A 点的三面投影，见图 6-9。

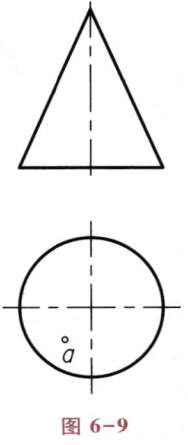

图 6-9

空间形态

解题过程

1. 作侧面投影

面对图 6-9，聚焦正面投影或水平投影，努力看到圆锥的空间所在。保持看到的形体不动，假想观察者转到形体左侧，对形体从左向右作投射，形成侧面投影，想象投影的形状。

侧面投影呈等腰三角形，左、右腰线为圆锥投射轮廓线，底边为圆锥底面的积聚投影。三角形高度为圆锥高度，其长度可从正面投影中量取；底边长度为圆锥底圆直径，可从水平投影中量取。

视频讲解

上述思考过程可作图表述为：在正面投影右侧，选取合适位置画一条竖直点画线，定位圆锥轴线的侧面投影。由圆锥顶点的正面投影向右引水平投影联系线，与圆锥轴线的侧面投影相交，交点为圆锥顶点的侧面投影。由圆锥底面的正面积聚投影向右引水平投影联系线，投影联系线与圆锥轴线的侧面投影相交，以交点为基准左、右量取长度 L，由此求出圆锥底面的侧面投影，见图 6-10a。

聚焦侧面投影，想象圆锥顶点和底圆的空间所在，想象圆锥的空间所在，想象圆锥前、后轮廓线的空间所在。加工整理图线，形成侧面投影，见图 6-10b。

2. 求作 A 点的正面投影和侧面投影

面对图 6-9，聚焦水平投影，向上拉起圆锥顶点，努力看到圆锥面的空间所在；由 A 点水平投影 a 的位置，想象 A 点的空间所在。

a 外未加括号，说明 A 点在圆锥左前 1/4 锥面上。圆锥面没有积聚性，确定 A 点的投影需过 A 点在锥面上构造辅助线，利用辅助线的投影确定 A 点的投影。

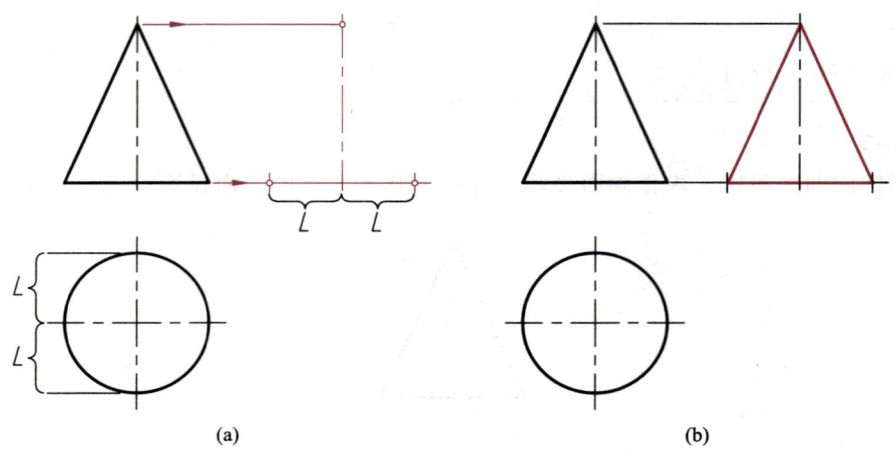

图 6-10

理论上,过 A 点在圆锥表面可构造任意辅助线。然而圆锥面是弯曲的,过 A 点构造的辅助线大多为非圆曲线,这样的辅助线即使被构造出来,由于不能准确绘制,也很难被利用。因此,实际操作中往往利用圆锥面上的直线或圆作为辅助线。

解法一:素线法(以曲面上的直线作为辅助线)

圆锥面可被看作是一条直线绕与其相交的轴线旋转而成的。旋转的直线称为母线,旋转过程中,母线每一个位置所在的直线称为素线,见图 6-11。这些素线可作为辅助线解决曲面上的定点问题。

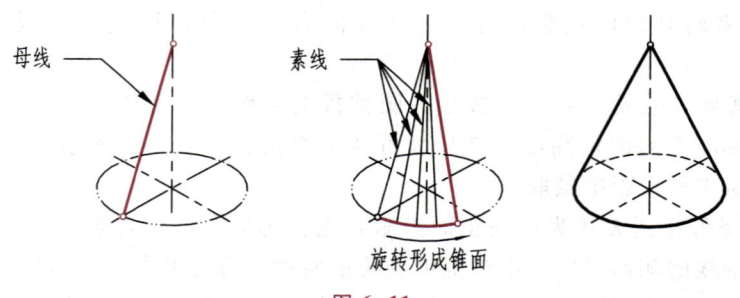

图 6-11

面对图 6-9,聚焦水平投影,想象圆锥的空间所在,想象圆锥表面 A 点的空间所在。连线锥顶和 A 点并延长,构造锥面上过 A 点的素线,想象素线的空间所在。

过 A 点水平投影 a 作素线的水平投影,并求出其正面投影,由此确定 A 点的正面投影 a′,见图 6-12a。

由 A 点的水平投影和正面投影确定侧面投影 a″,见图 6-12b。

解法二:纬圆法(以曲面上的圆作为辅助线)

直母线绕轴线旋转形成圆锥面时,母线上的每一点绕轴线旋转形成圆,这些圆称作纬圆,见图 6-13。纬圆也可作为辅助线解决曲面上的定点问题。

面对图 6-9,聚焦水平投影,想象圆锥的空间所在,想象圆锥表面 A 点的空间所在。过 A

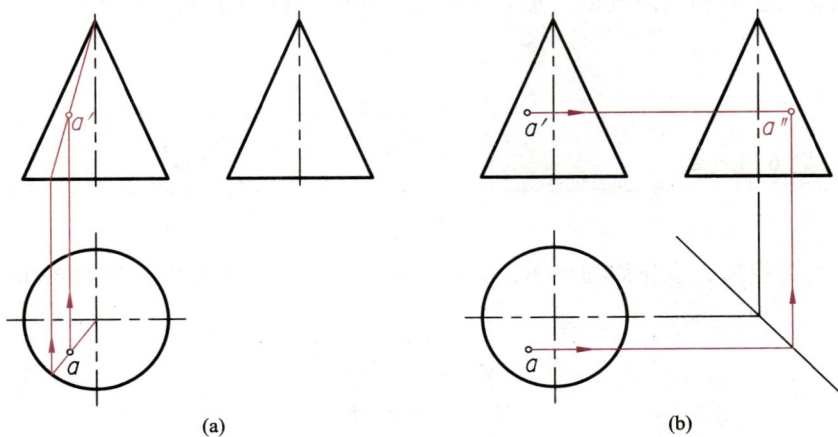

图 6-12

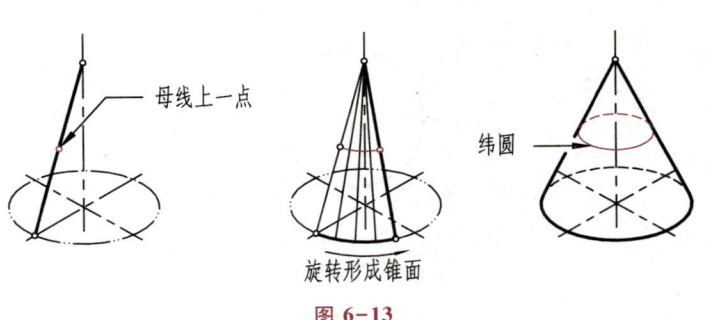

图 6-13

点作纬圆，想象纬圆的空间所在。

过 A 点水平投影 a 作纬圆的水平投影，并求出其正面投影，由此确定 A 点的正面投影 a'，见图 6-14a。

由 A 点的水平投影和正面投影确定侧面投影 a''，见图 6-14b。

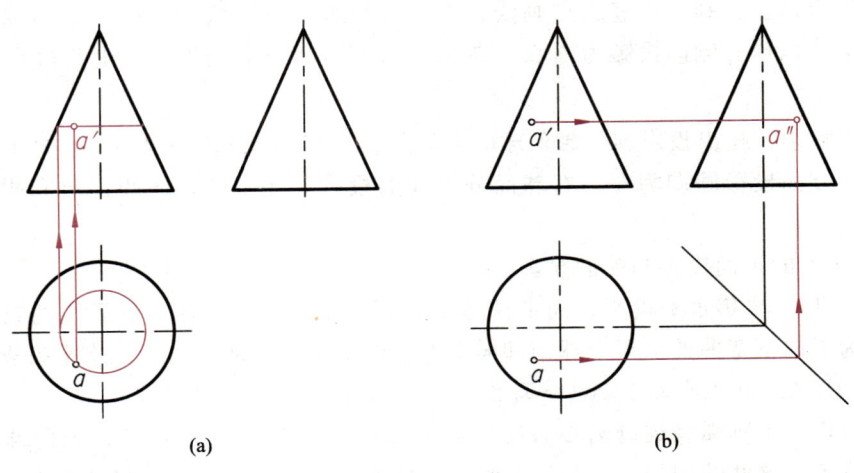

图 6-14

127

分别聚焦正面投影和侧面投影，想象圆锥的空间所在和形态（实形象），想象 A 点的空间所在。

> **实践训练**
> 完成习题 6-1（2）。

例题 6-3

已知球的两面投影，求作侧面投影，并补全其上 A 点的三面投影，见图 6-15。

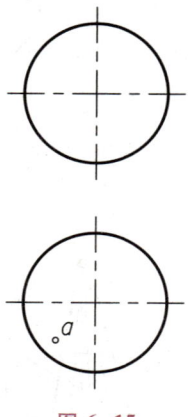

空间形态

图 6-15

解题过程

1. 作侧面投影

面对图 6-15，聚焦正面投影或水平投影，努力看到球的空间所在。保持看到的形体不动，假想观察者转到形体左侧，对形体从左向右作投射，形成侧面投影，想象投影的形状。

视频讲解

侧面投影为圆，其大小与水平投影圆和正面投影圆相同。

由球心的正面投影向右引水平投影联系线确定球心侧面投影的高度所在，选取合适位置画一条竖直点画线，点画线与水平投影联系线的交点为球心的侧面投影，以球心侧面投影为圆心，参照正面投影圆的半径作圆，由此得到球的侧面投影，见图 6-16a。

聚焦侧面投影，拉出投影圆，想象球的空间所在（实形象），想象左、右球面分界线的空间所在，验证侧面投影圆即为左、右球面分界线的投影。加工整理图线，形成侧面投影，见图 6-16b。

2. 求作 A 点的正面投影和侧面投影

面对图 6-15，聚焦水平投影，向上拉起投影圆，想象上、下球面分界线的空间所在，努力看到以此为界向下弯曲的上半个球面和向上弯曲的下半个球面；由 A 点水平投影 a 的位置想象 A 点的空间所在，A 点在左上前 1/8 球面上。

球可被看作是半圆弧绕通过圆心的任意轴线旋转而成的，见图 6-17，因此球面上存在许多纬圆。理论上，这些纬圆均可作为辅助线解决球面上的定点问题。但只有投影面平行纬圆的

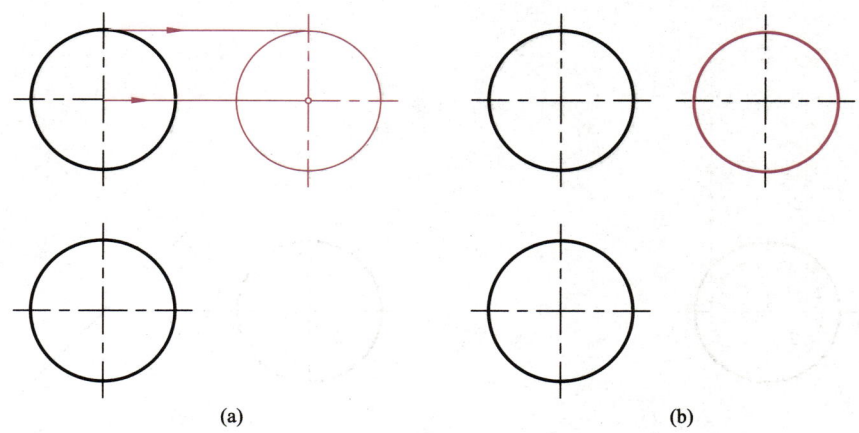

图 6-16

投影可保持实形不变,即可用圆规准确绘出。因此,实际操作中也只有投影面的平行纬圆可被利用。

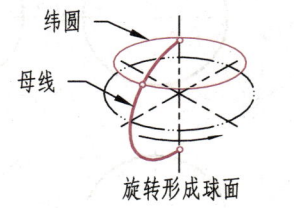 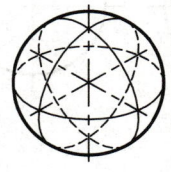

图 6-17

解法一:利用水平纬圆求解

聚焦水平投影,想象球的空间所在,想象球面上 A 点的空间所在。过 A 点作水平纬圆,想象它的空间所在。

作过 A 点水平纬圆的水平投影圆,并求出其正面投影,由此确定 A 点的正面投影 a',见图 6-18a。再由 A 点的水平投影和正面投影确定侧面投影 a'',见图 6-18b。

解法二:利用正平纬圆求解

聚焦水平投影,想象球的空间所在,想象球面上 A 点的空间所在。过 A 点作正平纬圆,想象它的空间所在。

作过 A 点正平纬圆的水平投影,并求出其正面投影圆,由此确定 A 点的正面投影 a',见图 6-19a。再由 A 点的水平投影和正面投影确定侧面投影 a'',见图 6-19b。

解法三:利用侧平纬圆求解

聚焦水平投影,想象球的空间所在,想象球面上 A 点的空间所在。过 A 点作侧平纬圆,想象它的空间所在。

作过 A 点侧平纬圆的水平投影,并求出其侧面投影圆,由此确定 A 点的侧面投影 a'',见图 6-20a。再由 A 点的水平投影和侧面投影确定正面投影 a',见图 6-20b。

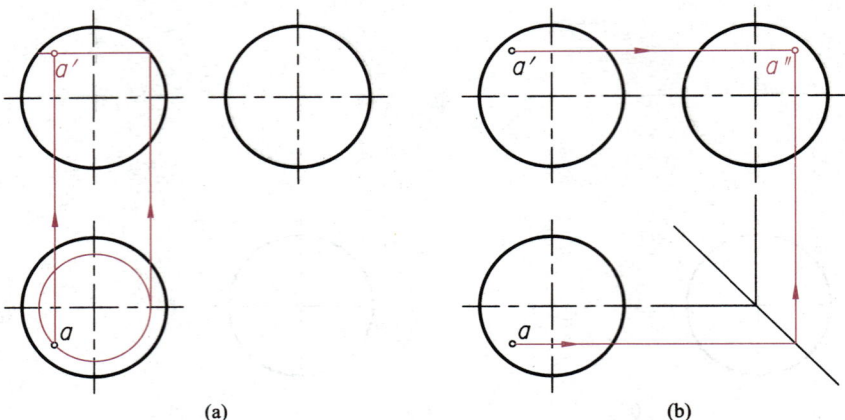

图 6-18

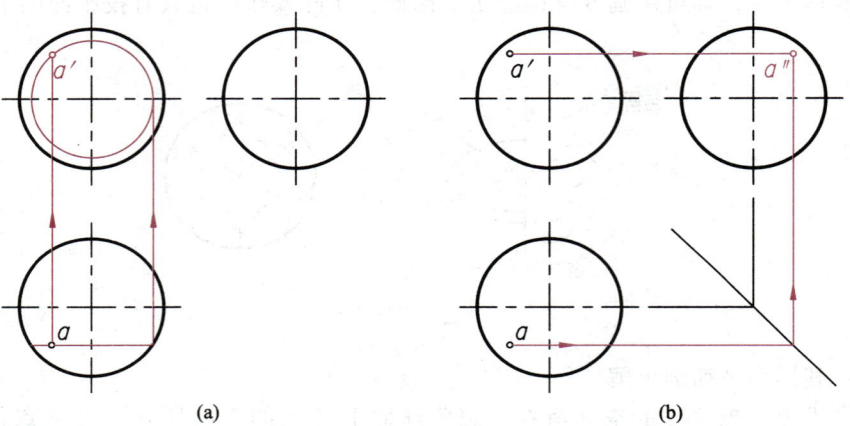

图 6-19

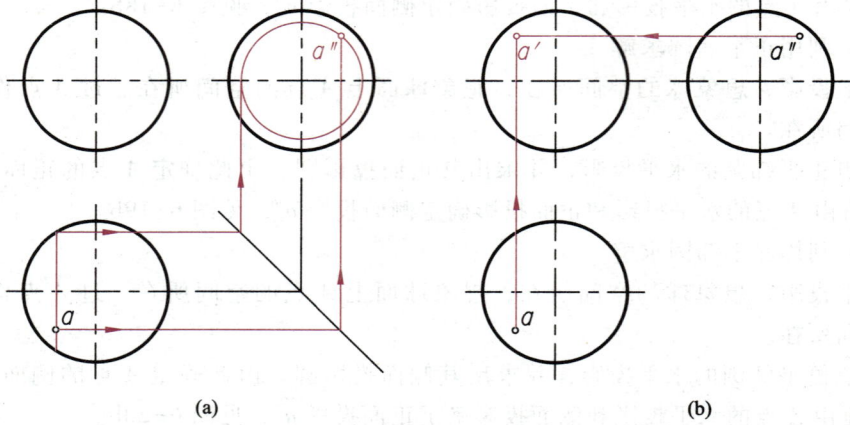

图 6-20

分别聚焦正面投影和侧面投影，想象球的空间所在（实形象），想象 A 点的空间所在。

 实践训练

完成习题 6-1（3）。

平面立体的投影图全部由直线构成，它们或为平面交线的投影，或为平面的积聚投影。而曲面立体的投影图则由直线和曲线或全部由曲线构成。同时，投影中各图线（直线或曲线）的含义也发生了变化，增加了一种新类型，即投射轮廓线。做习题练习时请注意这些变化。

6.3 曲面立体的截交线

平面立体的截交线由一系列直线构成，与平面立体截交线不同，曲面立体截交线则包含曲线，其具体形态取决于曲面立体的形状以及截切平面与曲面立体的相对位置关系。

曲面立体可被单一平面截切，形成由曲线或曲线和直线构成的平面图形，见图 6-21。

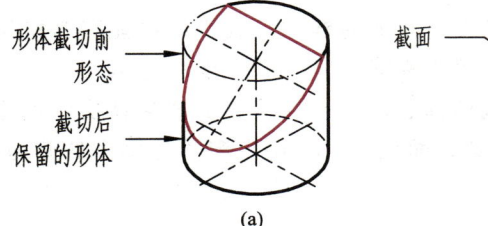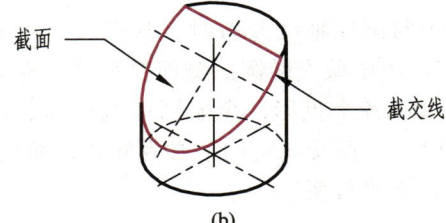

图 6-21

曲面立体也可被多个平面联合截切，形成由曲线或曲线和直线构成的空间折线，见图 6-22。注意直线 AB 和 CD 为截切平面间的交线，不是截交线。

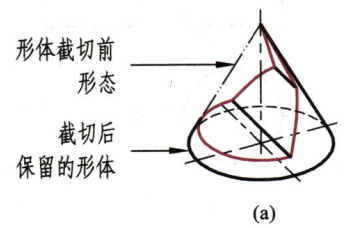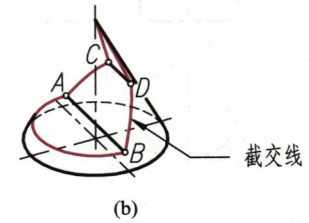

图 6-22

曲面立体种类繁多，截交线也形态各异。在此仍以圆柱、圆锥和球为例，介绍求作曲面立体截交线的一般方法。

（一）圆柱的截交线

圆柱被单一平面截切时，根据截切平面与圆柱的相对位置关系，截交线可呈现三种基本形态，分别是直线、圆和椭圆。

当截切平面与圆柱轴线平行时，截切平面与圆柱面的交线为平行二直线，如果同时考虑与圆柱上、下端面的交线，则截交线整体呈矩形，见图 6-23。

聚焦图 6-23 各个投影，想象圆柱截切前、后的空间形态，想象截交线的空间所在，验证截交线为矩形。

当截切平面与圆柱轴线垂直时，截交线为圆，见图 6-24。

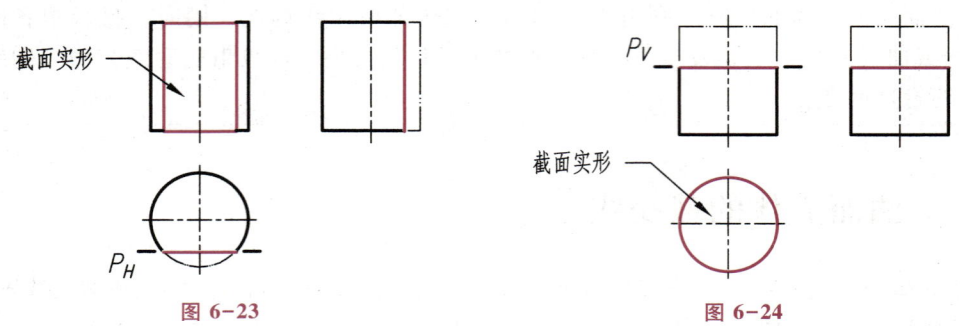

图 6-23　　　　　　　　　图 6-24

聚焦图 6-24 各个投影，想象圆柱截切前、后的空间形态，想象截交线的空间所在，验证截交线为圆。

当截切平面与圆柱轴线倾斜时，截交线空间上为椭圆，其投影可能仍为椭圆，也可能为圆，见图 6-25。图中截交椭圆的侧面投影仍为椭圆，但水平投影为圆。

聚焦图 6-25a 各个投影，想象圆柱截切前、后的空间形态，想象截交线的空间所在。验证圆柱被斜截时，其截交线空间上必为椭圆，而投影可能仍为椭圆（图中的侧面投影），也可能为圆（图中的水平投影）。

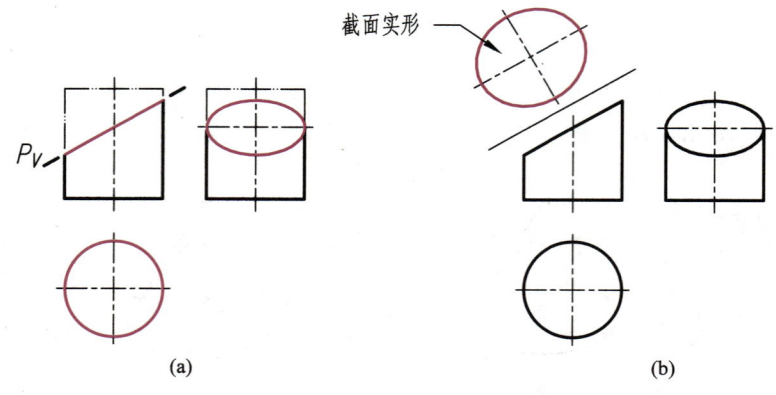

图 6-25

图 6-25 所示的圆柱为竖直放置的圆柱，圆柱面的水平投影积聚为圆。因此，圆柱被平面 P 截切时，无论倾斜角度如何，其截交线的水平投影总是圆，而侧面投影一般为椭圆。但当平面 P 与圆柱轴线的夹角为 45°时，截交椭圆的侧面投影会变为圆，见图 6-26。

聚焦图 6-26a 各个投影，想象斜截圆柱的空间所在和形态，验证空间上的截交椭圆与侧面投影圆的对应关系。

由于截交椭圆的侧面投影为圆，因此可用圆规绘制。

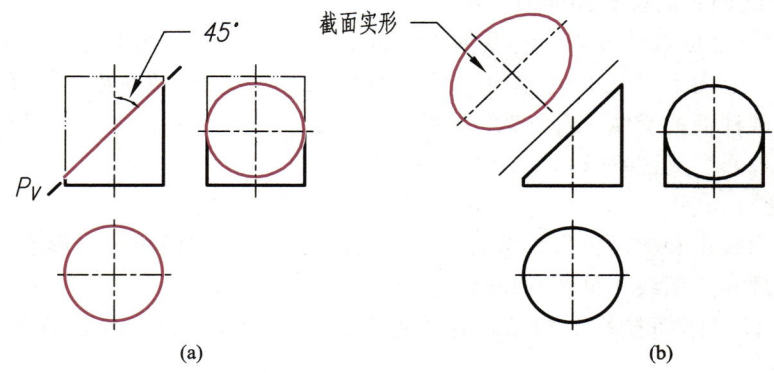

图 6-26

例题 6-4

完成截切圆柱的正面投影和侧面投影，见图 6-27。

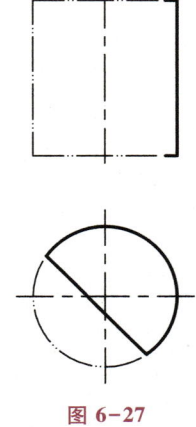

图 6-27

空间形态

解题过程

1. 想象三维形体的空间所在和形态

闭上眼睛想象圆柱的空间所在和形态，或睁开眼睛，将视线移向空中，在空中形成圆柱的三维形象。

圆柱被一铅垂面所截。想象截切平面从上向下（或其它方向）缓慢移动截切形体，想象截交线的形成过程；想象圆柱截切后的空间所在和形态，观察截面形状。

截面为一矩形，由圆柱上、下端面上的交线和侧面上的交线组成。

2. 作圆柱截切前的侧面投影

面对图 6-27，聚焦正面投影或水平投影，努力看到圆柱截切前的空间所在和形态。保持看到的形体不动，假想观察者转到形体左侧，对形体从左向右作投射，形成侧面投影，想象投影的形状。

视频讲解

由圆柱截切前的水平投影和正面投影勾勒侧面投影的底稿线，见图6-28a。

3. 求作截交线的正面投影和侧面投影

面对图6-27，聚焦水平投影，将其向上拉起，努力看到圆柱截切前的空间所在和形态；想象有一铅垂面从上向下（或其它方向）截切圆柱，形成截面ⅠⅡⅣⅢ，想象截面的空间所在；截切平面与圆柱面的交线ⅠⅡ和ⅢⅣ为铅垂线，水平投影积聚，由水平积聚投影可求出其正面投影和侧面投影，见图6-28b和图6-28c。

4. 整理图线

分别聚焦正面投影和侧面投影，努力从中看到截切圆柱的空间所在和形态，看到截面的空间所在，加工整理相应图线，见图6-28d。

聚焦正面投影和侧面投影，想象形体的空间所在（实形象），检验投影的完整性和准确性。

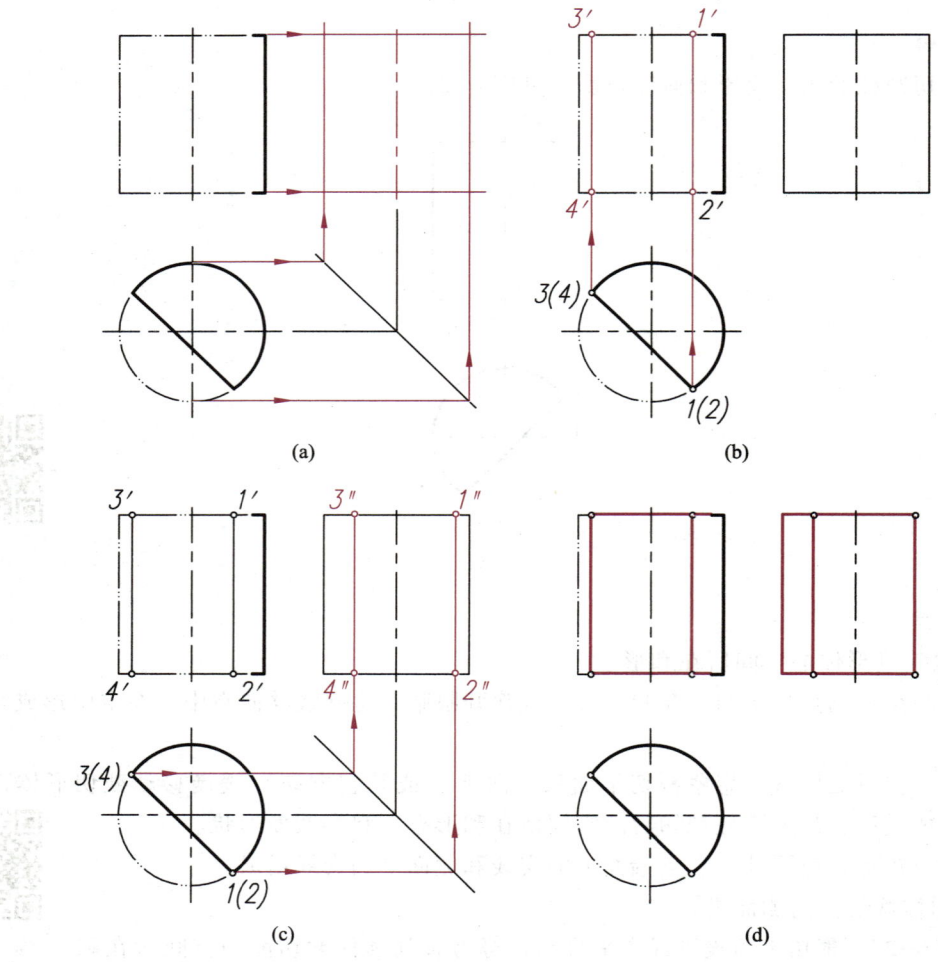

图 6-28

例题 6-5

完成斜截圆柱的侧面投影,见图 6-29。

分析题目可知,截切平面与圆柱轴线倾斜,截交线的空间形态为椭圆。椭圆的水平投影与圆柱面的水平积聚投影重合,不需要求解。由于截切平面相对于圆柱轴线的倾斜角度不为 45°,因此截交椭圆的侧面投影仍为椭圆。

空间形态

绘制投影椭圆这类非圆曲线需先求出一系列点,然后光滑连接,形成近似曲线。理论上取点越多越好,而在实际操作中找出控制曲线形态的所谓"控制点"对于准确绘制曲线更为重要。

曲线在不同情况下的控制点各不相同,后续例题中将逐步介绍。对于完整椭圆,其控制点为两轴端点,即 I、II 点和 III、IV 点,见图 6-30。此外 III、IV 两点还有特别意义,它们是截交椭圆跨越左、右半圆柱的分界点。侧面投影中,截交椭圆的投影与圆柱面投射轮廓线在此相切。

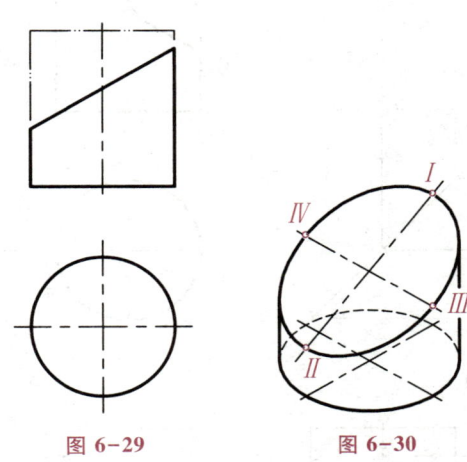

图 6-29   图 6-30

解题过程

1. 想象三维形体的空间所在和形态

想象截切前圆柱的空间所在和形态,圆柱被一正垂面斜截。想象截切平面从前向后(或其它方向)的截切过程,想象圆柱截切后的空间所在和形态,努力看到椭圆截面的空间所在。

2. 作圆柱截切前的侧面投影(图 6-31a)。

3. 求作控制点(椭圆轴线端点)的侧面投影

视频讲解

面对图 6-29,聚焦正面投影或水平投影,想象圆柱的空间所在和形态,想象截交椭圆的空间所在,想象其两轴端点的空间所在。由正面投影引水平投影联系线确定轴线端点 I、II 和 III、IV 的侧面投影,见图 6-31b。

聚焦侧面投影,想象斜截圆柱的空间所在和形态,努力看到截交椭圆及其轴线端点的空间所在。

4. 补充一般位置点

控制点对于把握曲线走向,准确勾绘投影曲线至关重要。不过,有时控制点过于稀疏,还需要在其间插入所谓的"一般位置点"。一般位置点的数量和位置没有特别要求，可依作图精度而定。在此按对称位置在水平投影中添加Ⅴ、Ⅵ、Ⅶ、Ⅷ四点，并由此求出其正面投影和侧面投影，见图 6-31c。

聚焦侧面投影，想象斜截圆柱的空间所在和形态，努力看到截交椭圆、轴线端点和一般位置点的空间所在。

5. 整理图线

聚焦侧面投影，努力从中看到斜截圆柱的空间所在和形态，看到椭圆截面的空间所在，加工整理相应图线，注意截交线与轮廓线的相切处理，见图 6-31d。

聚焦侧面投影，想象斜截圆柱的空间所在和形态（实形象），检验投影的完整性和准确性。

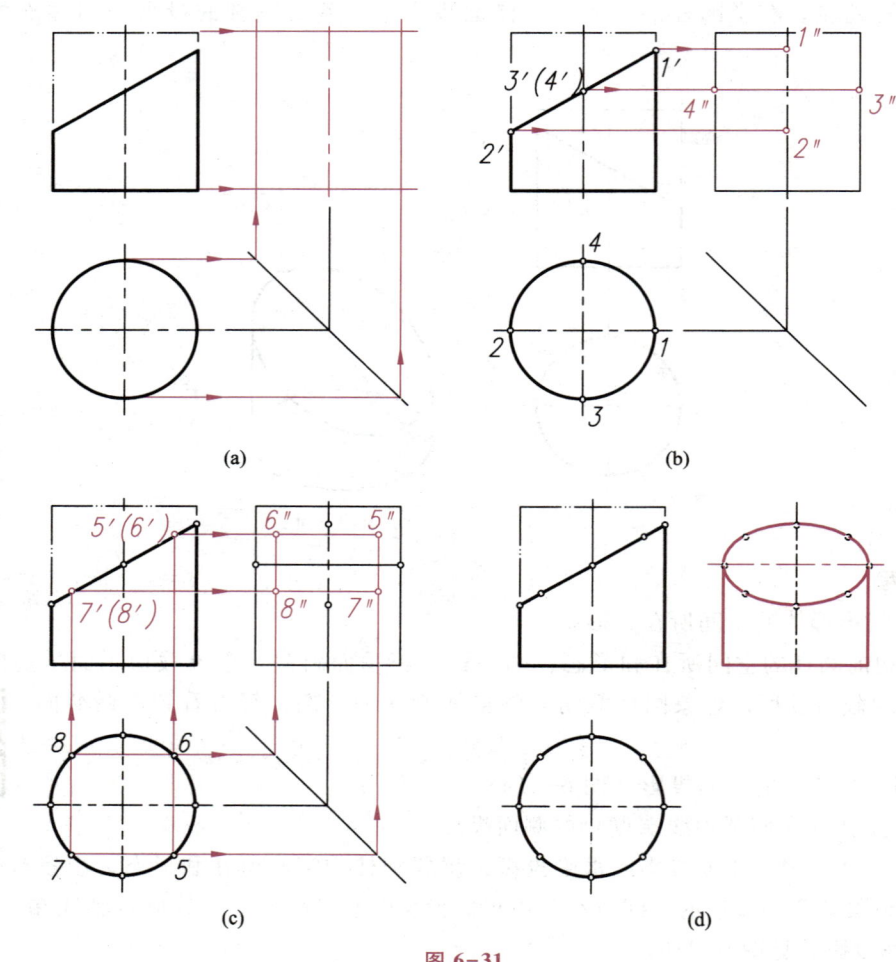

图 6-31

例题 6-6

完成斜截圆柱的侧面投影，并补全水平投影，见图 6-32。

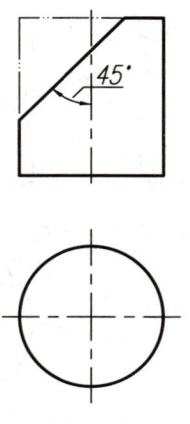

图 6-32

空间形态

解题过程

1. 想象三维形体的空间所在和形态

想象圆柱截切前的空间所在和形态，圆柱被一正垂面斜截。假设截切平面从右上向左下（或其它方向）截切形体，想象截切平面的运动过程，想象圆柱截切后的空间所在和形态，努力从中看到截面的形状。

2. 作圆柱截切前的侧面投影（结果见图 6-33a）

3. 补全水平投影

聚焦正面投影，想象斜截圆柱的空间所在和形态，努力看到截面的空间所在。

想象有一截切平面从圆柱上端面切入，沿"右上-左下"方向从圆柱左侧切出，截切平面与圆柱上端面相交，交线为正垂线 AB，其水平投影可由其正面积聚投影求出。截切平面与圆柱面相交，交线为椭圆曲线，其水平投影与圆柱面的水平积聚投影重合，见图 6-33a。

聚焦水平投影，想象圆柱截切后的空间所在和形态。想象由直线 AB 和椭圆曲线组成的截面的空间所在。

4. 求作截交线的侧面投影

正垂截切平面与圆柱轴线的夹角为 45°，截交椭圆的侧面投影为圆，可用圆规作图。

由正面投影确定圆心 c''，并以此为圆心，以圆柱半径为半径作圆，见图 6-33b。注意选取圆的有效部分。

如果作图足够准确，该圆与圆柱上端面积聚投影的交点即为 A、B 点的侧面投影 a''、b''，见图 6-33c。

5. 整理图线

分别聚焦水平投影和侧面投影，努力从中看到斜截圆柱的空间所在和形态（实形象），看到截面的空间所在，加工整理相应图线，见图 6-33d。

视频讲解

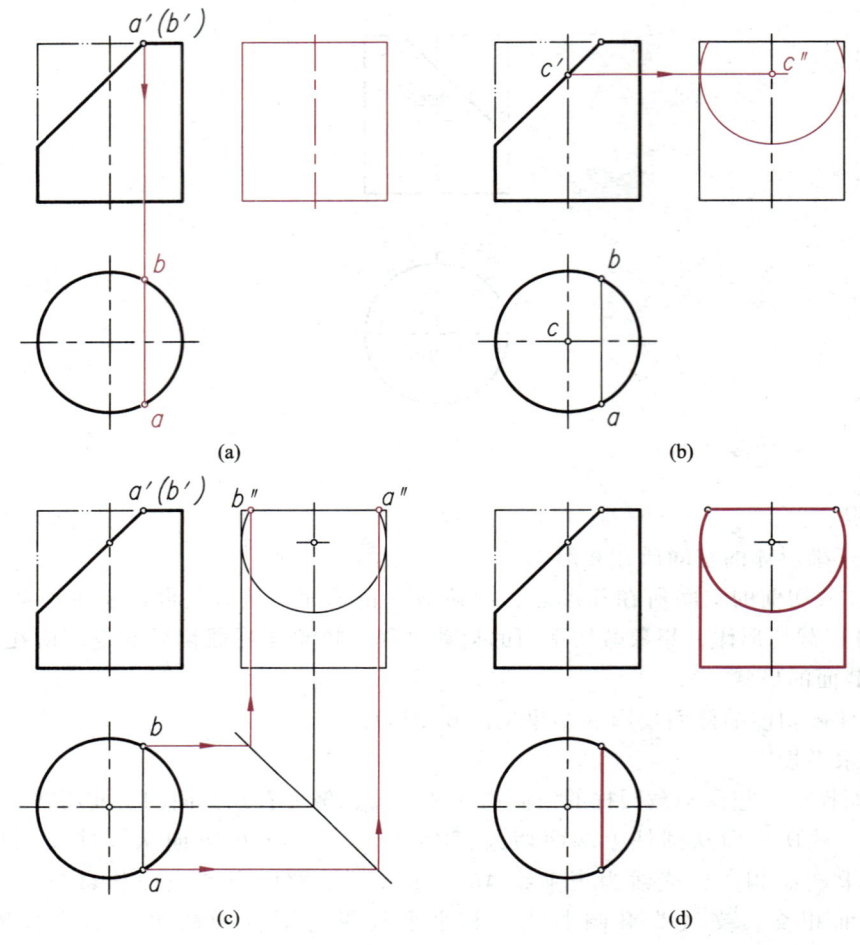

图 6-33

例题 6-7

完成开槽圆柱的侧面投影,并补全水平投影,见图 6-34。

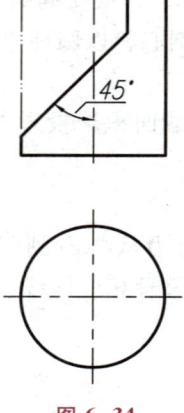

图 6-34

空间形态

解题过程

1. 想象三维形体的空间所在和形态

想象截切前圆柱的空间所在和形态,圆柱被一正垂面和一侧平面所截。假设一种截切平面的运动方式,如假设侧平面从上向下运动,正垂面从左下向右上运动,二面在中途相交,完成对形体的联合截切。想象截切平面的运动过程及截交线的形成过程。想象圆柱截切后的空间所在和形态,努力从中看到各截面的形状。

视频讲解

2. 作圆柱开槽前的侧面投影(结果见图6-35a)

3. 补全水平投影

聚焦正面投影,想象圆柱开槽后的空间所在和形态,努力看到各截面的空间所在。

侧平截面的水平投影积聚,可由正面投影求出。正垂截面与圆柱面相交,交线为椭圆曲线,其水平投影与圆柱面的水平积聚投影重合,见图6-35a。

聚焦水平投影,想象圆柱开槽后的空间形态。

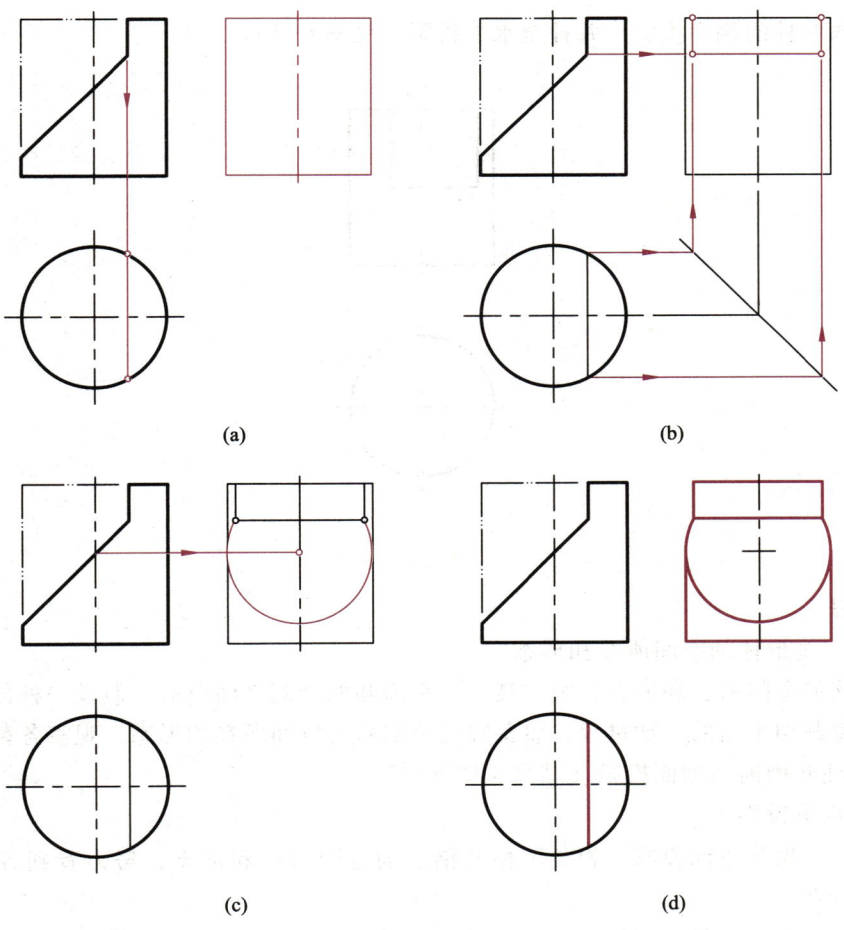

图 6-35

4. 求作截交线的侧面投影

聚焦侧面投影，想象开槽圆柱的空间形态。由侧平截面的水平投影和正面投影可求出其侧面投影，见图6-35b。

圆柱的正垂截切平面与圆柱轴线的夹角为45°，其截交椭圆的侧面投影为圆，可用圆规作图，见图6-35c。

聚焦侧面投影，想象圆柱开槽后的空间所在和形态。

5. 整理图线

分别聚焦水平投影和侧面投影，努力从中看到开槽圆柱的空间所在和形态（实形象），看到各截面的空间所在，加工整理相应图线，见图6-35d。

 实践训练

完成习题6-2。

例题6-8

完成开槽圆柱的侧面投影，并补全水平投影，见图6-36。

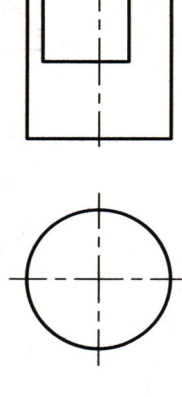

空间形态

图6-36

解题过程

1. 想象三维形体的空间所在和形态

想象圆柱的空间所在和形态，圆柱被一水平面和两个侧平面所截。假设一种截切平面的运动方式，想象截切平面的运动过程，想象圆柱截切后的空间所在和形态，观察各截面的形状。

2. 作圆柱开槽前的侧面投影（结果见图6-37a）

3. 补全水平投影

聚焦正面投影，想象圆柱开槽后的空间所在和形态，努力看到各截面的空间所在。

两个侧平截面的水平投影积聚，可由正面投影求出，见图6-37a。

视频讲解　　聚焦水平投影，想象圆柱开槽后的空间形态。

4. 作截交线侧面投影

聚焦侧面投影，想象开槽圆柱的空间形态。由两个侧平截面的水平投影和正面投影可求出其侧面投影，见图 6-37b 和图 6-37c。

聚焦侧面投影，想象圆柱开槽后的空间形态。

5. 整理图线

分别聚焦水平投影和侧面投影，努力从中看到开槽圆柱的空间所在和形态（实形象），看到各截面的空间所在，加工整理相应图线，见图 6-37d。

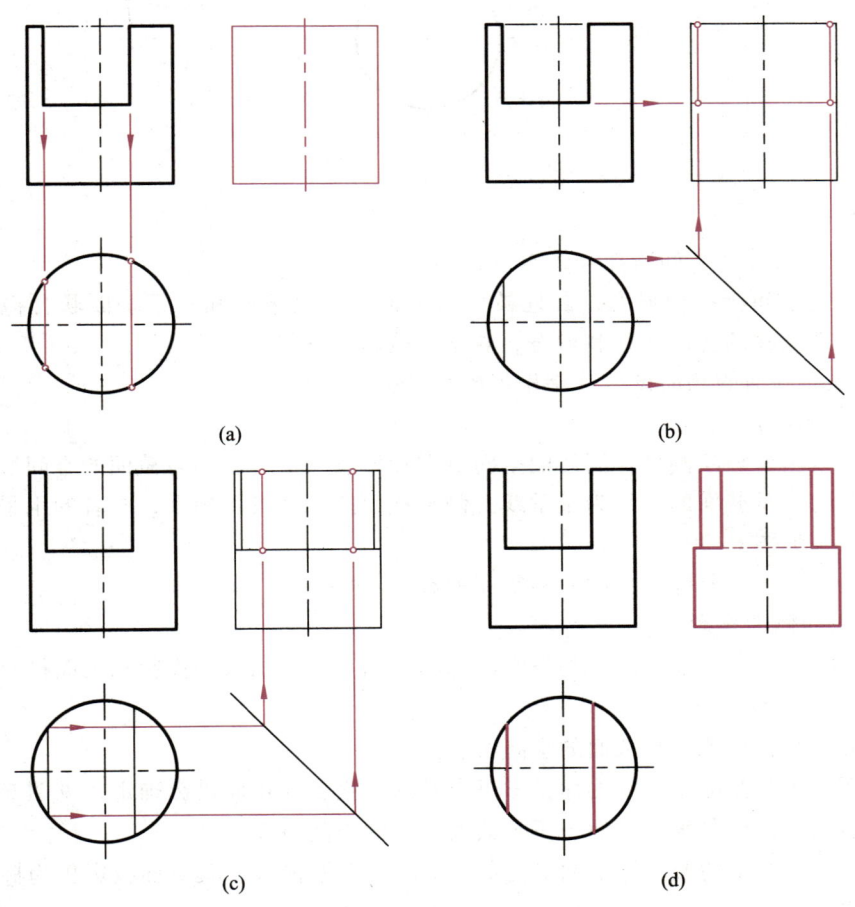

图 6-37

 实践训练

完成习题 6-3 和习题 6-4。

例题 6-9

完成穿洞圆柱的侧面投影，并补全水平投影，见图 6-38。

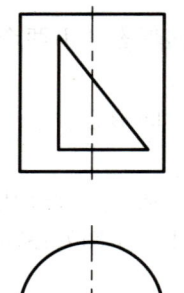

空间形态

图 6-38

解题过程

1. 想象三维形体的空间所在和形态

想象圆柱的空间所在和形态，圆柱被一水平面、一侧平面和一正垂面联合截切，形成孔洞，想象穿洞后圆柱的空间所在和形态，观察各截面的形状。

2. 作圆柱穿洞前的侧面投影（结果见图 6-39a）

3. 补全水平投影

聚焦正面投影，想象圆柱穿洞后的空间所在和形态，努力看到各截面的空间所在。

水平截面与正垂截面的交线为正垂线，侧平截面的水平投影积聚，二者的水平投影皆可由正面投影求出，见图 6-39a。

聚焦水平投影，想象圆柱穿洞后的空间形态。

4. 作截交线侧面投影

聚焦侧面投影，想象穿洞圆柱的空间形态。由侧平截面的水平投影和正面投影可求出其侧面投影，见图 6-39b。

聚焦侧面投影，想象侧平截面的空间所在。

水平截面与正垂截面交线的侧面投影可由其水平投影和正面投影确定，见图 6-39c。

聚焦侧面投影，想象水平截面与正垂截面交线的空间所在。

正垂截切平面产生的截交线空间上为前、后两支椭圆曲线，其侧面投影仍为椭圆曲线，各自有三个作图控制点，即上、下端点和圆柱轮廓线上的相切点。上、下端点已确定，圆柱轮廓线上的相切点可由正面投影求出，见图 6-39c。

聚焦侧面投影，想象正垂截面的空间所在，同时想象侧平截面和水平截面的空间所在，进而想象穿洞圆柱的空间形态。

5. 整理图线

分别聚焦水平投影和侧面投影，努力从中看到穿洞圆柱的空间所在和形态（实形象），看到各截面的空间所在，加工整理相应图线，见图 6-39d。

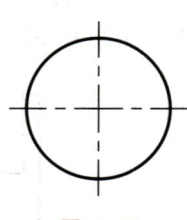
视频讲解

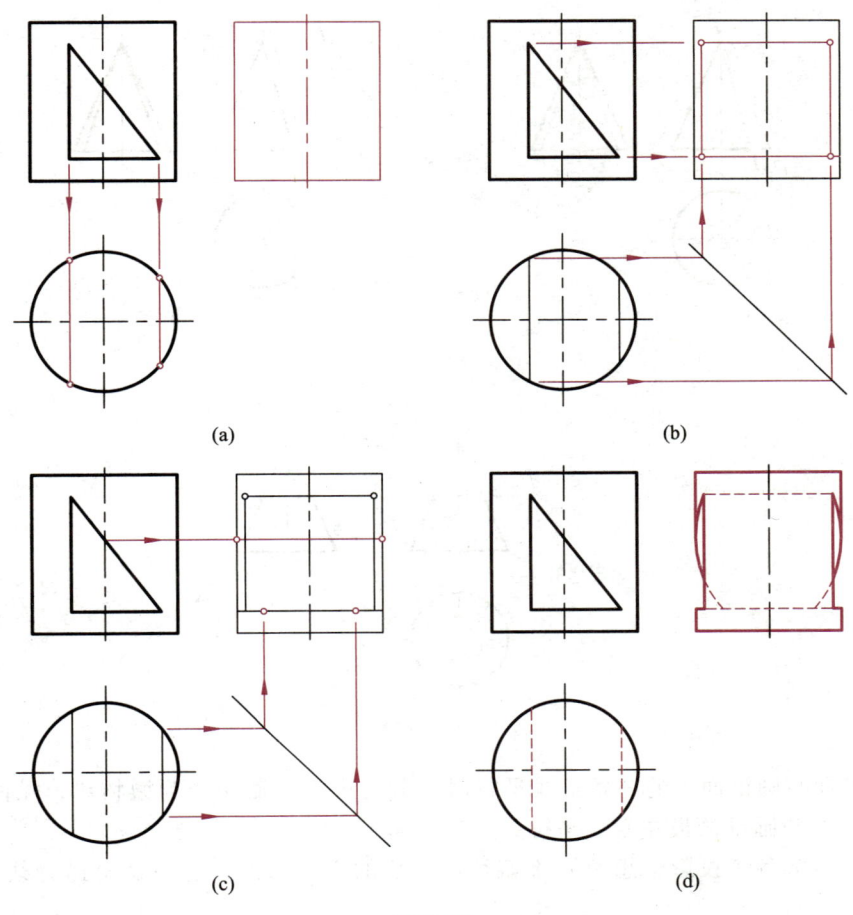

图 6-39

 实践训练

完成习题 6-5。

（二）圆锥的截交线

圆锥被单一平面截切时，截交线的基本形态有五种，分别是直线、圆、抛物线、双曲线和椭圆，下面分别讨论各自的形成条件和投影特点。

当截切平面过圆锥锥顶时，截切产生的截交线为相交二直线，如果同时考虑截切平面与圆锥底面的交线，则截交线呈三角形，见图 6-40。

聚焦图 6-40a 各个投影，想象圆锥截切前、后的空间形态，想象截交三角形的空间所在。验证上述结论。

当截切平面与圆锥轴线垂直时，截切产生的截交线为圆，见图 6-41。

聚焦图 6-41 各个投影，想象圆锥截切前、后的空间形态，想象截交圆的空间所在。验证上述结论。

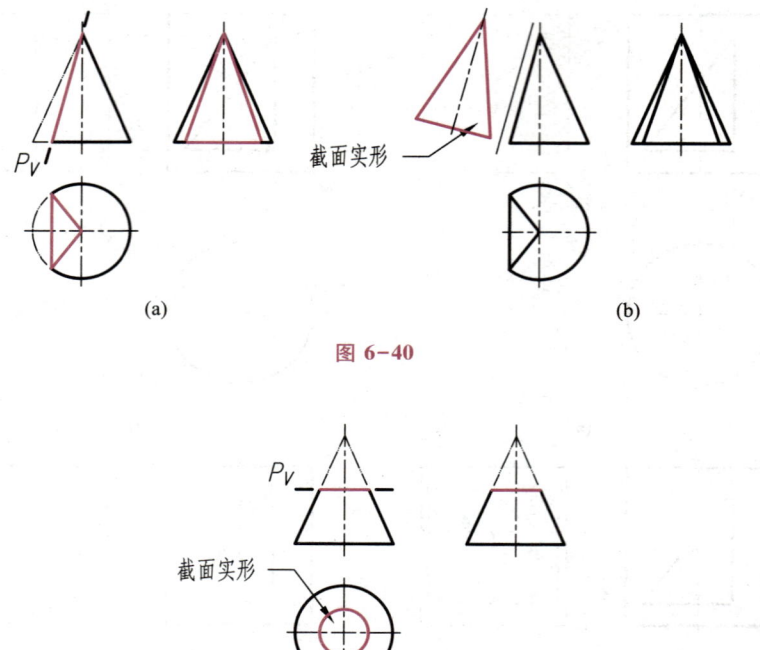

图 6-40

图 6-41

当截切平面与圆锥面上的一条素线平行时，截切产生的截交线为抛物线，见图 6-42。图中，截切平面 P 与圆锥的最左素线平行。

聚焦图 6-42a 各个投影，想象圆锥截切前、后的空间形态，想象截交抛物线及截面的空间所在。

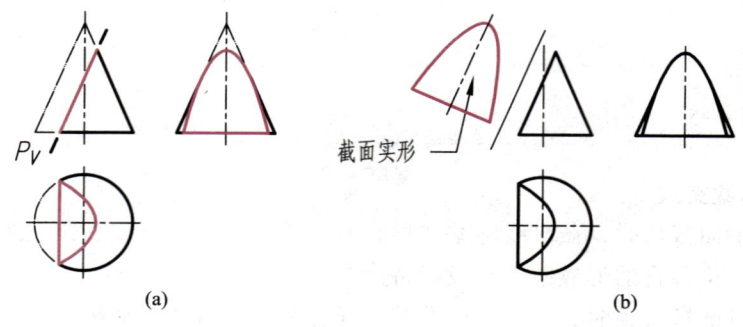

图 6-42

当截切平面与圆锥面上的两条素线平行时，截切产生的截交线为双曲线，见图 6-43。图中，截切平面 P 平行圆锥的最左和最右素线。

聚焦图 6-43 各个投影，想象圆锥截切前、后的空间形态，想象截交双曲线及截面的空间所在。

当截切平面不过锥顶，不垂直于圆锥轴线，且不与圆锥面上任何素线平行时，截切产生的

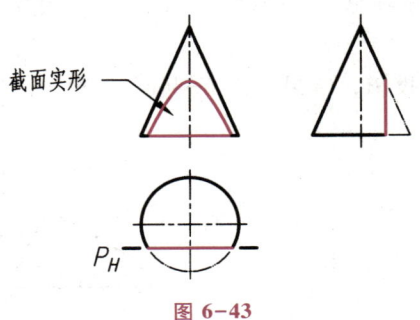

图 6-43

截交线为椭圆,见图 6-44。

聚焦图 6-44a 各个投影,想象圆锥截切前、后的空间形态,想象截交椭圆的空间所在。

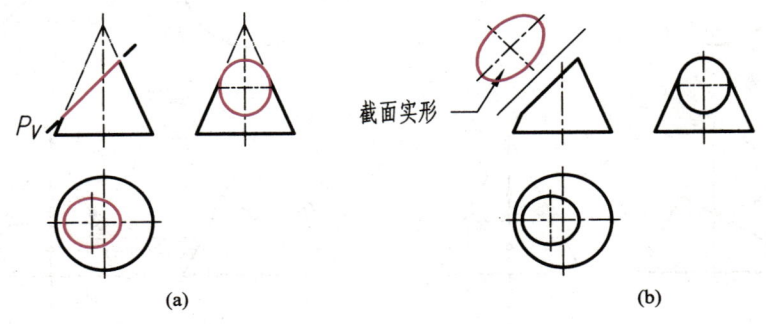

图 6-44

例题 6-10

完成斜截圆锥的侧面投影,并补全水平投影,见图 6-45。

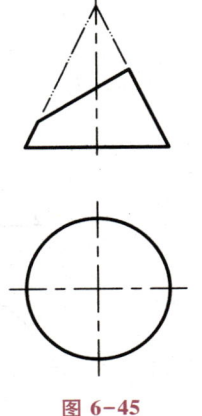

图 6-45

空间形态

解题过程

(1)想象圆锥的空间所在和形态,圆锥被一正垂面斜截。假设一种截切平面的运动方式,如假设截切平面从右上向左下截切形体。想象截切平面的运动过程,想象圆锥截切后的空间所在和形态，观察椭圆截面的形状，分析水平投影和侧面投影中截交线控制点的数量和位置。

（2）作圆锥截切前的侧面投影，结果见图6-46a。

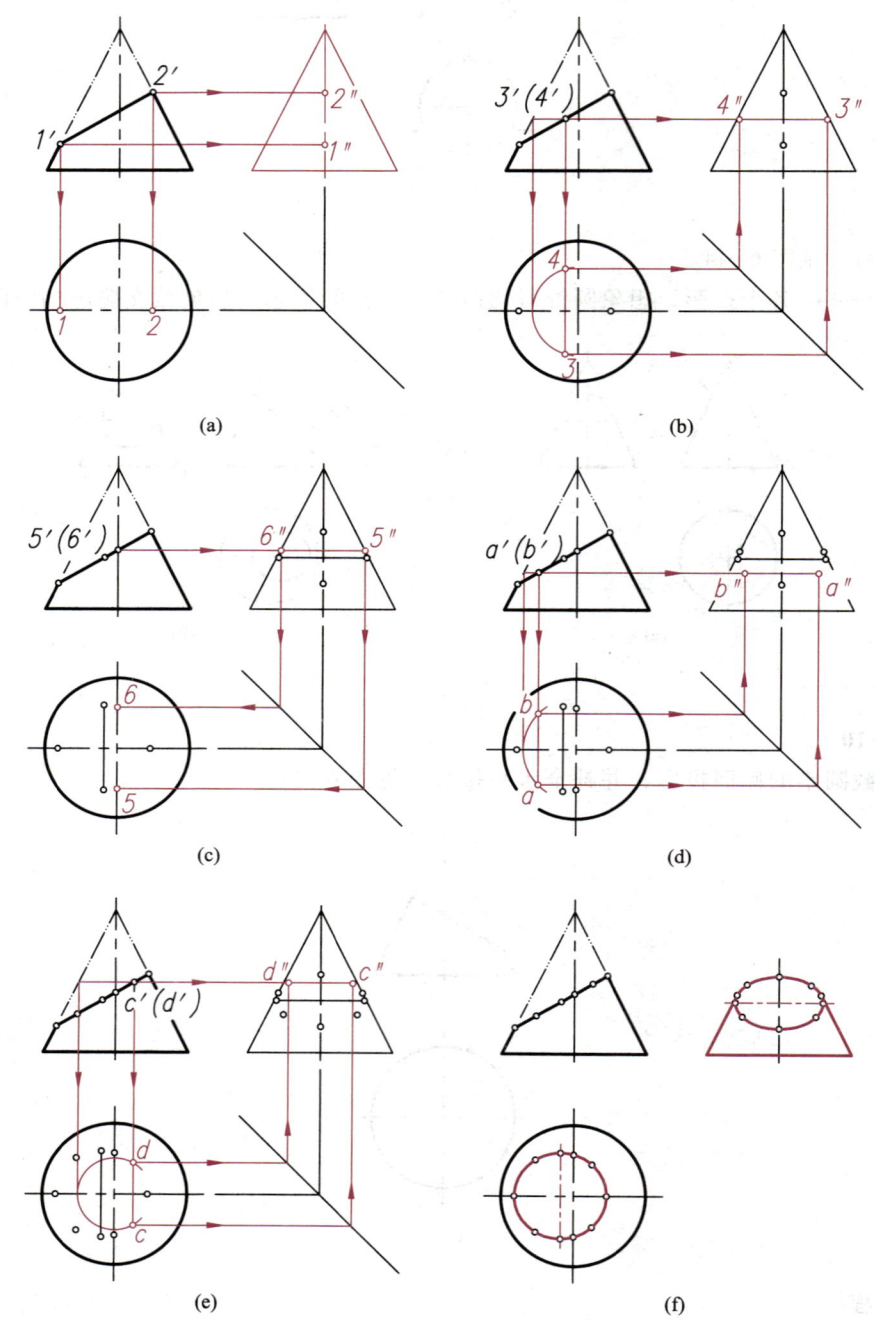

图 6-46

（3）分别聚焦水平投影和侧面投影，想象圆锥斜截后的空间形态，努力看到截交椭圆的空间所在。截交线水平投影的控制点有四个，即椭圆两轴的四个端点。截交线侧面投影的控制点有六个，除了椭圆两轴四个端点以外，还有轮廓线上的两个相切点。

求出截交椭圆正平轴两端点 Ⅰ、Ⅱ 的水平投影和侧面投影，见图 6-46a。

截交椭圆正垂轴的正面投影积聚，位于正平轴正面投影的中点，由此求出正垂轴两端点 Ⅲ、Ⅳ 的水平投影和侧面投影，见图 6-46b。

侧面投影中，截交线与轮廓线的相切点 Ⅴ、Ⅵ 可由正面投影确定。尽管在水平投影中，它们不是控制点，但一般也顺便求出，见图 6-46c。

（4）为使作图更准确，补充一般位置点 A、B（图 6-46d）和 C、D（图 6-46e）。

（5）聚焦水平投影和侧面投影，努力从中看到斜截圆锥的空间所在和形态（实形象），看到椭圆截面的空间所在，加工整理相应图线，注意侧面投影中截交线与轮廓线的相切处理，见图 6-46f。

聚焦水平投影和侧面投影，想象形体的空间所在，检验其投影的完整性和准确性。

视频讲解

 实践训练

完成习题 6-6（1）。

例题 6-11

完成开槽圆锥的侧面投影，并补全水平投影，见图 6-47。

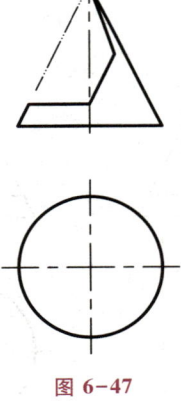

图 6-47

空间形态

解题过程

（1）想象圆锥的空间所在，圆锥被一水平面和两个正垂面所截。水平面的截交线为圆。两个正垂面中的一个过锥顶，截交线为两条相交直线，另一个与圆锥最左素线平行，截交线为抛物线。假设一种截切平面的运动方式，想象截切平面的运动过程，想象圆锥开槽后的空间所在和形态，观察各个截面的形状，分析其水平投影和侧面投影的走向和控制点数量。

视频讲解

（2）作圆锥开槽前的侧面投影，结果见图 6-48a。

（3）分别聚焦水平投影和侧面投影，想象圆锥的空间形态，努力看到水平截面的空间所在。由其正面投影求作水平投影和侧面投影，见图 6-48a。注意选取截交圆的有效部分。

（4）分别聚焦水平投影和侧面投影，想象圆锥的空间形态，努力看到过锥顶正垂截面截交线的空间所在。由其正面投影求作水平投影和侧面投影，见图 6-48b。

（5）分别聚焦水平投影和侧面投影，想象圆锥的空间形态，努力看到与圆锥最左素线平行的正垂截面的空间所在。正垂截切平面截切圆锥产生的截交线分为前、后两支，每支的控制点为已经确定的上、下端点。为判断截交曲线的弯曲方向，补充一般位置点并求出其投影，见图 6-48c。

（6）聚焦水平投影和侧面投影，努力从中看到开槽圆锥的空间所在和形态（实形象），看到各截面的空间所在，加工整理相应图线，注意侧面投影中与圆锥最左素线平行的正垂截面所产生的截交线与圆锥轮廓线的相切处理，见图 6-48d。

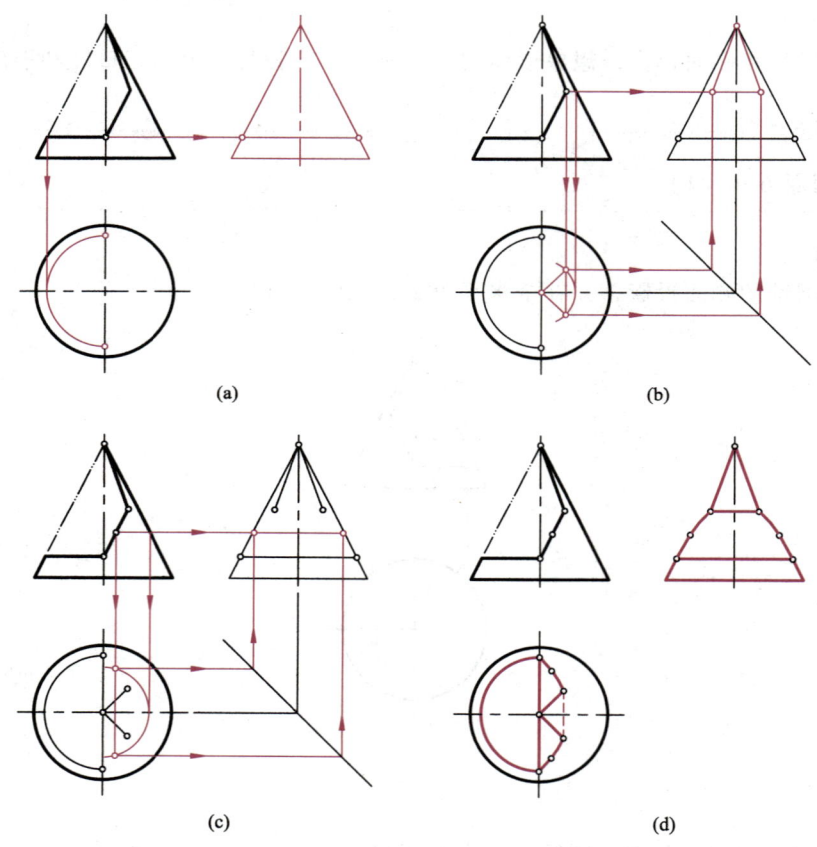

图 6-48

实践训练

完成习题 6-6（2）和习题 6-7。

（三）球的截交线

球被单一平面截切时，截交线在空间上总是圆，但投影一般为椭圆，见图 6-49。只有当截切平面与投影面平行时，其截交圆的投影才会反映实形，见图 6-50。

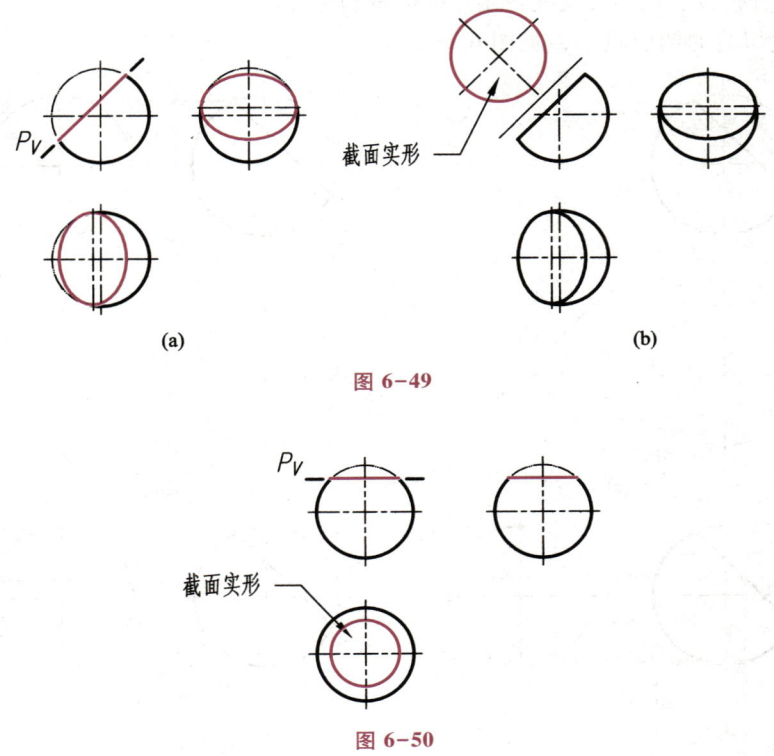

图 6-49

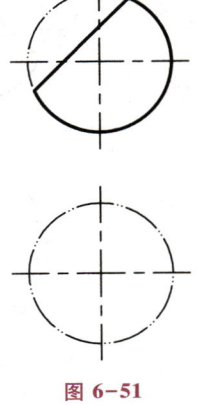

图 6-50

聚焦图 6-49a 和图 6-50 各个投影，想象球截切前、后的空间形态，想象截交圆的空间所在，验证上述结论。

例题 6-12

完成截切球的侧面投影，并补全水平投影，见图 6-51。

图 6-51

空间形态

149

解题过程

（1）闭上或睁开眼睛，想象球的空间所在，球被一正垂面截切。想象球截切后的空间形态，想象截交圆的空间所在，想象其水平投影和侧面投影的形状。截交圆不与 H 面和 W 面平行，其投影必为椭圆，分析投影图中截交线控制点的数量和位置。

（2）作球截切前的侧面投影，见图 6-52a。

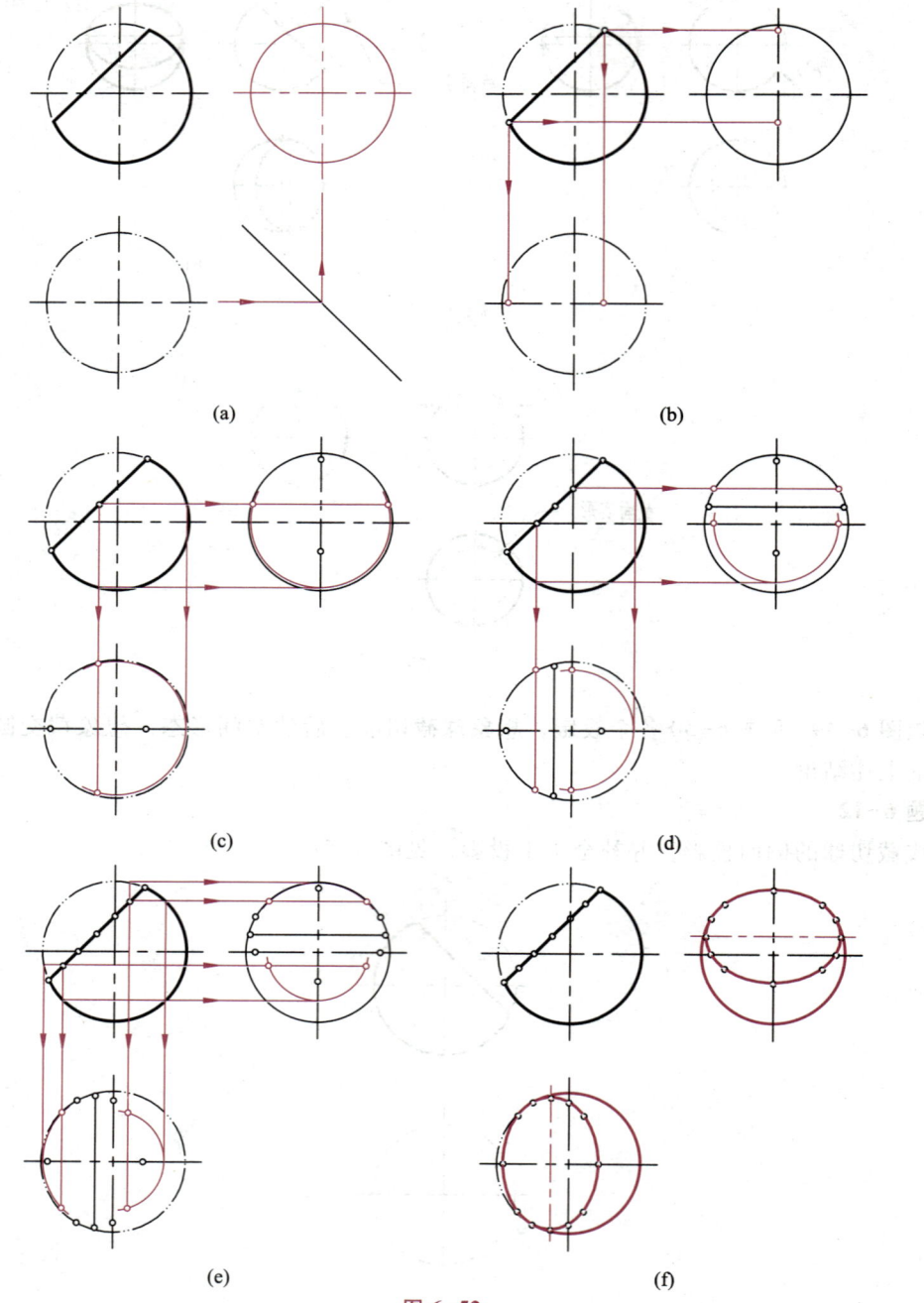

图 6-52

（3）分别聚焦水平投影和侧面投影，想象球截切后的空间形态，努力看到截交圆的空间所在。截交圆水平投影的控制点有六个，即投影椭圆两轴的四个端点和球上下投射轮廓线上的两个相切点。截交圆侧面投影的控制点也有六个，除了投影椭圆两轴四个端点以外，还有球左右投射轮廓线上的两个相切点。注意：投影椭圆两轴四个端点是截交圆水平投影和侧面投影共同的控制点，而轮廓线上的相切点则各有不同。

确定投影椭圆正平轴两端点的水平投影和侧面投影，见图 6-52b。

投影椭圆正垂轴的正面投影积聚，位于正平轴正面投影的中点，由此求出正垂轴两端点的水平投影和侧面投影，见图 6-52c。

求出水平投影和侧面投影中轮廓线上的相切点，见图 6-52d。

（4）补充一般位置点，见图 6-52e。

（5）聚焦水平投影和侧面投影，努力从中看到截切球的空间所在和形态（实形象），看到截交圆的空间所在，加工整理相应图线，注意投影图中投影椭圆与轮廓线的相切处理，见图 6-52f。

例题 6-13

完成开槽半球的侧面投影，并补全水平投影，见图 6-53。

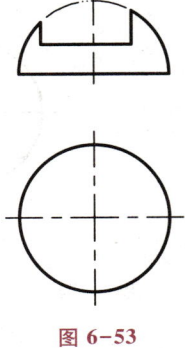

图 6-53

空间形态

解题过程

（1）想象半球的空间所在，半球被一水平面和两个侧平面所截。水平面的截交线为圆弧，水平投影反映实形，侧面投影积聚。两侧平面的截交线亦为圆弧，侧面投影反映实形，水平投影积聚。想象半球开槽后的空间所在和形态，观察各个截面的形状，思考水平投影和侧面投影的作图方法。

（2）作半球开槽前的侧面投影，见图 6-54a。

（3）聚焦水平投影，想象半球的空间形态。假设一种截切平面的运动方式，想象半球的截切过程，努力看到各截面的形成过程和空间所在，看到水平截面的实形和侧平截面的积聚投影。由正面投影求作它们的水平投影，见图 6-54b。

（4）聚焦侧面投影，想象半球的空间形态，想象半球的截切过程，努力看到各截面的形成过程和空间所在，看到水平截面的积聚投影和两侧平截面的实形。由正面投影求作它们的侧面投影，见图 6-54c。

（5）整理图线

聚焦水平投影和侧面投影，努力从中看到开槽半球的空间所在和形态（实形象），看到各截面的空间所在，加工整理相应图线，见图 6-54d。

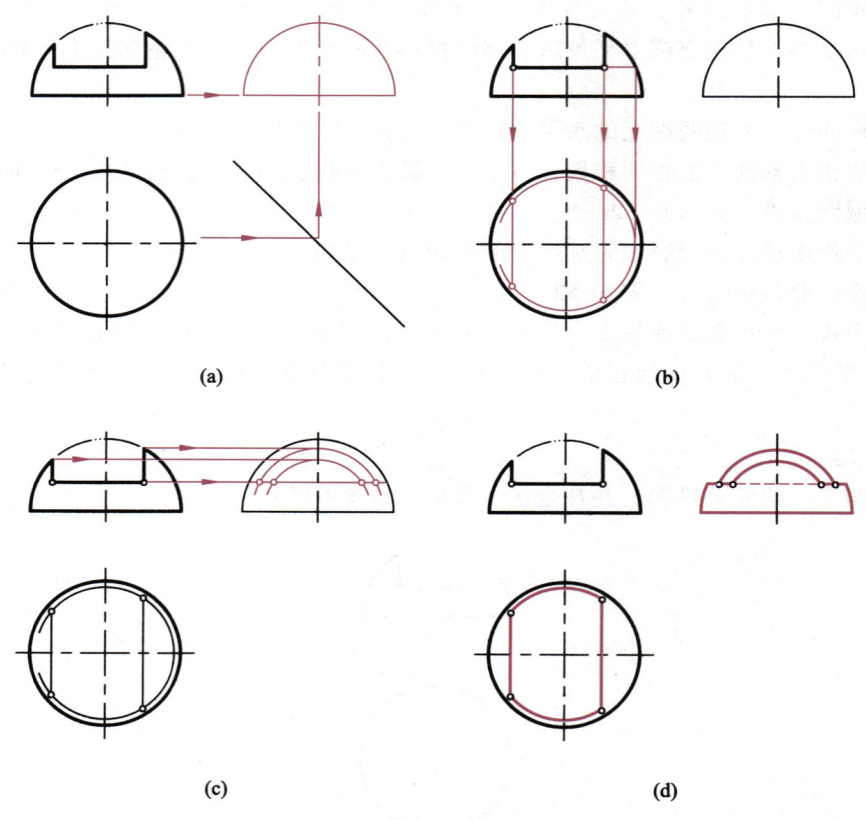

图 6-54

 实践训练

先完成习题 6-8，再完成习题 6-9。

6.4　平面立体与曲面立体相贯

平面立体与曲面立体相贯，其相贯线可由直线和平面曲线共同组成，也可完全由一系列平面曲线组成，见图 6-55。图 6-55a 为四棱柱与圆柱相贯，四棱柱一对侧面与圆柱上端面和圆柱面的交线为直线，四棱柱下端面与圆柱面的交线为圆，即四棱柱与圆柱的相贯线中既有直线，也有平面曲线。图 6-55b 为四棱锥与圆柱相贯，四棱锥各侧面与圆柱面的四条交线均为平面曲线，因此它们的相贯线完全由平面曲线组成。

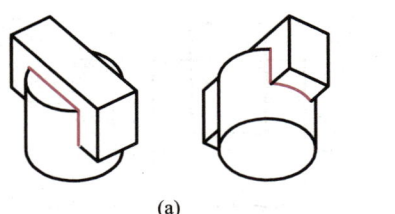
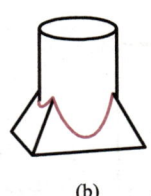

(a)   (b)

图 6-55

例题 6-14

求作圆柱与四棱柱的相贯线，见图 6-56。

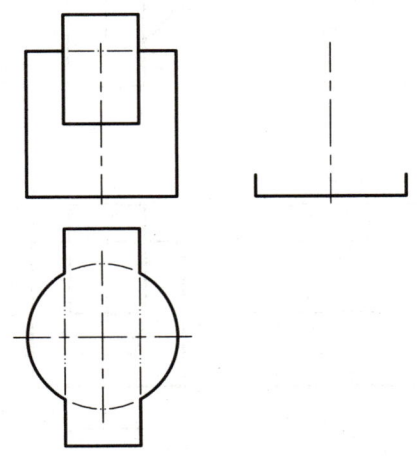

图 6-56

空间形态

解题过程

（1）闭上或眯开眼睛，想象圆柱和四棱柱的空间所在。四棱柱左、右侧面与圆柱上端面相交，交线为正垂线，与圆柱面相交，交线为铅垂线。四棱柱下端面与圆柱面相交，交线为前、后两段水平圆弧。观察各交线的空间所在。

（2）面对图 6-56，聚焦水平投影，将其向上拉起，想象四棱柱和圆柱的空间所在，想象其表面交线的空间所在。从上向下作投射，加工完成相贯体的水平投影，见图 6-57a。

（3）聚焦正面投影，想象二形体的空间所在，从左向右作投射，加工完成相贯前二形体的侧面投影，见图 6-57b。

（4）聚焦正面投影，想象二形体的空间所在，想象其相贯线的空间所在，由水平投影确定相贯线的侧面投影，见图 6-57c。

（5）聚焦侧面投影，想象相贯体的空间所在，加工整理侧面投影，见图 6-57d。

聚焦水平投影和侧面投影，想象相贯体的空间所在（实形象），检验其投影的完整性和准确性。

视频讲解

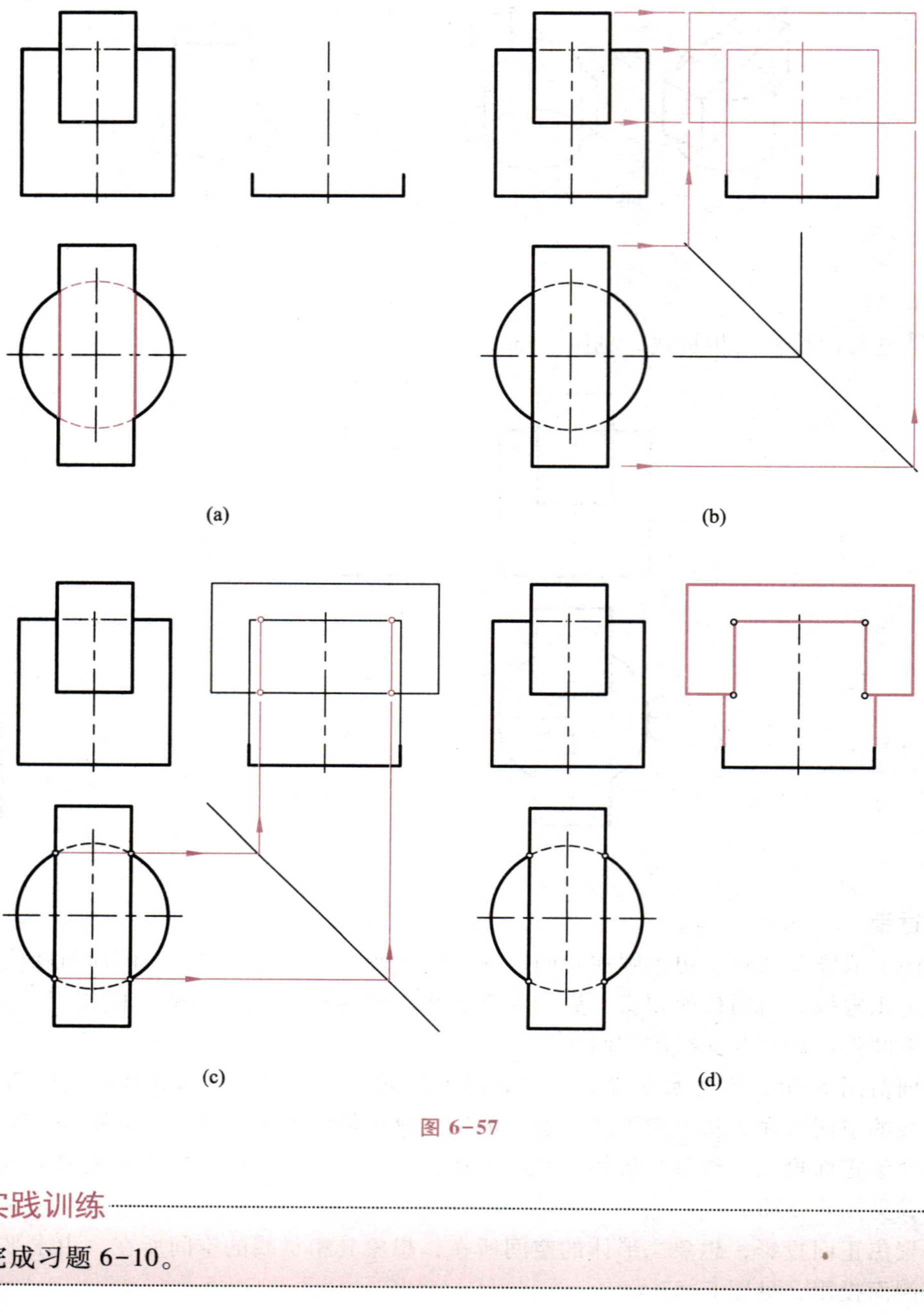

(a)

(b)

(c)

(d)

图 6-57

 实践训练

完成习题 6-10。

例题 6-15
求作圆锥与四棱柱的相贯线,见图 6-58。

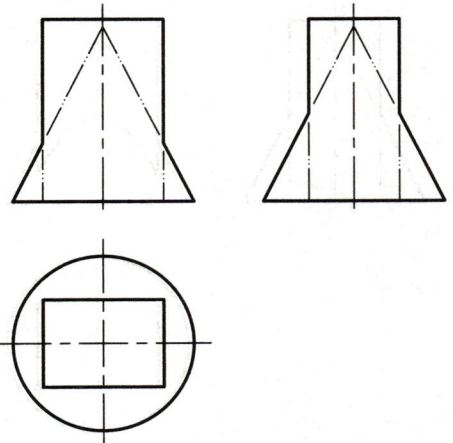

图 6-58

空间形态

解题过程

（1）想象圆锥和四棱柱的空间所在。四棱柱四个侧面与圆锥面相交，交线为四段双曲线。每段曲线各有三个控制点，即曲线的两端点和最高点。四棱柱前、后面上交线的正面投影重合，侧面投影与四棱柱前、后面的侧面积聚投影重合。左、右面上交线的侧面投影重合，正面投影与四棱柱左、右面的正面积聚投影重合。

（2）面对图 6-58，聚焦水平投影，将其向上拉起，想象四棱柱和圆锥的空间所在，想象其表面交线的空间所在。由四棱柱棱线与圆锥面交点的水平积聚投影求作正面投影，确定四段交线的端点。同时，由侧面投影求出四棱柱前、后面上交线的最高点，见图 6-59a。

视频讲解

（3）聚焦正面投影，想象二形体的空间所在，想象其相贯线的空间所在，加工整理相贯线，见图 6-59b。

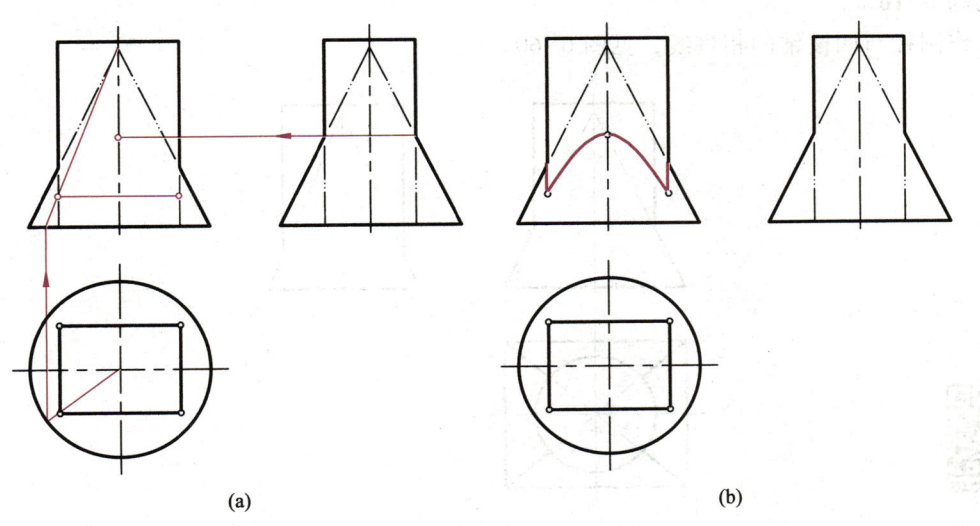

(a)　　　　　　　　　　　　(b)

155

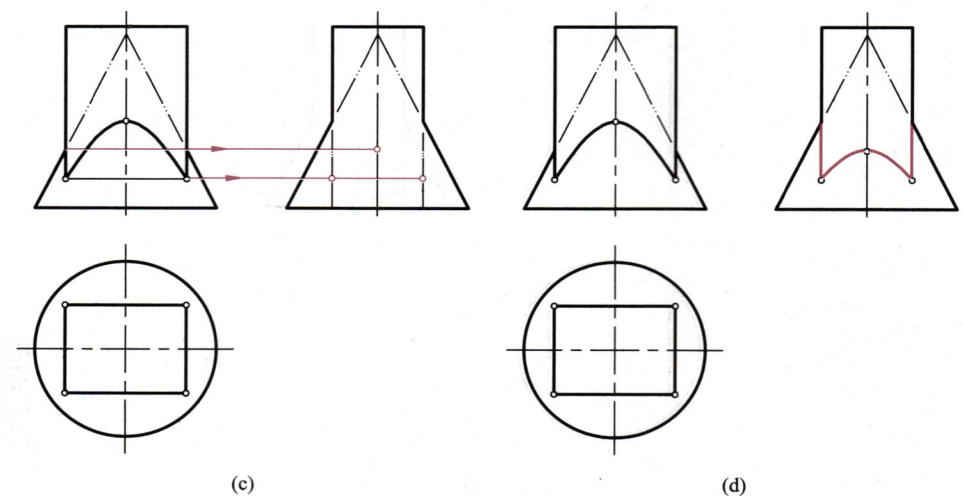

(c)　　　　　　　　　　　　　　(d)

图 6-59

（4）由正面投影确定四段交线端点的侧面投影及四棱柱左、右面上交线的最高点，见图 6-59c。

（5）聚焦侧面投影，想象二形体的空间所在，想象其相贯线的空间所在，加工整理相贯线，见图 6-59d。

聚焦正面投影和侧面投影，想象相贯体的空间所在（实形象），检验其投影的完整性和准确性。

 实践训练

完成习题 6-11。

例题 6-16

求作圆柱与四棱锥的相贯线，见图 6-60。

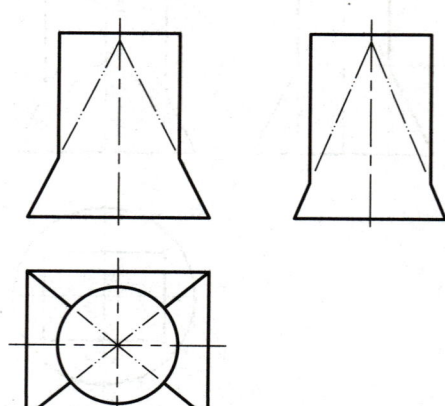

图 6-60

空间形态

解题过程

（1）想象圆柱和四棱锥的空间所在。四棱锥四个侧面与圆柱面相交，交线为四段椭圆弧。每段弧线各有控制点三个，即两端点和最低点。前、后两段弧线的正面投影重合，侧面投影与四棱锥前、后侧面的侧面积聚投影重合。左、右两段弧线的侧面投影重合，正面投影与四棱锥左、右侧面的正面积聚投影重合。观察各弧线的空间所在。

视频讲解

（2）面对图 6-60，聚焦水平投影，将其向上拉起，想象四棱锥和圆柱的空间形态，想象其表面交线的空间所在。由四棱锥棱线与圆柱面交点的水平投影求作正面投影，确定四段弧线的端点。同时，由侧面投影求出前、后弧线的最低点，见图 6-61a。

（3）聚焦正面投影，想象二形体的空间所在，想象其相贯线的空间所在，加工整理相贯线，见图 6-61b。

（4）由正面投影确定各弧线端点的侧面投影及左、右弧线的最低点，见图 6-61c。

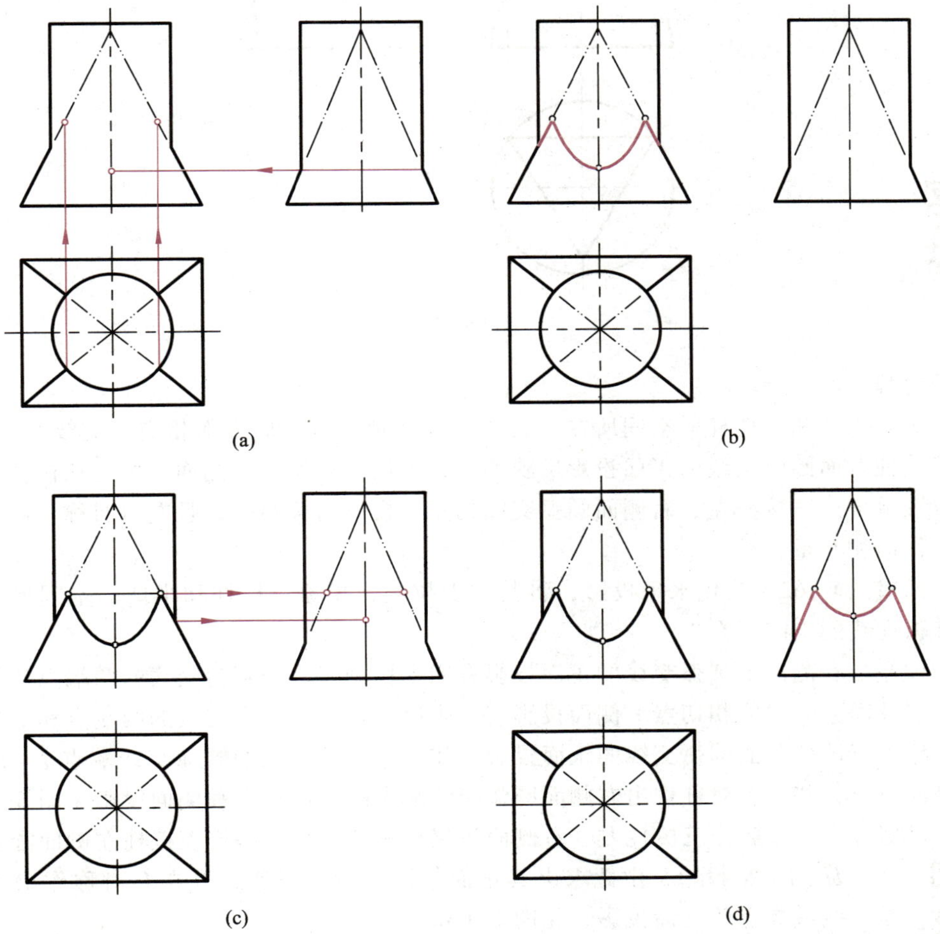

图 6-61

（5）聚焦侧面投影，想象二形体的空间所在，想象其相贯线的空间所在，加工整理相贯线，见图 6-61d。

聚焦正面投影和侧面投影，想象相贯体的空间所在（实形象），检验其投影的完整性和准确性。

 实践训练

先完成习题 6-12，再完成习题 6-13。

例题 6-17

求作半球与三棱柱的相贯线，见图 6-62。

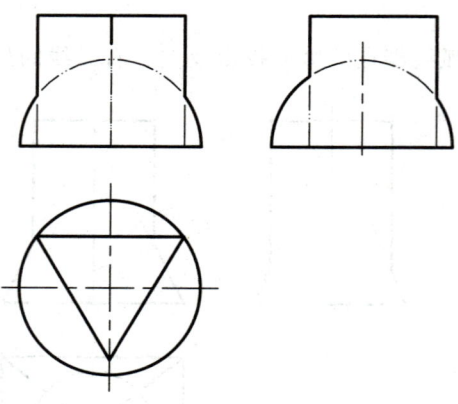

空间形态

图 6-62

解题过程

（1）想象半球和三棱柱的空间所在。三棱柱三个侧面与半球表面相交，交线为三段圆弧。其中，三棱柱背面圆弧交线的正面投影反映实形，可用圆规作图，侧面投影与三棱柱背面的侧面积聚投影重合。三棱柱左、右侧面圆弧交线的正面投影为椭圆弧，且左右对称；侧面投影亦为椭圆弧，但相互重合。

（2）面对图 6-62，聚焦水平投影，将其向上拉起，想象三棱柱和半球的空间形态，想象其表面圆弧交线的空间所在。

三棱柱左、右侧面上圆弧交线的正面投影有四个控制点，分别为交线的两端点、最高点和跨越前、后球面分界线的相切点。侧面投影有三个控制点，分别为交线的两端点和最高点。

（3）作出三棱柱背面圆弧交线的正面投影。作出三棱柱左侧面圆弧交线端点 I、II 的正面投影和侧面投影，并左右对称作出右侧面圆弧交线端点的正面投影和侧面投影见图 6-63a。

（4）过球心水平投影作三棱柱左、右侧面积聚投影的垂线，确定三棱柱左侧面圆弧交线最高点 III 的水平投影，由此求出其正面投影和侧面投影，并左右对称作出右侧面圆弧交线最高点的三面投影，见图 6-63b。

（5）由水平投影确定 IV 点及其左右对称点的正面投影和侧面投影，该点是三棱柱左、右侧面圆弧交线正面投影的控制点。虽然它们不是侧面投影的控制点，

视频讲解

一般也顺便求出，见图 6-63c。

（6）补充一般位置点 A、B 及其左右对称点，见图 6-63d 和图 6-63e。

（7）聚焦正面投影和侧面投影，想象二形体的空间所在，想象其相贯线的空间所在，加工整理相贯线，见图 6-63f。

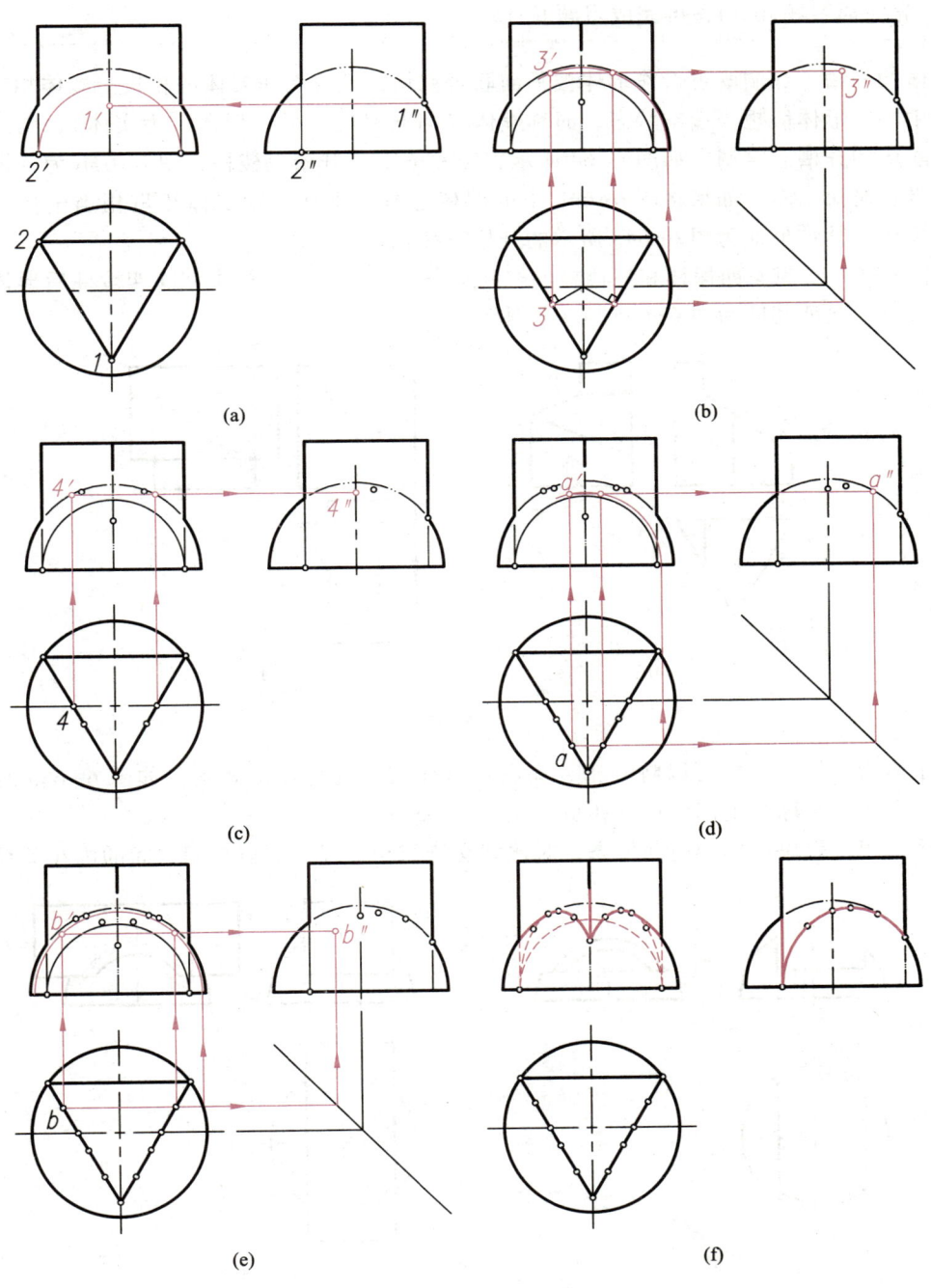

图 6-63

聚焦正面投影和侧面投影，想象相贯体的空间所在（实形象），检验投影的完整性和准确性。

 实践训练

先完成习题6-14，再完成习题6-15。

形体的开槽、穿洞既可看作形体被平面联合截切，也可看作二体的相贯。二体相贯时，如果将其中一个形体假想为虚空状态，简称虚体（与此对应，另一形体称为实体），则二体相贯相当于实体的开槽、穿洞。如图6-64所示，图6-64a为开槽三棱柱，图6-64b为三棱柱与四棱柱相贯。对比二图，如果将图6-64b中的四棱柱看作虚体，则二体相贯相当于从三棱柱中移除四棱柱，其结果即为图6-64a所示的开槽三棱柱。

读图6-64b，想象四棱柱和三棱柱的空间形态，想象从三棱柱中移除四棱柱后形体的空间所在和形态，验证其即为图6-64a所示形体。

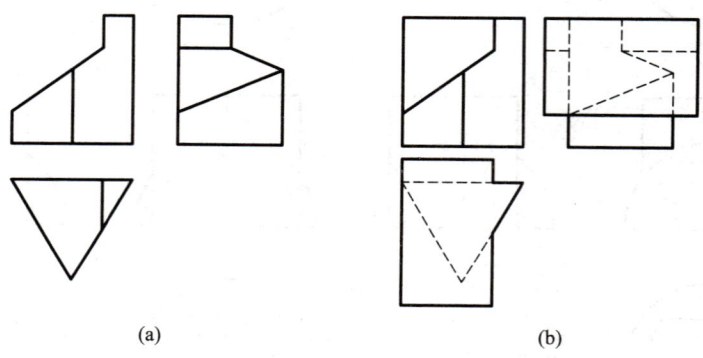

图 6-64

对于曲面立体，同样可以将开槽、穿洞可看作实体与虚体的相贯。如图6-65a所示，开槽半球可看作实半球与虚四棱柱的相贯，见图6-65b。

研读二图，想象形体的空间形态，对比截交线与相贯线，分析它们之间的内在关系。

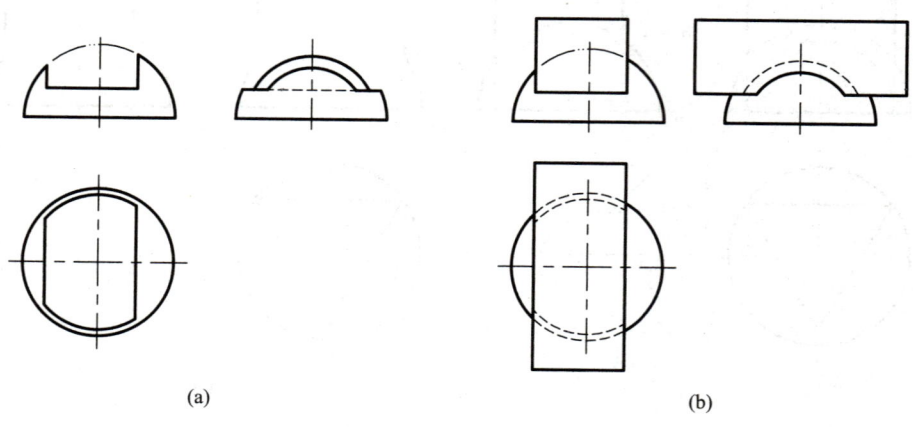

图 6-65

二体相贯，引入虚、实形态，有助于深入认识形体由简到繁的演化过程，方便投影表达。
例题 6-18
求作穿洞四棱锥的截交线，见图 6-66。

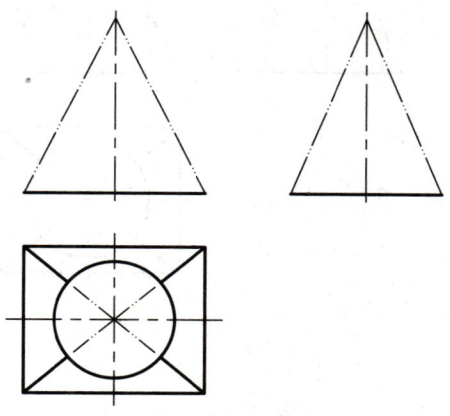

图 6-66

空间形态

解题过程
（1）想象四棱锥的空间所在，四棱锥被一圆柱贯穿，形成孔洞，其结果相当于实四棱锥与虚圆柱相贯。

（2）面对图 6-66，聚焦正面投影和侧面投影，想象实四棱锥和虚圆柱的空间所在。用底稿线补绘出虚圆柱的正面投影和侧面投影。补绘虚圆柱后可以看出，该例题与例题 6-16 几乎相同，因此解题过程也基本相同，只是加工处理图线时要注意形体空间形态的不同。

由实四棱锥棱线与虚圆柱面交点的水平投影求作正面投影，确定截交弧线的端点。同时，由侧面投影求出前、后截交弧线的最低点，见图 6-67a。

（3）聚焦正面投影，想象实四棱锥和虚圆柱的空间所在，想象其相贯线的空间所在，加工整理图线，见图 6-67b。注意虚圆柱在四棱锥内部形成孔洞，虚圆柱左、右轮廓线应为虚线。

视频讲解

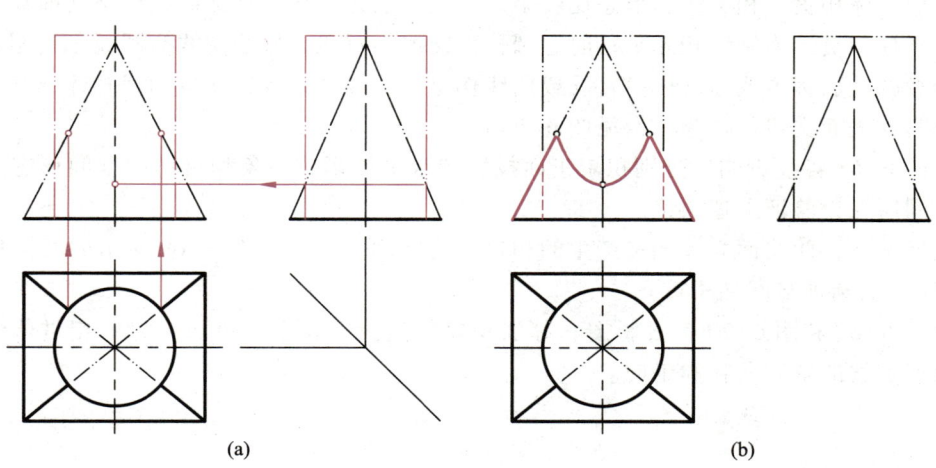

(a)　　　　　　　　　　　(b)

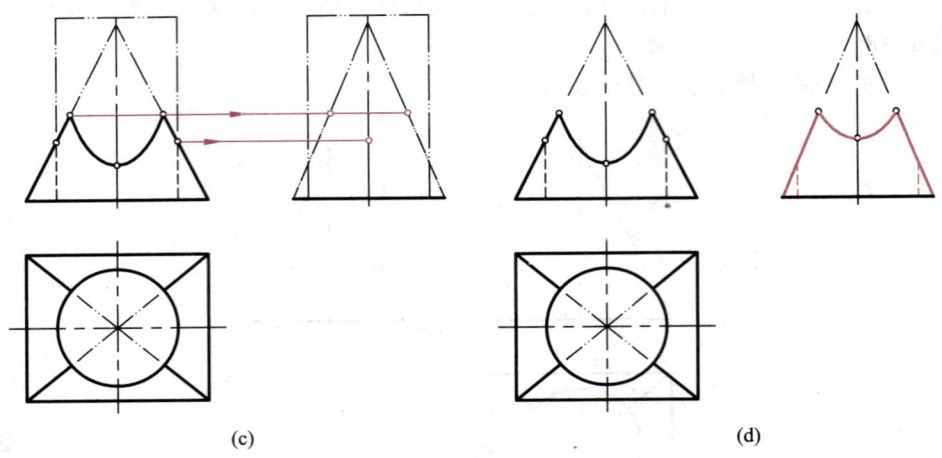

图 6-67

（4）由正面投影求出各截交弧线端点的侧面投影及左、右截交弧线的最低点，见图 6-67c。

（5）聚焦侧面投影，想象实四棱锥和虚圆柱的空间所在，想象其相贯线的空间所在，加工整理图线，见图 6-67d。

聚焦正面投影和侧面投影，想象穿洞四棱锥的空间所在（实形象），检验其投影的完整性和准确性。

 实践训练

完成习题 6-16~习题 6-18。

6.5 曲面立体相贯

两曲面立体相贯，相贯线的形态比较多，它们可以是直线、平面曲线或空间曲线。

两个圆柱相贯，当轴线相互平行时，圆柱面交线为直线，端面交线为圆弧，见图 6-68a。

对于像圆柱、圆锥或球这样由直线或曲线作母线，绕轴线旋转而成的回转体，当它们的回转轴重合时，表面交线往往为圆，见图 6-68b、c。

研读图 6-68 各投影图，分别积聚正面投影和水平投影，想象相贯体的空间形态，想象相贯线的空间所在，验证上述结论。

一般情况下，两曲面立体相贯产生的相贯线为空间曲线，如图 6-69 所示的两圆柱相贯和图 6-70 所示的圆锥与圆柱相贯。

研读图 6-69 和图 6-70 各投影图，分别积聚正面投影和水平投影，想象相贯体的空间形态，想象相贯线的空间所在和走向。

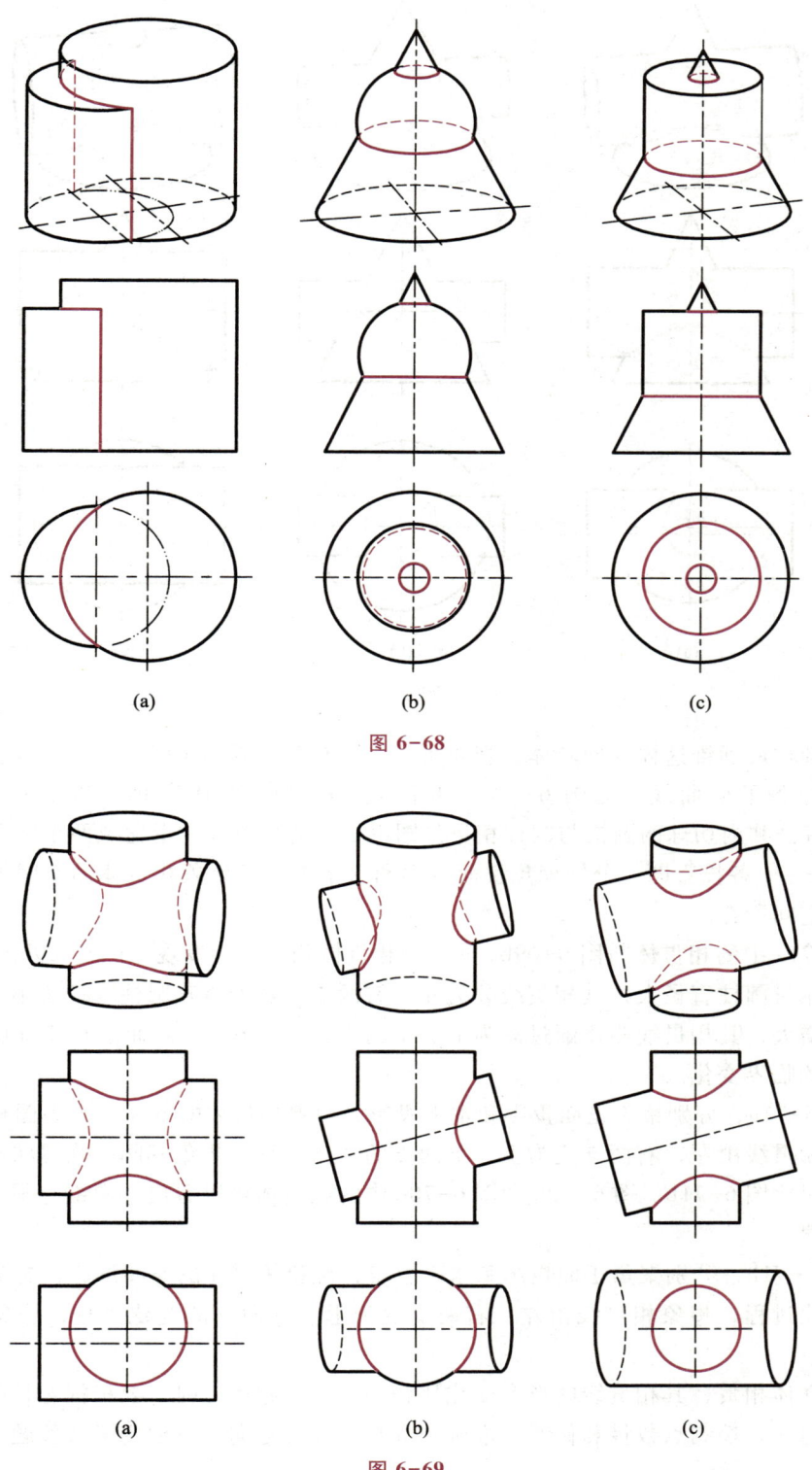

图 6-68

图 6-69

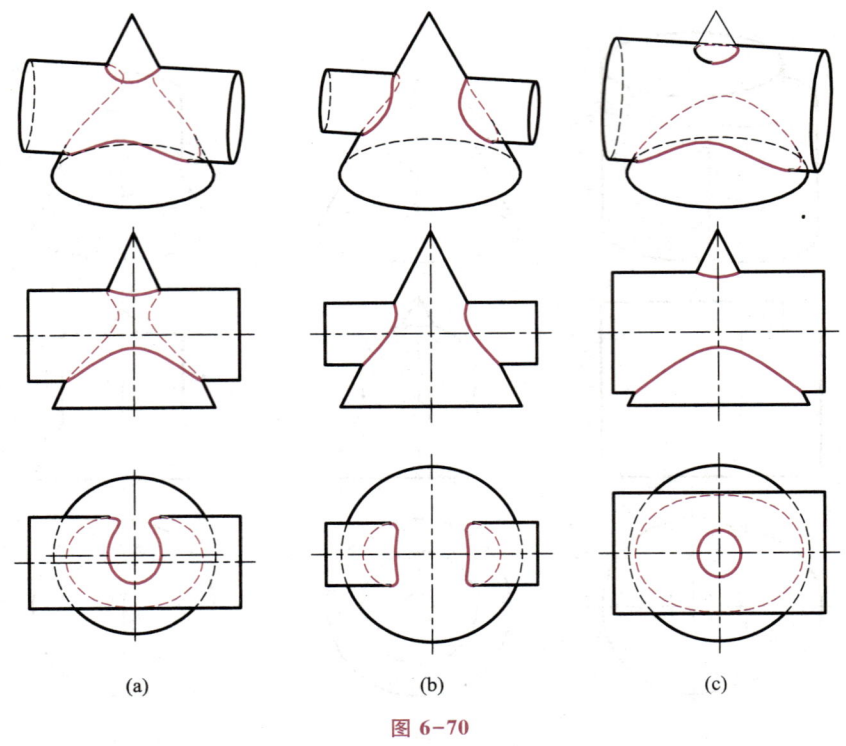

(a)   (b)   (c)

图 6-70

对于像圆柱或圆锥这样的回转体，当相贯的二体有公共内切球时，其相贯线会由一条空间曲线退化成两条平面曲线，见图 6-71。其中，图 6-71a 为有公共内切球的两圆柱相贯，图 6-71b 为有公共内切球的圆锥与圆柱相贯。图中二体的相贯线均退化成两个平面椭圆。

研读图 6-71 各投影图，分别聚焦正面投影和水平投影，想象相贯体的空间形态，想象椭圆相贯线的空间所在。

将图 6-71a 中的相贯体与图 6-69b、c 中的相贯体相比较会发现，图 6-69b 中的竖直圆柱直径比斜向相贯圆柱直径大，其相贯线分为左、右两支。随着竖直圆柱直径变小，同时斜向相贯圆柱直径增大，其相贯线会逐渐过渡为上、下两支，见图 6-69c。而图 6-71a 所示的状态恰好是这其间的临界变化。

面对图 6-71a，分别聚焦正面投影和水平投影，想象相贯体的空间形态和圆柱直径的变化过程，想象相贯线由左、右两支变为上、下两支的变化过程，想象其间的临界状态。

同样，对比图 6-71b、图 6-70b 和图 6-70c 中的相贯体可以看出，圆锥与圆柱相贯也有相同的变化规律。

面对图 6-71b，分别聚焦正面投影和水平投影，想象相贯体的空间形态，想象圆柱直径由小到大的变化过程，想象相贯线由左、右两支变为上、下两支的变化过程，想象其间的临界状态。

二曲面立体相贯，其相贯线的形态变化比较多。做习题练习时，要根据题目的具体情况分析相贯线的组成、控制点数量和位置，准确把握相贯线的走向。下面仍通过例题介绍相贯线的求作方法。

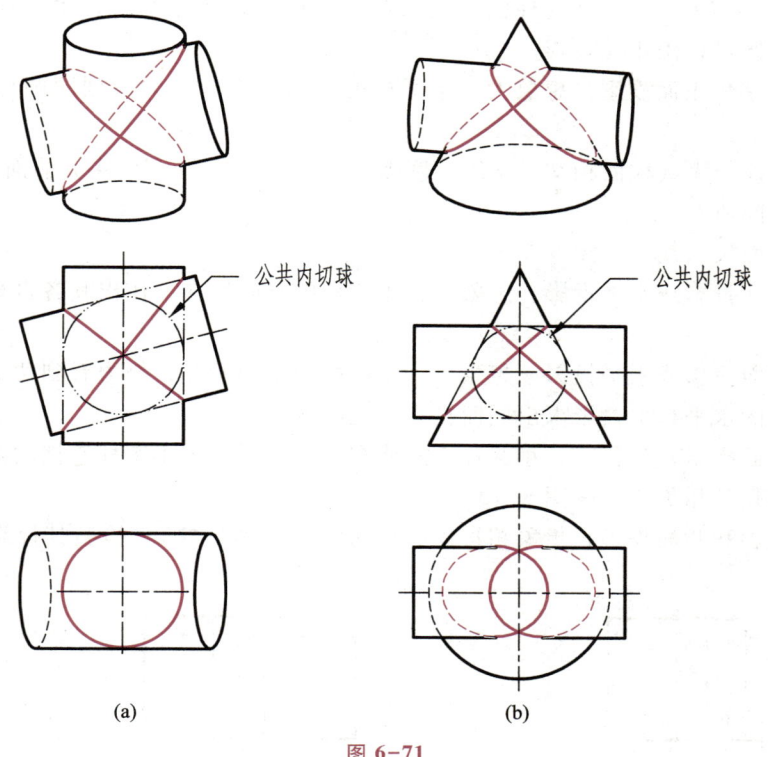

(a)　　　　　　　　　(b)

图 6-71

例题 6-19

求作相贯两圆柱的正面投影和侧面投影，见图 6-72。

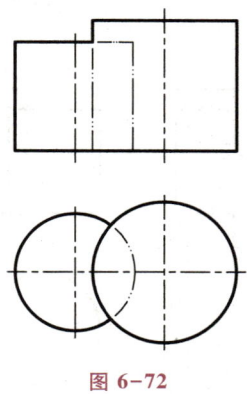

图 6-72

空间形态

解题过程

（1）想象大、小两圆柱的空间所在和形态。两圆柱轴线平行，柱面交线为前、后两条直线，小圆柱上端面与大圆柱面相交，交线为圆弧。

（2）面对图 6-72，聚焦水平投影，将其向上拉起，想象大、小圆柱的空间所在，努力看到相贯线的空间所在。

（3）大、小圆柱的柱面交线为前后对称的两条铅垂线，水平投影积聚，由水平投影可作出正面投影。

聚焦正面投影，想象大、小圆柱的空间所在，努力看到两圆柱面交线的空间所在。

小圆柱上端面与大圆柱面相交，交线为圆弧，其正面投影与小圆柱上端面积聚投影重合，努力看到它的空间所在。

加工整理正面投影线，见图6-73a。

（4）聚焦正面投影或水平投影，想象大、小圆柱的空间所在，作出其各自相贯前的侧面投影，见图6-73b。

（5）聚焦正面投影或水平投影，想象大、小圆柱的空间所在，努力看到两圆柱面交线的空间所在，由交线的水平积聚投影求出侧面投影，见图6-73c。

（6）聚焦侧面投影，想象大、小圆柱空间所在，努力看到被小圆柱遮挡的两圆柱面交线的空间所在，加工整理相贯线，见图6-73d。

聚焦正面投影和侧面投影，想象相贯体的空间所在（实形象），检验其投影的完整性和准确性。

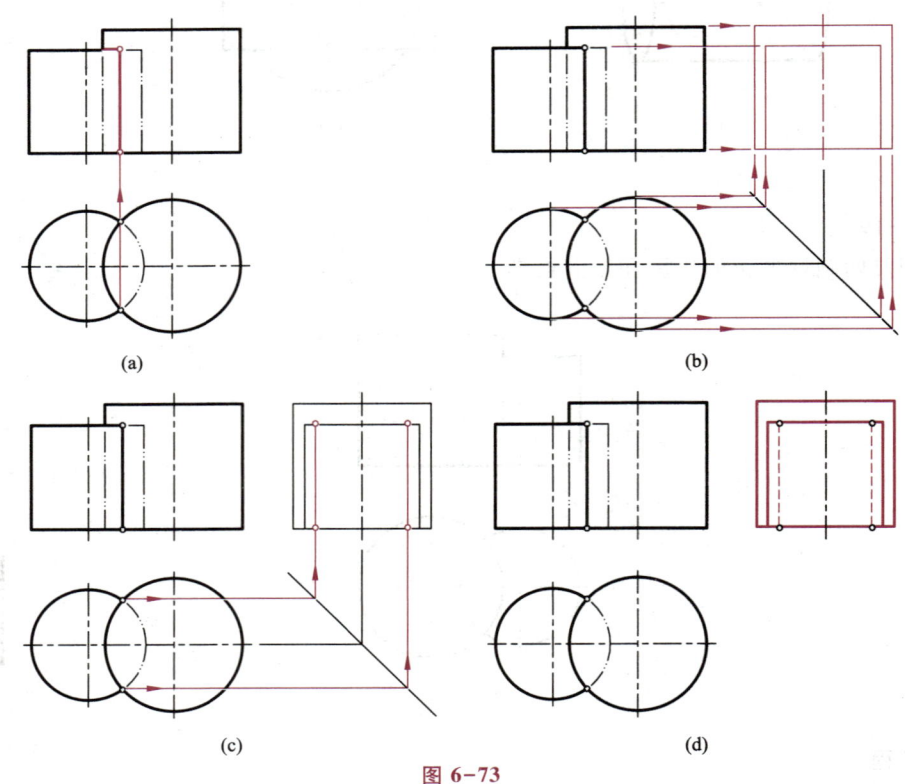

图6-73

 实践训练

完成习题6-19。

例题 6-20

补全开孔半圆管的正面投影，见图 6-74。

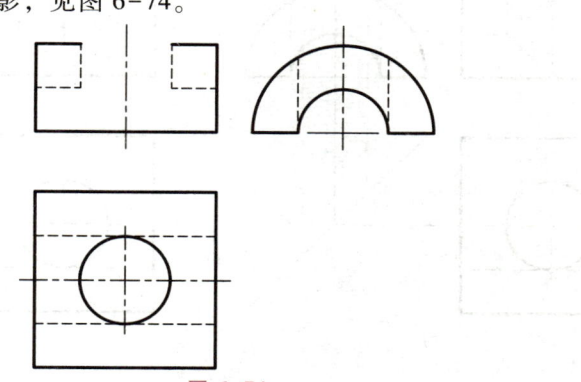

图 6-74

空间形态

解题过程

（1）想象半圆管的空间所在和形态。想象有一圆柱从上向下贯入半圆管，形成孔洞。将孔洞看作虚体，开孔过程相当于从半圆管中移除虚圆柱。

想象虚圆柱与半圆管的内表面交线，由于孔洞直径与半圆管内径相同，它应该是两条平面椭圆曲线。想象虚圆柱与半圆管的外表面交线，它应该是一条空间曲线。仔细观察半圆管内、外相贯线的空间所在。

（2）读图 6-74，聚焦正面投影，将其向外拉出，想象半圆管的空间所在。想象竖直孔洞虚圆柱的空间所在，努力看到其与半圆管内表面相贯线的空间所在。孔洞直径与半圆管内径相同，因此相贯线为两条平面椭圆曲线，椭圆所在平面的正面投影积聚，其正面投影可直接求出，见图 6-75a。注意，相贯线在半圆管内部，应画成虚线。

视频讲解

（3）聚焦水平投影，将其向上拉起，想象半圆管的空间所在，想象竖直孔洞虚圆柱的空间所在，努力看到其与半圆管外表面相贯线的空间所在。相贯线为空间曲线，控制点有四个，即两个最高点 Ⅰ、Ⅱ 和两个最低点 Ⅲ、Ⅳ。

聚焦正面投影，将其向外拉出，想象半圆管的空间所在，想象竖直孔洞虚圆柱的空间所在，努力看到其与半圆管外表面相贯线的空间所在。控制点 Ⅰ、Ⅱ 的正面投影可直接标出。相贯线前后对称，Ⅲ、Ⅳ 点的正面投影重合，可由侧面投影求出，见图 6-75b。

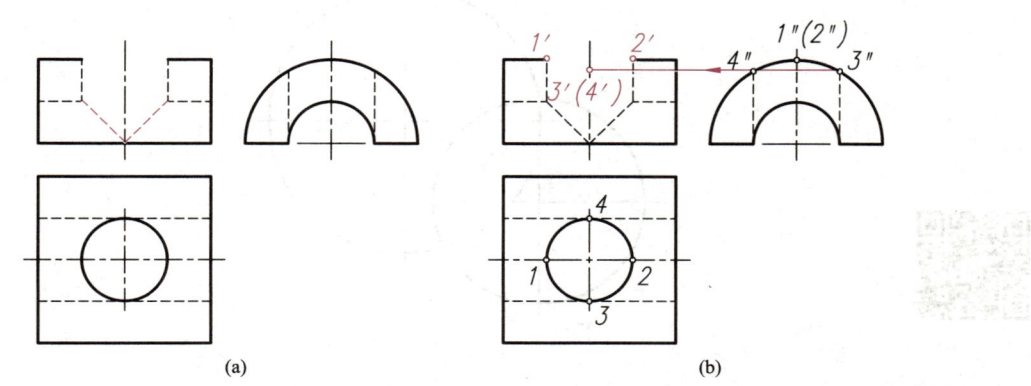

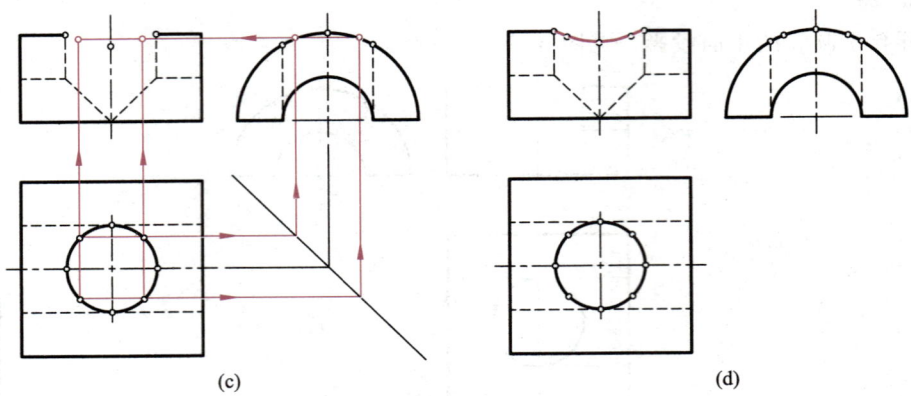

图 6-75

（4）补充一般位置点，见图 6-75c。

（5）聚焦正面投影，想象半圆管和竖直孔洞虚圆柱的空间所在，努力看到其外表面相贯线的空间所在，光滑连接各点。加工整理图线，见图 6-75d。

聚焦正面投影，想象开孔半圆管的空间所在（实形象），检验其投影的完整性和准确性。

 实践训练

先完成习题 6-20，再完成习题 6-21~习题 6-23。

例题 6-21

圆柱与半球相贯，求作其正面投影，见图 6-76。

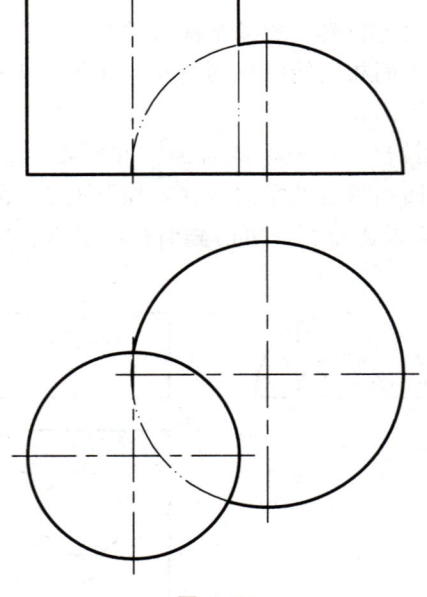

图 6-76

空间形态

解题过程

（1）想象圆柱和半球的空间所在和形态，想象其相贯后的空间形态，努力看到相贯线的空间所在。

相贯线为圆柱面与半球面的交线，可设想有一动点沿此线移动，想象动点由最前、最低点出发，先向右、上、后运动；转过圆柱右侧前、后分界线后，开始向左、上、后运动，此时动点处于圆柱背面，但仍在半球前面；然后，动点达到最高点，此后动点开始向下、左、后运动；越过半球前、后分界线后，动点进入半球背面；最终，动点抵达最左、最后、最低点。想象动点的运动过程，分析运动过程中的每个重要节点。努力在虚空中看到相贯线，看到相贯线上控制曲线走向的这些节点。

（2）面对图 6-76，聚焦水平投影，将其向上拉起，想象圆柱和半球的空间所在和形态，想象其相贯后的空间形态，努力看到相贯线的空间所在，看到有一动点，从最前、最低的 I 点出发，向右、上、后运动，到达圆柱右侧前、后分界线上的Ⅲ点后，转到圆柱背面，开始向左、上、后运动，到达相贯线的最高点——Ⅳ点（该点的水平投影距球心的水平投影最近，可将球心水平投影与圆柱轴线水平积聚投影相连，连线与圆柱面水平积聚投影的交点即为Ⅳ点的水平投影）；此后，动点开始向下、左、后运动，到达半球前、后分界线上的 V 点；最终抵达最左、最后、最低的 II 点，见图 6-77a。

视频讲解

（3）聚焦正面投影，将其向外拉出，想象圆柱和半球相贯后的空间形态，努力看到相贯线的空间所在。由 I 点、II 点和 V 点的水平投影求出正面投影，见图 6-77b。由Ⅲ点和Ⅳ点的水平投影求出正面投影（利用正平纬圆），见图 6-77c。

（4）聚焦正面投影，想象圆柱和半球相贯后的空间形态，努力看到相贯线的空间所在，光滑连接各点。加工整理其它图线，见图 6-77d。

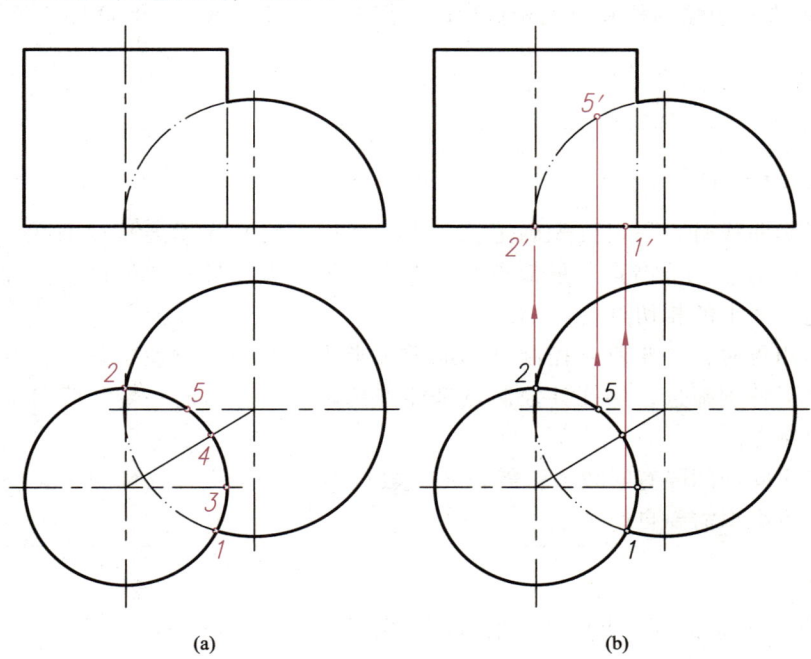

(a)　　　　　　　　(b)

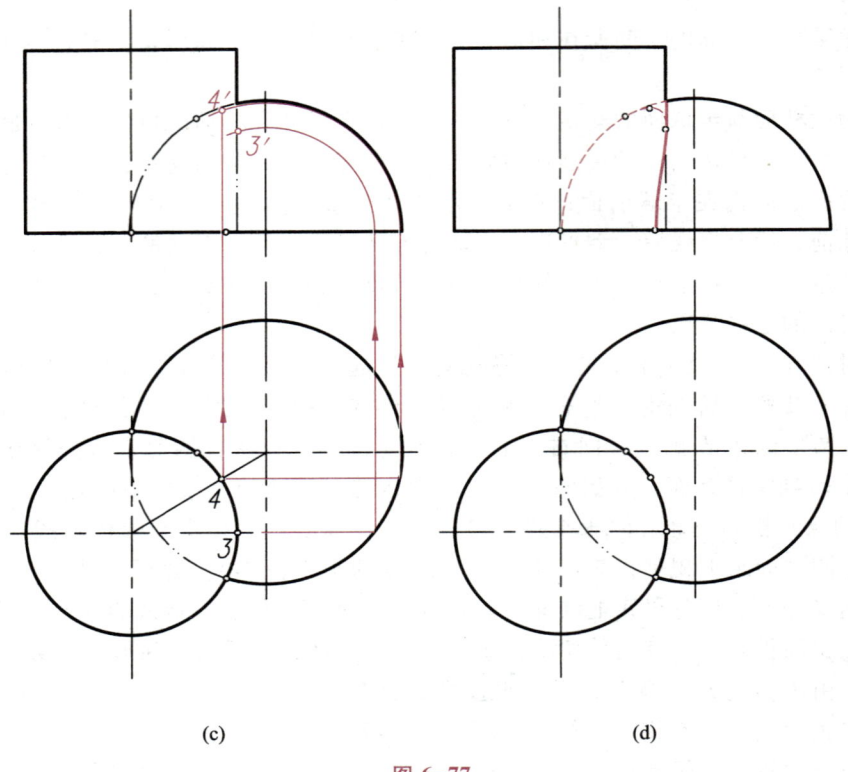

图 6-77

聚焦正面投影,想象圆柱和半球相贯后的空间形态(实形象),检验其投影的完整性和准确性。

 实践训练

完成习题 6-24。

绘制投影曲线时,一定要先确定控制点,然后再将其光滑连接成曲线。控制点一般包括曲线的端点、最高点、最低点、最左点、最右点、最前点、最后点和跨越形体分界线时轮廓线上的相切点。

曲面体相贯时,并非所有控制点都能准确求出,但为了方便空间想象训练,本习题集有意作了特别筛选,保证其控制点都能准确求出。练习时一定要仔细观察,准确确定这些控制点。

控制点之间的间隔有时较大,需补充一般位置点,其补充数量和位置与作图精度有关,读者可根据需要自行决定。

例题 6-22

半球和圆柱组成联合体,求作其开槽后的正面投影,见图 6-78。

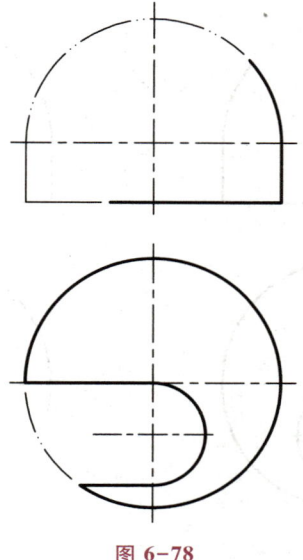

图 6-78

空间形态

解题过程

(1) 想象半球圆柱联合体的空间所在，想象其开槽后的空间所在。半球圆柱联合体被两个正平面和一个铅垂柱面截切。两个正平面与半球圆柱联合体中的圆柱面相交，交线为直线；与半球相交，交线为圆。铅垂柱面与半球相交，交线为空间曲线。观察各交线的空间所在。

(2) 面对图 6-78，聚焦水平投影，将其向上拉起，想象半球圆柱联合体的空间所在，想象两开槽正平面和铅垂柱面的空间所在，努力看到其与半球圆柱联合体相交产生的各段交线。

聚焦正面投影，将其向外拉出，想象半球圆柱联合体开槽后的空间所在。由水平投影求出两开槽正平面与半球圆柱联合体的交线，见图 6-79a。

(3) 聚焦水平投影，将其向上拉起，想象开槽半球圆柱联合体的空间所在，想象开槽铅垂柱面的空间所在，努力看到其与半球面相交形成的空间曲线。曲线正面投影的控制点有三个，即最低点 I、最高点 II 和相切点 III，见图 6-79b。

聚焦正面投影，将其向外拉出，想象半球圆柱联合体开槽后的空间所在。最低点 I 和最高点 II 的正面投影可直接标出，相切点 III 的正面投影由水平投影求出（利用正平纬圆），见图 6-79c。

(4) 聚焦正面投影，想象半球圆柱联合体开槽后的空间所在，努力看到开槽铅垂柱面与半球面交线的走向，光滑连接各点。加工整理其它图线，见图 6-79d。注意，不要遗漏开槽铅垂柱面的右轮廓线（虚线）。

聚焦正面投影，想象半球圆柱联合体开槽后的空间所在（实形象），检验其投影的完整性和准确性。

视频讲解

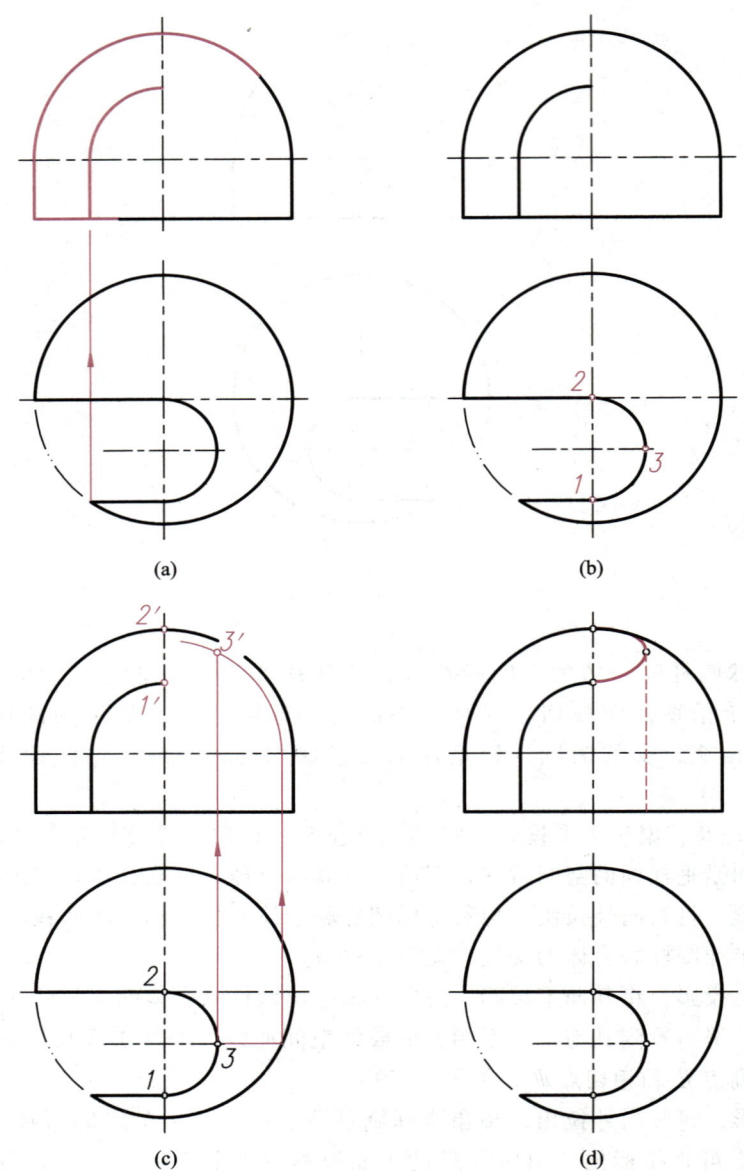

图 6-79

 实践训练

完成习题 6-25~习题 6-27。

第 7 章　组合体视图

本章在内容上继续前两章关于形体的投影表达。所不同的是，形体的形态会更加复杂多变。训练上，从本章开始，空间想象训练进入应用提高阶段，这一阶段的训练重点是构想未知形体的空间所在和形态，学习如何从投影图中辨识其所表达的投影对象。

7.1　组合体

由多个单体组合而成的形体称为组合体。所谓单体，是指可被直接想象、操控的形体。显然单体与空间想象能力有关，能力高低水平不同，所认定的单体也会不同。有些人的空间想象力强，可在脑海中想象、操控比较复杂的形体，如开槽、穿洞后的各种棱柱、棱锥、圆柱、圆锥等，对于这些人，相对复杂的形体也可以被认定为单体。而对于空间想象力较弱的人，可能只有长方体或立方体才能算作单体。因此，一个形体是否是单体会因人而异。不过，基于生活上的经验，每个人总有一些可以直接想象、操控的形体，这些形体就是单体。从单体出发，经过截切、相贯等各种形态变化，原来的单体会逐渐变得复杂，慢慢地会超出可以直接想象、操控的范围，从而不再是单体，而成为组合体。

截切和相贯是单体由简到繁演化过程的两种基本组合手段。截切是将形体的一部分与整体剥离，相贯是将两形体融合在一起。前者可被形象地称作截切移除，见图 7-1。图中简单的长方体被平面截切，形成相对复杂的斜截长方体。后者可被称作相贯融合或叠加融合，见图 7-2。图中一长方体底板与上部的斜截长方体叠加，形成更为复杂的形体。

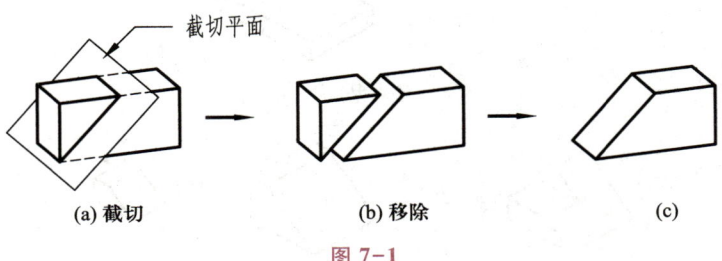

(a) 截切　　　　(b) 移除　　　　(c)

图 7-1

工程上的形体千姿百态，大多都比较复杂，很难直接想象和操控。然而形体虽复杂，如果深入分析，总能将它们看作某些单体的组合，从而实现对复杂形体的认识和描述。用组合（截切移除和相贯融合）的思想分析、分解复杂形体的过程称为形体分析，形体分析是认识形

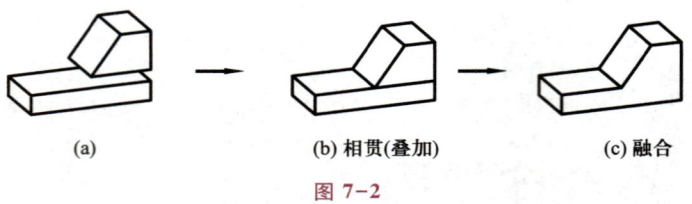

(a)　　　　　　(b) 相贯(叠加)　　　　　　(c) 融合

图 7-2

体、表达形体的重要手段。

如图 7-3 所示，该形体看起来比较复杂，为了便于认识和表达，可将其先拆分为上、下两部分，即将该形体看作形体 1 与形体 2 的相贯融合，见图 7-4a。然后，再将形体 2 进一步看作是形体 3 移除形体 4 后的结果，见图 7-4b。图中形体的演化过程和形体间的相互关系采用了一种类似代数运算的描述方式，其中"+"号表示相贯融合，"-"号表示截切移除。最终，图 7-3 所示形体可看作是一系列单体经截切、相贯组合变化的结果，见图 7-5。

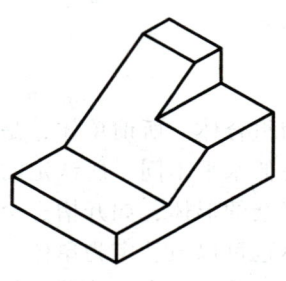

空间形态　　　　　　图 7-3

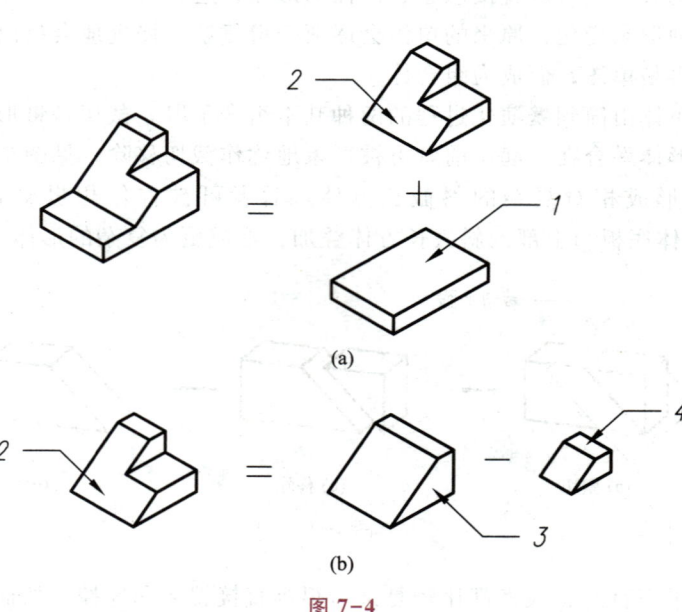

图 7-4

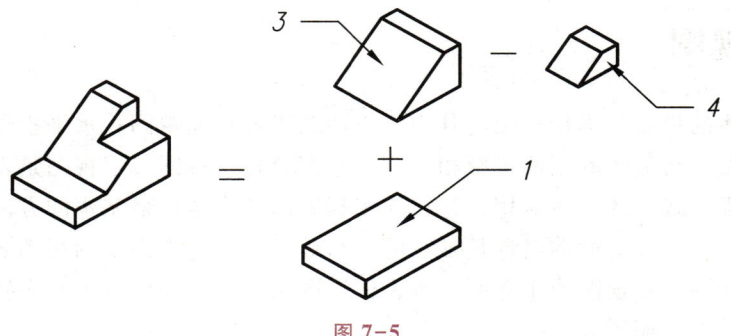

图 7-5

当然，同一形体可以有不同的分解组合方式。例如，图 7-3 所示的形体还可以看作是形体 *3* 移除形体 *4* 后的结果，见图 7-6a。其中，形体 *3* 又可看作是形体 *1* 移除形体 *2* 后的结果，见图 7-6b。最终的分解组合变化过程见图 7-7。

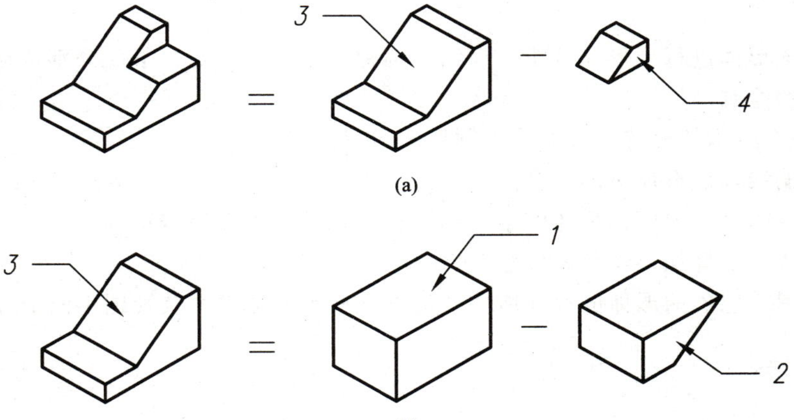

(a)

(b)

图 7-6

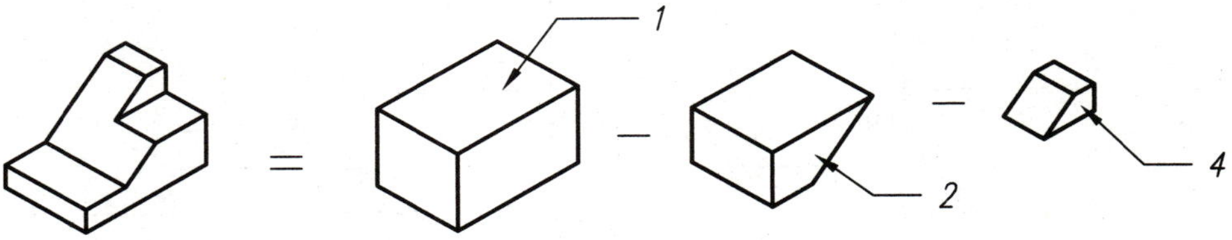

图 7-7

组合体是形体分析的产物。人们的空间想象力水平不同，认识、操控形体的习惯不同，构想组合体的组合方式也会不同。初学者可将形体拆分得细一些，使单体更容易认识和操控，随着学习的深入、空间想象能力的提高，拆分层次可逐渐减少，甚至可以做到完全不拆分，以提高效率。

7.2 三视图

工程中，形体的投影又称作视图。其中，正面投影称作前视图；水平投影称作俯视图；侧面投影称作左视图。与形体的三面投影相对应，它们合称三视图。三视图是点、线、面、体三面投影理论在工程实践中的具体应用，是描述工程形体几何特征最基本的方法。

三面投影体系中，投影面的名称是唯一的。与此不同，三视图中的视图名称会有多种，如前视图又称作主视图、正视图或正立面图等；俯视图又称作平面图或平面布置图等；左视图又称作左侧立面图或左立面图等。

绘制形体三视图，应先进行形体分析，将复杂形体拆分成一系列可被想象、操控的单体。然后再从单体入手，由简到繁，逐一表述形体的形态变化，最终完成复杂形体的视图表达。

例题 7-1

完成图 7-3 所示形体的三视图（尺寸从图中量取）。

解题过程

前文已对该形体进行了形体分析，介绍了两种分解组合方式，下面分别依据这两种方式完成形体三视图的绘制。

1. 按图 7-5 所示的分解组合方式绘制形体的三视图

（1）用底稿线勾绘形体 1 的三视图，见图 7-8a。

聚焦各个视图，想象所作形体的空间形态，核查所作视图是否正确。

（2）在形体 1 上叠加形体 3，见图 7-8b。

聚焦各视图，想象两形体的空间所在和形态，核查所作视图及视图中两形体的相互位置关系是否正确。

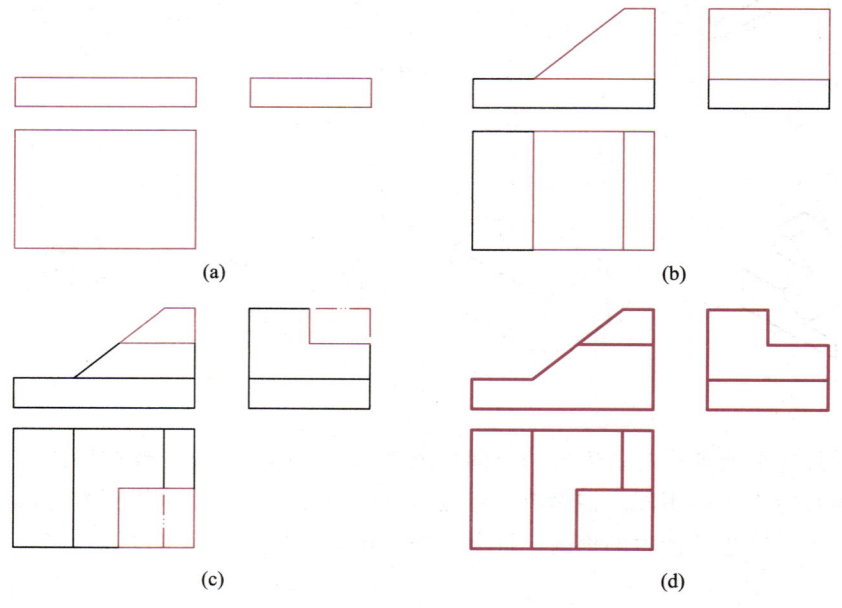

图 7-8

（3）面对图 7-8b，聚焦各视图，想象所作形体的空间所在和形态，从中截切移除形体 4，想象截切后形体的空间所在和形态。在各视图中擦除多余的图线，加绘新图线，见图 7-8c。

（4）聚焦各视图，想象组合体的空间形态（实形象），加工整理图线，见图 7-8d。注意，单体之间已相互融合成为一体，其间不应再有分界线。

视频讲解

2. 按图 7-7 所示的分解组合方式绘制形体的三视图

（1）用底稿线勾绘形体 1 的三视图，见图 7-9a。

聚焦各个视图，想象所作形体的空间形态，核查所作视图是否正确。

（2）想象形体被一水平面和一正垂面截切（相当于截切移除形体 2）。聚焦各视图，想象形体截切后的空间形态，对照投影图，擦除多余的图线，加绘新图线，形成新的视图，见图 7-9b。

聚焦各视图，想象形体截切后的空间所在和形态，核查所作视图是否正确。

（3）想象形体继续被一水平面和一正平面所截（相当于截切移除形体 4）。聚焦各视图，想象形体截切后的空间形态，对照投影图，擦除多余的图线，加绘新图线，形成新的视图，见图 7-9c。

聚焦各视图，想象形体截切后的空间所在和形态，核查所作视图是否正确。

（4）聚焦各视图，想象组合体的空间形态（实形象），加工整理图线，见图 7-9d。

视频讲解

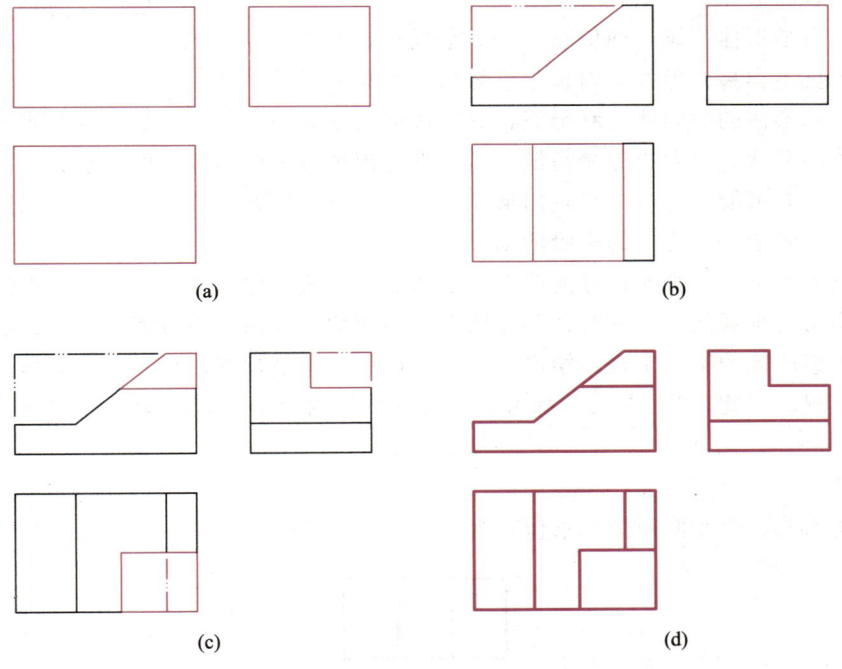

图 7-9

 实践训练

完成习题 7-1 和习题 7-2。

7.3 "二求三"练习

工程图是工程形体几何信息交流的媒介。信息交流分为绘图和读图两个过程。绘图是将信息形态由三维转换为二维的过程，即在三维形体已知的情况下，按某种规则将其表现为二维图形的过程。如第 5 章和第 6 章介绍的关于平面立体和曲面立体的投影表达，以及本章组合体的视图表达都属于这一过程。与此相反，读图是将信息形态由二维还原为三维的过程。与绘图不同，读图过程是形体的重构过程，是从投影图反推形体空间形态的过程，是在形体未知的情况下通过投影图认识形体的过程。因此，与绘图过程相比，读图过程有着完全不同的思维方式。

读图 7-10，显然它表示一长方体。但如果进一步追问，为什么说它表示一长方体，其回答只能是长方体的投影与其相吻合。因此，读图过程是假设与验证交替进行的过程。即先依据各视图的几何特征，假设它可能表示的形体，然后对该形体作投射，形成相应的视图，并验证所形成的视图是否与已知视图相吻合。若吻合，则说明所构想的形体即为视图所表达的形体，若不吻合，则需修正所构想的形体，再重新进行投射、验证。这一过程反复进行，直至找到与视图相吻合的形体。

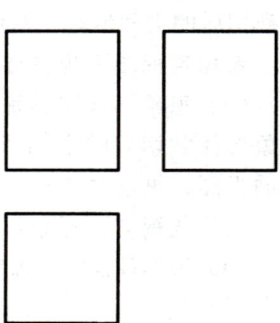

图 7-10

绘图与读图是形体三维空间信息与二维平面表达相互转换的两个过程。绘图虽不容易，但投影对象是已知的，如果有较好的空间想象力，能看到形体的空间所在和形态，总能按照投影规则作出视图。而读图则不同，由于事先不知道形体的形状，读图更像是猜谜，需要综合梳理各视图所提供的信息，还要加上创造性的思维想象，才有可能在脑海中呈现出形体的空间形态。因此，读图是更高级的空间想象，是建立在体的投影表达基础之上的思维活动。

传统制图教学中有一种非常好的读图、绘图训练方式，称作"二求三"。即已知形体的两个视图，求作第三个视图。训练时，要先依据已知的两个视图构想可能的形体，通过验证确认后，再将所构想形体的第三个视图绘出。其中，构想形体是读图过程，验证形体、绘出第三个视图是绘图过程。因此，"二求三"练习是前几章所学内容的综合运用，可使读、绘图能力得到全面发展。

例题 7-2

已知形体的前视图和俯视图，求作左视图，见图 7-11。

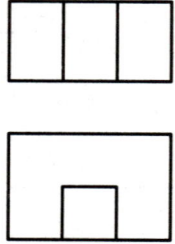

图 7-11

空间形态

解题过程

研读图 7-11，综合视图所提供的信息，思考其可能表达的形体，并构思形体的分解组合过程。

由前视图和俯视图的外轮廓线，可初步判断该形体整体上为长方体。进一步考察视图的内部图线，可断定该形体很可能是长方体被两个侧平面和一个侧垂面联合截切的结果，见图 7-12a。

闭眼或睁眼想象有一长方体，长方体被两个侧平面和一个侧垂面截切，想象截切后形体的空间形态，并与已知视图相比较，验证想象中的形体即为视图所表达的形体。

形体的分解组合还可以有其它方式，如由前视图中三个相同的矩形，可以联想到该形体有可能是左、右两个长方体与中间一个斜截长方体叠加融合的结果，见图 7-12b。

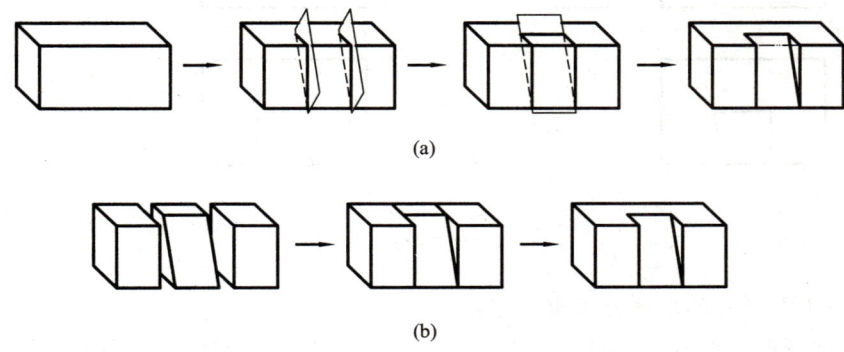

图 7-12

想象三个形体排成一行，其中左、右两个为长方体，中间为斜截长方体。想象它们相互叠合，融为一体。想象融合后形体的空间形态，并与已知视图相比较，验证想象中的形体即为视图所表达的形体。

绘图过程与形体分析相一致，依据不同分解组合方式进行。

1. 按图 7-12a 所示的形体分析求作左视图

（1）聚焦前视图或俯视图，想象由其外轮廓所构成的长方体。用底稿线勾绘长方体的左视图，见图 7-13a。

（2）聚焦左视图，想象长方体的空间所在和形态，长方体被两个侧平面和一个侧垂面所截，想象截切后形体的空间所在和形态。两个侧平面与长方体前表面和上表面相交，交线的侧面投影与长方体前表面和上表面积聚投影重合；侧垂面与长方体上表面相交，交线为侧垂线，左视图中积聚成点，其位置可由俯视图确定，见图 7-13b。

视频讲解

（3）保持在左视图中看到的形体。想象侧垂截面的空间所在，并在左视图中加绘其积聚投影，见图 7-13c。注意侧垂截面被遮挡，应画虚线。

（4）加工整理图线，见图 7-13d。

聚焦左视图，努力从中看到形体的空间所在和形态（实形象），对照视图，检查图线是否完整、准确。

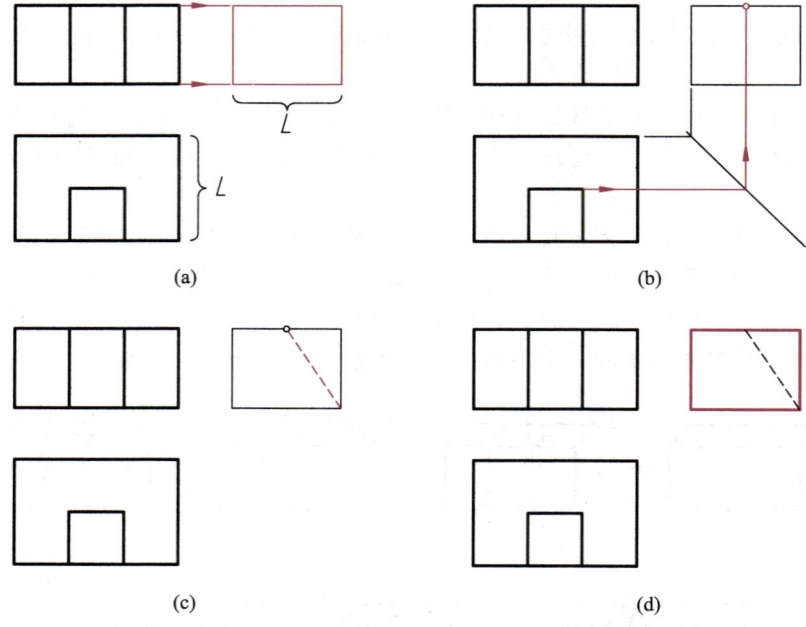

图 7-13

2. 按图 7-12b 所示的形体分析求作左视图

(1) 聚焦前视图或俯视图,将其拉出,想象左、右两个长方体和中间斜截长方体的空间所在。为便于从投影图中认识形体,俯视图中补绘它们的分界线,并用底稿线勾绘右长方体的左视图,见图 7-14a。

(2) 聚焦左视图,想象右长方体的空间所在和形态,在其上叠加中间的斜截长方体。想象两个形体的空间所在,加绘新图线,见图 7-14b。

(3) 保持在左视图中看到的形体,想象在斜截长方体上再叠加左长方体,想象三个形体的空间所在,修正斜截长方体的斜面积聚投影为虚线(斜截长方体被遮挡),见图 7-14c。

视频讲解

(4) 分别聚焦三个投影,想象三个形体融为一体,加工整理图线,见图 7-14d。

聚焦左视图,努力从中看到形体的空间所在和形态(实形象),对照视图,检查图线是否完整、准确。

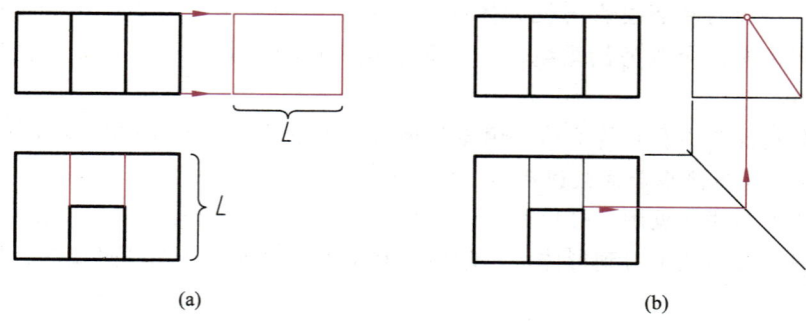

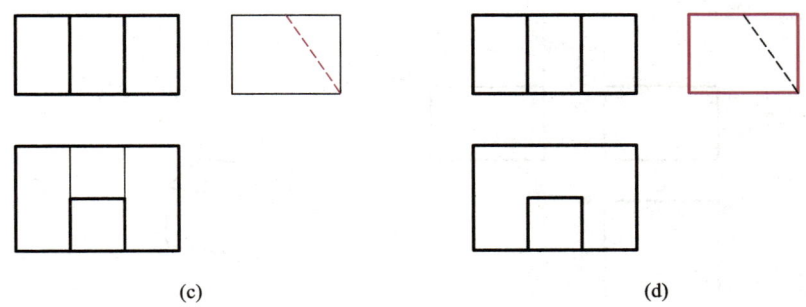

图 7-14

 实践训练

先完成习题 7-3（1），再完成习题 7-3 中的其余各题。

"二求三"练习是很好的读图、绘图训练工具，通过系统、深入、扎实的训练，可以使读图、绘图水平得到全面提高。但"二求三"练习也有一些缺陷，如果不加限制，则会使构形失去统一的评判标准或产生过多的结果。为使"二求三"练习能够高效、规范地进行，特作如下规定：

（1）任何满足已知视图的形体都可以作为"二求三"练习的合法构形。

两个视图不足以确定形体的空间形态，因此"二求三"练习的答案可能不唯一。如图 7-15a 所示，依据这两个视图，既可以认为该形体是长方体，见图 7-15b，也可以认为是楔形体，见图 7-15c。因此，图 7-15b、c 都可被认为是正确结果。

关于这一点，一定请读者注意，练习时如果所作结果与答案不符，并不一定表明求解有误。

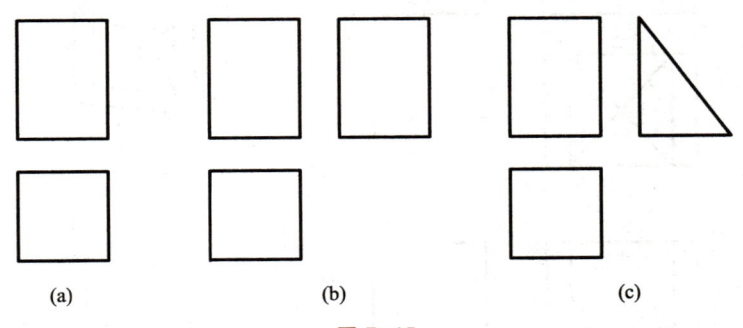

图 7-15

（2）如果构形形体含有曲面，则仅限于柱面、锥面或球面，其它曲面不予考虑。

（3）不考虑含有弧线或弧面的构形，见图 7-16。其中，图 7-16a 中的形体含有弧线，图 7-16b 中的形体含有弧面，均属于非法构形。

（4）不考虑含有点连接或线连接的构形，见图 7-17。其中，图 7-17a 中形体的两部分之间以点相连，图 7-17b 中形体的两部分之间以线相连，均属于非法构形。

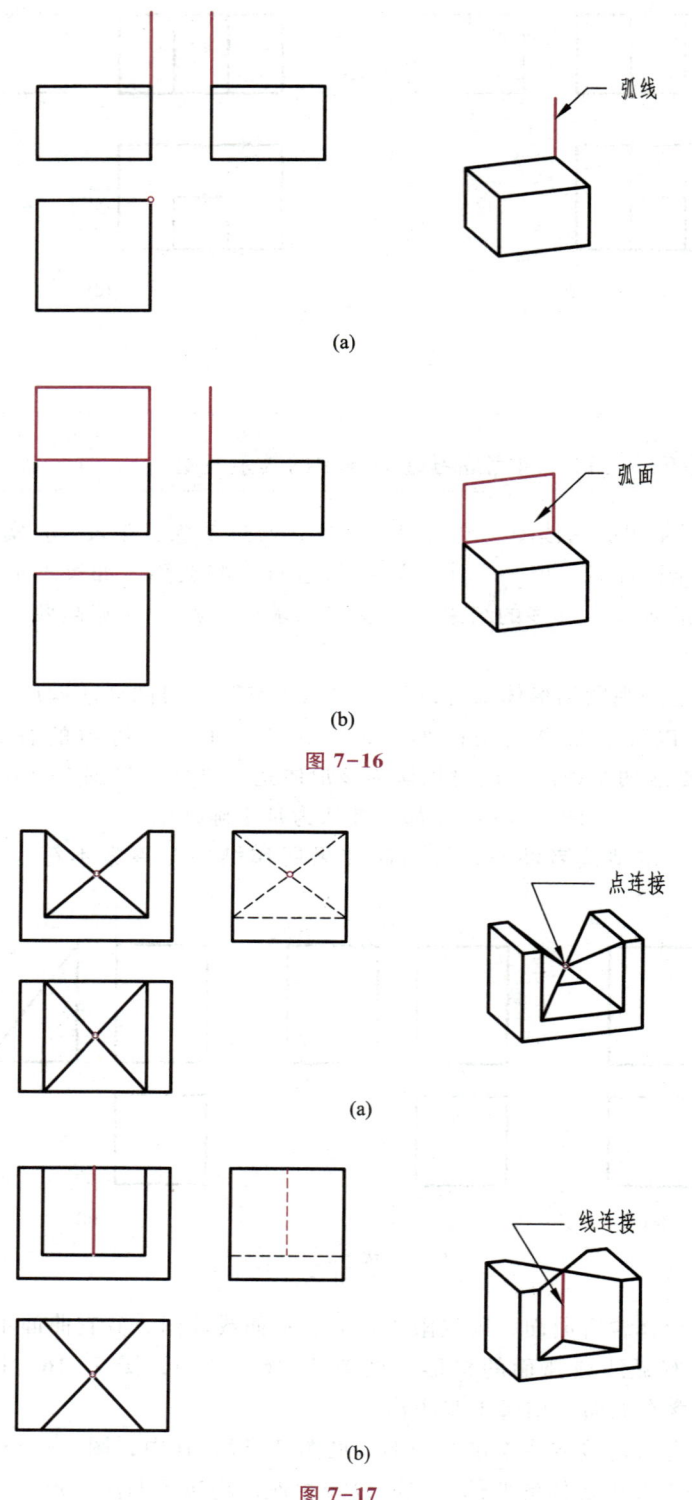

(a)

(b)

图 7-16

(a)

(b)

图 7-17

（5）不考虑含有透点的构形。

所谓透点，是指形体上似透非透的点。如图 7-18 所示，该形体可看作是长方体截切移除四棱锥后的结果。由于四棱锥锥顶刚好落在长方体表面上，四棱锥被截切移除后，长方体表面上会形成一个似透非透的点，这类点称为透点。含有这类点的形体属于非法构形。

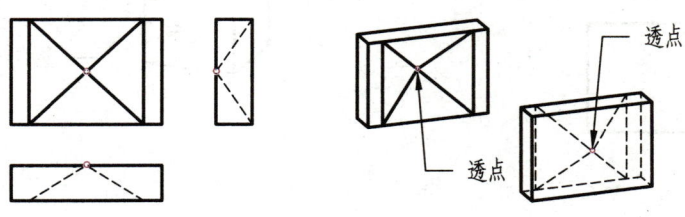

图 7-18

（6）形体均为单一形体，不能有接缝。如图 7-19 所示，这种两个叠合在一起的形体被认为是非法构形。

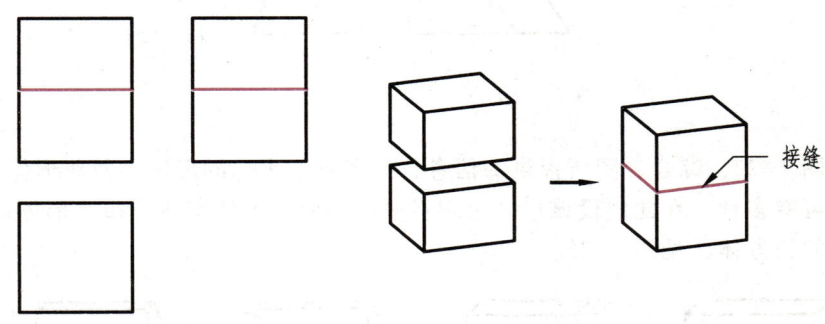

图 7-19

（7）不考虑含有切痕的构形。

所谓切痕，是指部分切入形体的平面或曲面移去后留下的痕迹。如图 7-20 所示，长方体被平面部分切入，平面移去后，长方体表面和内部会留有痕迹。含有这类痕迹的形体属于非法构形。

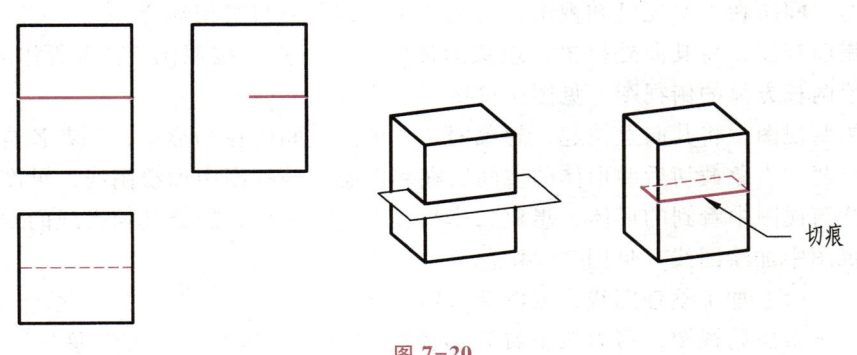

图 7-20

（8）形体表面不可有装饰线。如图 7-21 所示，表面绘制装饰图线的形体为非法构形。

183

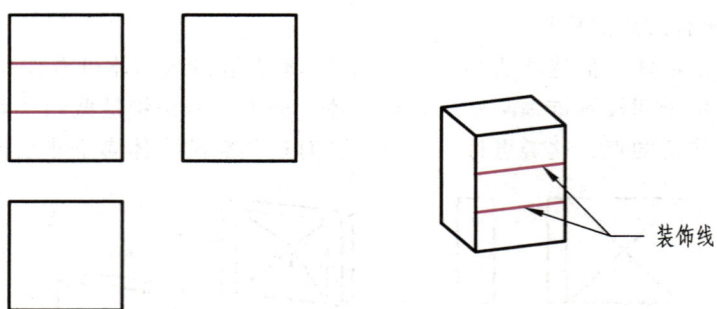

图 7-21

例题 7-3

已知形体的前视图和左视图，求作俯视图，见图 7-22。

空间形态

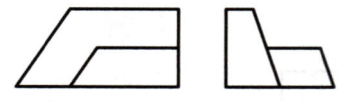

图 7-22

解题过程

（1）研读图 7-22，综合视图所提供的信息，思考可能表达的形体，并作形体分析。

形体分析可有多种，在此假设该形体由相贯融合的两个形体组成，每个形体均为被正垂面和侧垂面截切的长方体，见图 7-23。

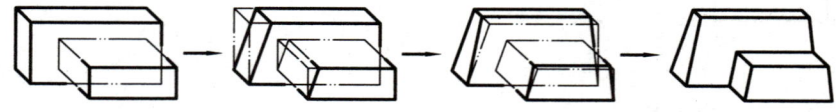

图 7-23

闭眼或眯眼想象两个相互贯穿的长方体，两个长方体各自被一正垂面所截；想象截切后的两形体继续各自被一侧垂面所截，两变形后的长方体相贯融合成为一体。想象相贯体的空间形态和相贯线的空间所在。对比已知视图，验证想象中的形体与其相吻合。

（2）聚焦前视图，将其向外拉出，想象形体的空间所在。按照图 7-23 所作的形体分析，用底稿线勾绘两长方体的俯视图，见图 7-24a。

（3）聚焦俯视图，将其向上拉起，想象两长方体的空间所在和形态，二者各自被一正垂面和一侧垂面所截，想象截切后两形体的空间所在和形态。俯视图中加绘图线，见图 7-24b。

（4）保持俯视图中看到的形体，想象二体相贯融合为一体，想象其相贯线的空间所在。俯视图中加绘图线，见图 7-24c。

（5）加工整理图线，见图 7-24d。

聚焦俯视图，努力从中看到形体的空间所在和形态（实形象），并对照视图，检查图线是否完整、准确。

视频讲解

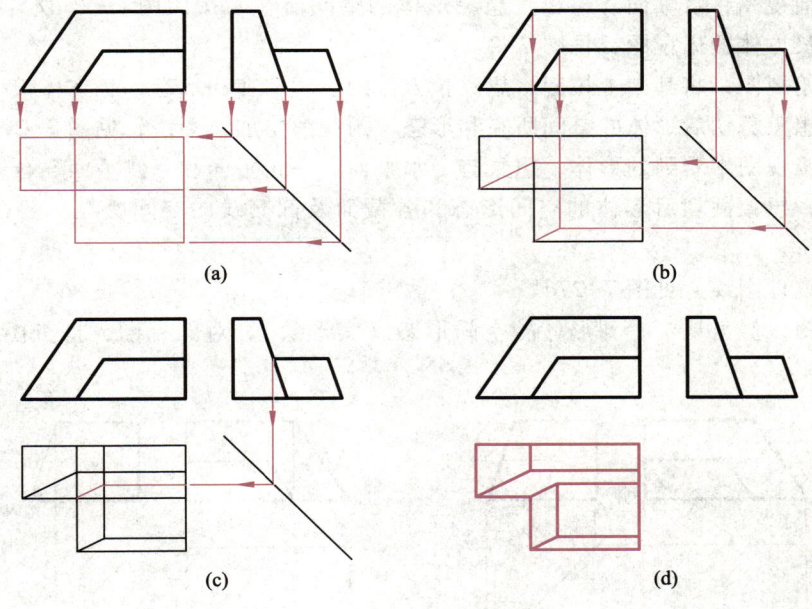

图 7-24

例题 7-4

已知形体的前视图和左视图，求作俯视图，见图 7-25。

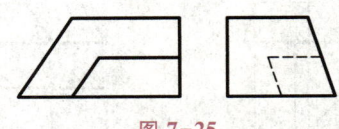

图 7-25

空间形态

解题过程

（1）研读图 7-25，综合视图所提供的投影信息，思考其可能表达的形体，并作形体分析。

由前视图和左视图的外轮廓线可以看出，该形体整体上可以看作是一长方体被一正垂面和一侧垂面截切后的结果；由二图的内部图线可以看出，其后又被一水平面、一正垂面和一侧垂面联合截切移除了右前下方的一部分，见图 7-26。

闭眼或睁眼想象有一长方体，长方体被一正垂面所截；想象截切后的形体继续被一侧垂面所截，想象有一水平面、一正垂面和一侧垂面联合截切移除形体的右前下部分。想象经历了一系列变形后的长方体的空间形态。对比已知视图，验证想象中的形体与其相吻合。

视频讲解

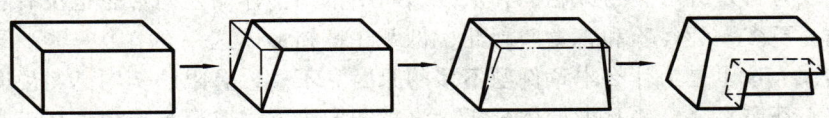

图 7-26

（2）聚焦前视图，将其向外拉出，想象形体的空间所在。按照图 7-26 所作的形体分析，用底稿线勾绘长方体的俯视图，见图 7-27a。

（3）聚焦俯视图，将其向上拉起，想象长方体的空间所在和形态，长方体被一正垂面和一侧垂面所截。想象截切后形体的空间所在和形态。俯视图中加绘图线，见图 7-27b。

（4）保持俯视图中看到的形体，想象有一水平面、一正垂面和一侧垂面联合截切移除形体的右前下部分，想象截切后形体的空间形态和各截面及截交线的空间所在。俯视图中加绘图线，见图 7-27c。

（5）加工整理图线，见图 7-27d。

聚焦俯视图，努力从中看到形体的空间形态（实形象），对照视图，检查图线是否完整、准确。

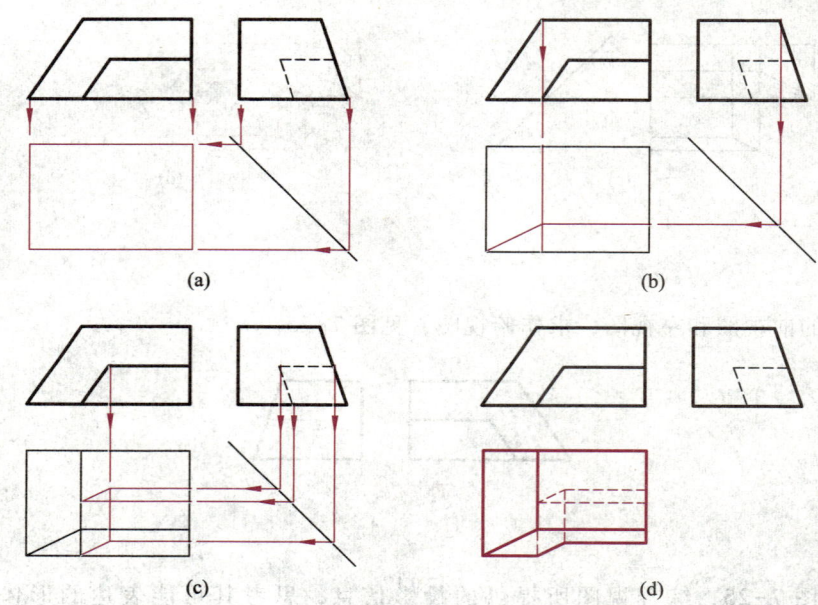

图 7-27

 实践训练

先完成习题 7-4（3）和习题 7-4（4），再完成习题 7-4 中的其余各题。

投影图所表达的形体可能是常见的、熟悉的形体，但更多的是不常见甚至是完全陌生的形体。因此，从投影图中推知形体的空间形态实际上是一种创新活动，是一种高度依赖第二类空间想象力的思维过程，正是这种依赖才使得完成"二求三"练习既艰难又有意义。

创新一般没有特定方法，与此相同，从投影图中推知形体的空间形态也没有特定方法，更没有规律可循，更多是凭经验和直觉。因此，例题在推知形体这一环节上只能一带而过，直接给出了构想结果。这也是为什么本章例题不多的原因。不过，有限的例题已经说明了形体的构想过程，其核心环节有二：一是做形体分析，将复杂形体拆分成简单形体，从而与已经掌握的体的投影表达相衔接；二是将想象中的形体与已知视图相对照，仔细验证二者是否一致，并在验证中不断修正形体，慢慢向"正确"的构形靠近。

 实践训练

完成习题 7-5。

本章的训练重点是组合体的"二求三"练习。完成这些练习既依赖于第二类空间想象力，又促进第二类空间想象力的提高，是掌握读图、绘图方法的重要训练环节。

为了达到训练目的，完成习题练习时一定要坚持做到以下两点：一是独立完成。因为练习的目的是学习掌握从视图中推想形体，而一旦提前获知了视图所表达的形体，练习也就失去了意义。二是反复检查。检查也是学习和提高的重要手段，读图水平往往是在不断地检查和修改的过程中逐渐提高的。

例题 7-5

已知形体的前视图和左视图，求作俯视图，见图 7-28。

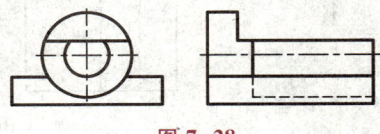

图 7-28

空间形态

解题过程

（1）研读图 7-28，综合两视图所提供的信息，可做形体分析如下：想象有一长方体底板，见图 7-29a；然后在其上作柱面开槽，见图 7-29b；槽内放置与开槽柱面等径的短圆柱，并与底板融为一体，见图 7-29c；短圆柱上叠加较小直径的长圆柱，并与短圆柱融为一体，见图 7-29d；用一水平面和一正平面联合截切长、短圆柱联合体，见图 7-29e。

闭眼或眯眼想象形体的分解组合过程，想象组合体的空间形态。

视频讲解

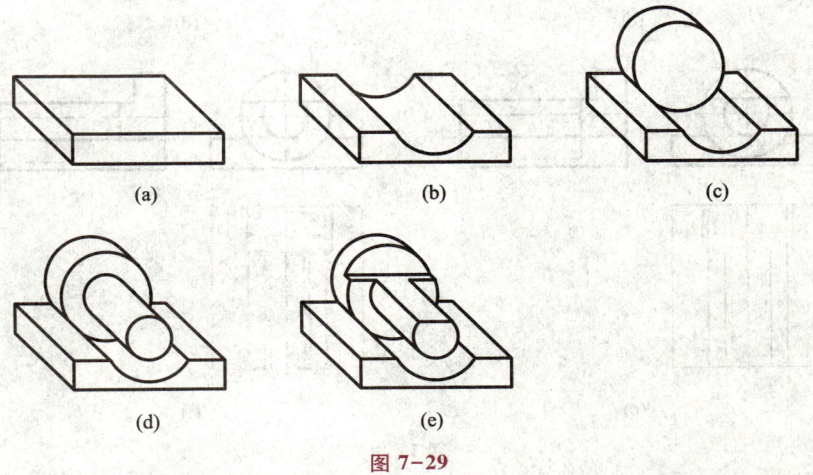

图 7-29

（2）作长方体底板的俯视图，见图 7-30a。

聚焦俯视图，观察长方体底板的空间形态，核查视图是否表达正确。

（3）聚焦俯视图，保持看到的长方体底板，想象在其上作柱面开槽，并在俯视图中添加相应图线，见图 7-30b。

观察开槽后形体的空间形态，核查视图是否表达正确。

（4）聚焦俯视图，保持看到的形体，想象在其上放置短圆柱，并在俯视图中添加相应图线，见图 7-30c。

观察形体变化后的空间形态，核查视图是否表达正确。

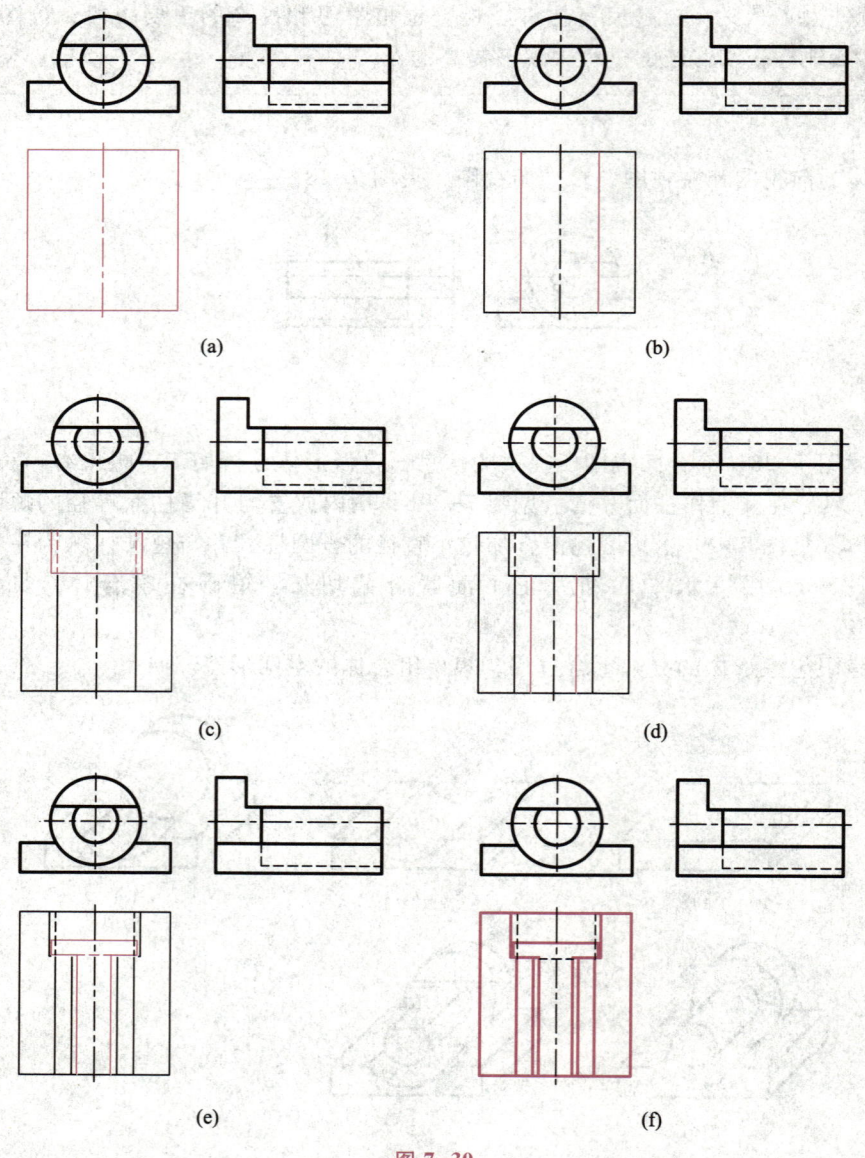

图 7-30

（5）聚焦俯视图，保持看到的形体，观察短圆柱，想象在其上叠加长圆柱，并在俯视图中添加相应图线，见图7-30d。

观察形体变化后的空间形态，核查视图是否表达正确。

（6）聚焦俯视图，保持看到的形体，观察短圆柱和长圆柱组成的联合体，对其作水平和正平截切，移除多余部分，并在俯视图中添加相应图线，见图7-30e。

观察形体变化后的空间形态，核查视图是否表达正确。

（7）加工整理图线，见图7-30f。

聚焦各视图，努力从中看到形体的空间所在和形态（实形象），检查俯视图是否完整、准确。

 实践训练

完成习题7-6。

读图过程是在脑海中不断构想形体、变换、修正形体，并对形体作投射形成投影，与已知视图相比较的过程，能否找到相吻合的形体，除了需要较强的空间想象力，还要有开阔的思路、丰富的经验和深入细致的观察。而这些都需要在实践中积累，在探索中提高。

习题7-6中包含大量的组合体"二求三"练习题目，是学习掌握读图、绘图方法的重要训练环节。练习时，一定要坚持独立完成，并反复检查，在不确信结果是否正确的情况下，最好不要核对答案。

7.4 基本视图

三视图可以表达形体的空间形态和几何特征。但一般用于表达前面、上面和左面形态变化比较复杂的形体，对于后面、下面和右面比较复杂的形体，如果仍用三视图表达，会有大量虚线出现。为此，与前视图、俯视图和左视图相对应，分别补充后视图（背立面图）、仰视图（底面图）和右视图（右侧立面图或右立面图），以丰富视图的表达手段。新补充的视图与原来的三视图一起，构成形体表达的基本视图，或称作六个基本视图。

与三面投影体系中投影面的布置方式不同，基本视图可随意放置，但随意放置时必须标注视图名称。视图名称的注写位置和形式与专业有关，如机械工程要求将视图名称注写在视图上方，见图7-31；水利工程要求将视图名称注写在视图上方，同时在名称下加一横线，见图7-32；而土木工程则要求将视图名称注写在视图下方，同时在名称下加一横线，见图7-33。

三视图或基本视图也可按规定位置放置，规定的放置位置与所采用的投影体系有关。投影体系有第一角投影和第三角投影之分，二者的区别在于观察者、投影对象和投影面的位置关系不同。这种位置关系的不同会导致投影面在展开、形成投影体系时，旋转的方向不同，最终导致各投影所在的位置不同（详见第1章中的相关内容）。与此相对应，三视图或基本视图也有两种规定的布置方式，即按第一角投影布置视图和按第三角投影布置视图。

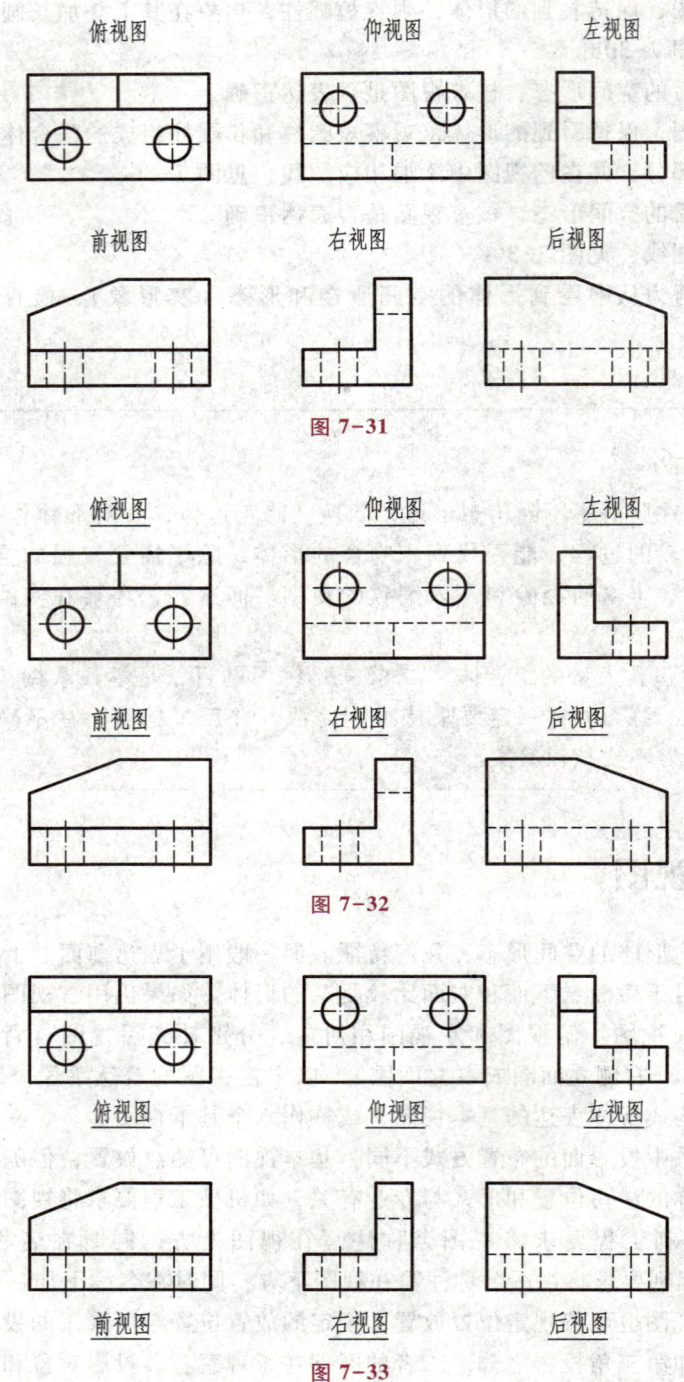

图 7-31

图 7-32

图 7-33

按第一角投影布置视图是假设形体放在一个长方形的盒子内，观察者也处于盒子内，按照"观察者-形体-投影面"的位置关系分别对形体向长方体盒子的六个侧壁作投射，形成投影，投影呈现在盒子的内表面上。然后，保持前视图不动，将俯视图向下、向后旋转，仰视图向上、向后旋转，右视图向左、向后旋转，左视图并连同后视图向右、向后旋转，见图 7-34a。最终形成图 7-34b 所示六个基本视图的布置方式。注意，图中左视图在前视图的右边，右视图在前视图的左边。

面对图 7-34b，聚焦前视图，将其从纸面拉出，想象形体的空间所在和形态（实形象）。同时，想象形成俯视图、仰视图、右视图、左视图和后视图的各投影面的空间所在，想象投影面上各投影的形成过程，想象各投影面向后旋转形成六个基本视图的形成过程，验证各视图对形体的投影表达是否正确。

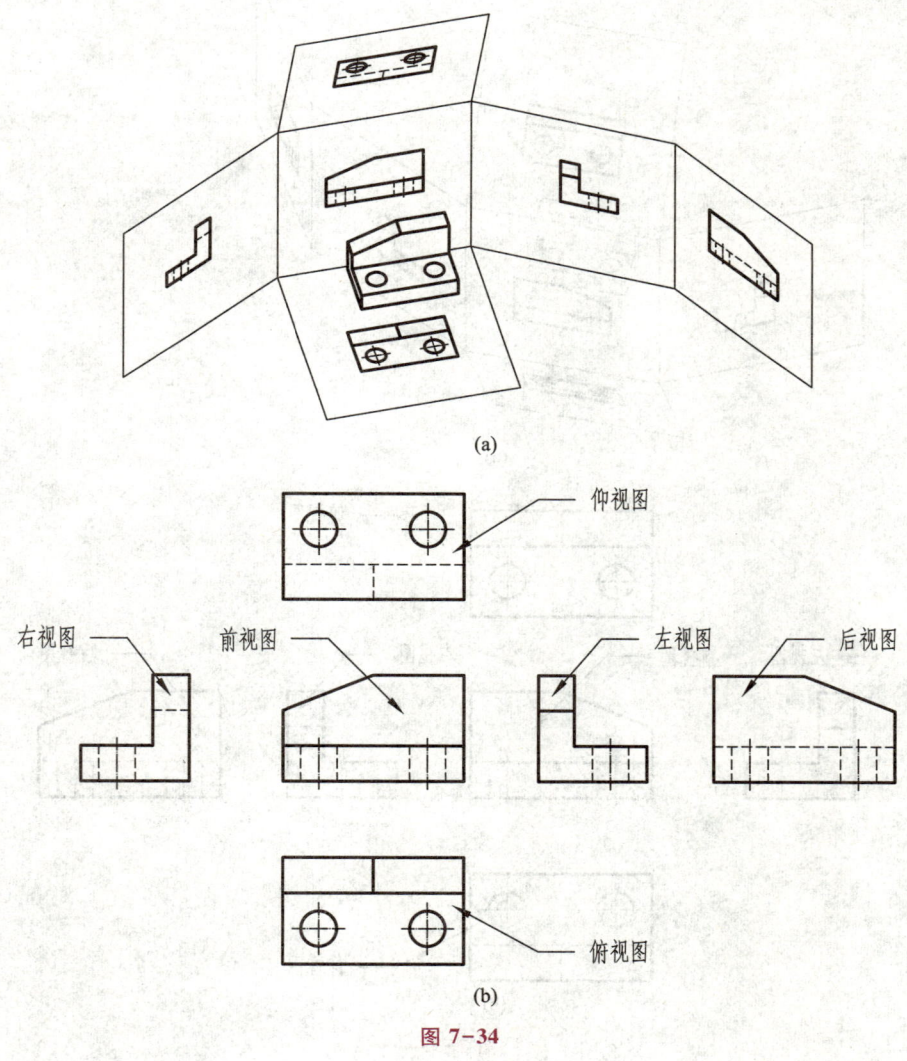

图 7-34

按第三角投影布置视图是假设形体放在一个透明的长方形盒子内，观察者处于盒子外，但可以透过盒壁观察盒中的形体。按照"观察者-投影面-形体"的位置关系分别对形体向长方体盒子的六个侧壁作投射，形成投影，投影呈现在盒子的外表面上。然后，仍然保持前视图不动，将俯视图向上、向前旋转，仰视图向下、向前旋转，左视图向左、向前旋转，右视图并连同后视图向右、向前旋转，见图 7-35a。最终形成图 7-35b 所示六个基本视图的布置方式。注意，图中左、右视图各在前视图的左、右两边，并没有交换位置。

面对图 7-35b，聚焦前视图，将其向纸面内推入，透过投影面想象形体的空间所在和形态。同时，想象形成俯视图、仰视图、左视图、右视图和后视图的各投影面的空间所在，想象投影面上各投影的形成过程，想象各投影面向前旋转形成六个基本视图的形成过程，验证各视图对形体的投影表达是否正确。

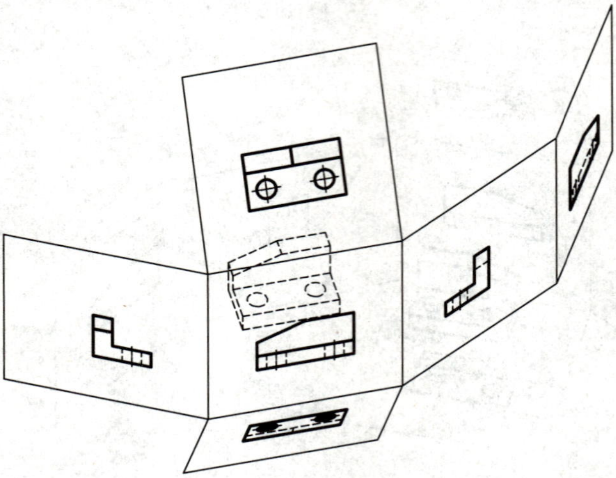

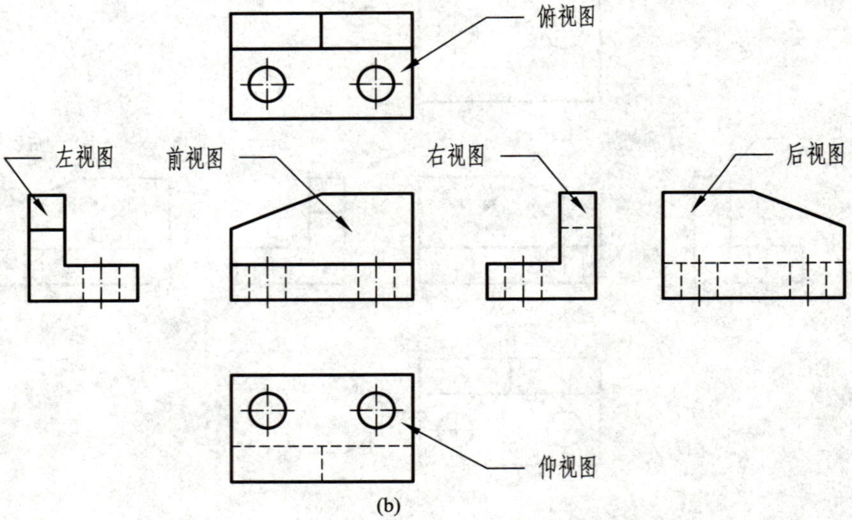

图 7-35

实践训练

完成习题 7-7 和习题 7-8。

图 7-34 和图 7-35 是同一形体在不同投影体系下的视图表达，相互对比会发现，无论是按第一角投影布置还是按第三角投影布置，形体的视图完全相同，只是放置的位置不同。因此，如果视图随意放置，则采用何种投影体系形成投影都不会对形体的视图表达造成影响。但如果按规定位置放置，由于视图名称常常被省略，若不明确投影体系，则会造成混乱。

除三视图和六个基本视图以外，还有各种辅助视图常用于形体表达。如镜像视图、局部视图、斜向视图、旋转视图、展开视图等，对此感兴趣的读者，可参阅其它专门的制图教材。

第 8 章　剖视图

本章在内容上介绍表达形体内部形态的剖视图画法。训练上，以形体表达精准性为重点，通过完成具有一定难度水平的习题练习，巩固、强化业已具备的空间想象力，形成自由、顺畅的投影图读、绘能力。

8.1　剖视图的形成

所谓剖视图（又可称作剖面图），是指形体被一假想平面剖切，移除部分形体后所作的投影，见图 8-1。

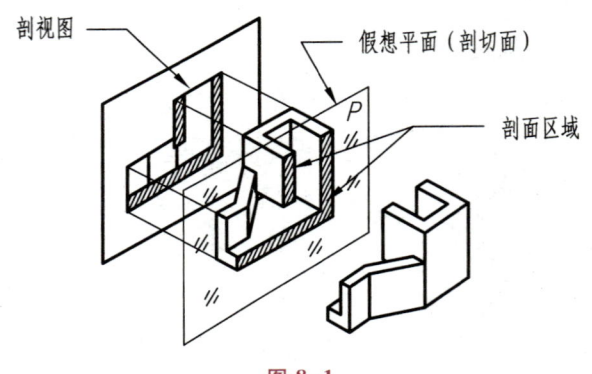

图 8-1

视图（三视图或六个基本视图）可以很好地表达形体的外部形态，但如果形体内部形态复杂，如仍用视图表达，则会产生大量虚线，过多的虚线不利于形体的识读。如图 8-2a 所示，该图由俯视图和前视图组成，前视图中存在许多表示形体内部形态的虚线，虽然也可以参照俯视图从中分析出形体的形态，但如果将其改为剖视图，并与俯视图相配合，则能更直接、清晰地表达形体，见图 8-2b。

由于假想剖切面剖切形体产生的剖面区域不是形体的真实表面，因此必须对其做特别处理。处理方法有多种，其中一种是加绘剖面线，即加绘与剖面区域轮廓成一定角度（图 8-2 中为 45°）的细实线。

严格按照投影理论生成的剖视图常含有虚线，是否保留这些虚线，不同专业会有不同规定和习惯做法。本书的目的在于训练、培养空间想象力，不涉及任何具体专业，因此作特别规定：剖视图中的虚线可画，也可不画，但一般不画，见图 8-2c。

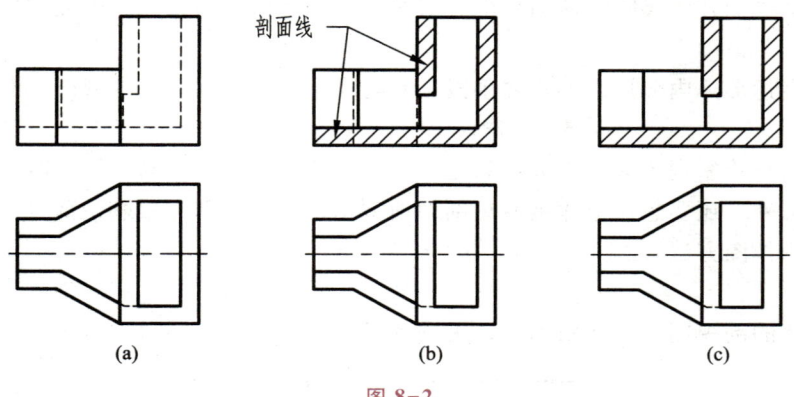

图 8-2

剖视图是人为构造的视图，为了能清楚地表明所作剖视图的由来，需在图中注明剖切位置、投射方向（即指明移除了哪一部分、保留了哪一部分）和剖视图名称，见图 8-3。图中，俯视图左、右两侧处于同一水平位置的两条短线为剖切位置符号，用于表明剖切面的剖切位置。剖切位置符号是假想剖切面积聚投影的简化形式，因此两个短线必须处于同一直线上。与水平短线相垂直的竖短线（机械工程中为箭头）为投射方向符号，表明该剖视图是移除形体的前一部分，对后一部分所作的投影。旁边的数字为剖视图名称，用于匹配相应的剖视图。

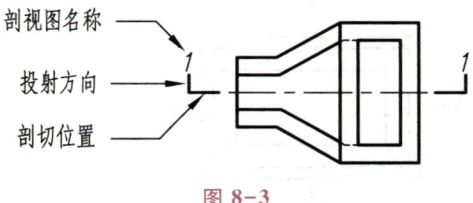

图 8-3

与上一章视图名称的注写情况相同。剖视图中，剖视图名称的注写位置和形式也因专业不同而有所区别，如机械工程要求将剖视图名称注写在图的上方，见图 8-4a；水利工程要求将剖视图名称注写在图的上方，同时在名称下加一横线，见图 8-4b；而土木工程则要求将剖视图名称注写在图的下方，同时在名称下加一横线，见图 8-4c。

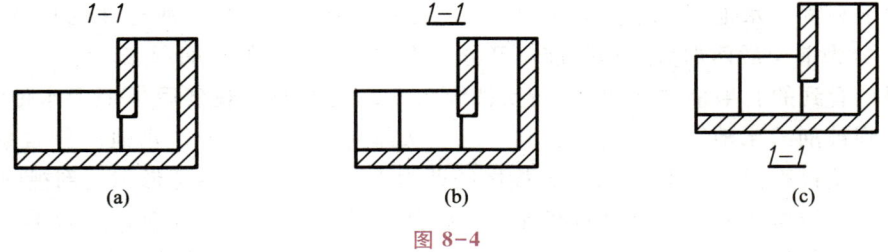

图 8-4

剖切位置、投射方向和剖视图名称是剖视图的重要标识，三者缺一不可，任何缺失都有可能对读图造成影响。不过在某些情况下，这些标识也可以被省略。如图 8-2c 所示，形体的剖

195

视图处于前视图所在的位置，其内容又与前视图相当，可以很容易判断出该剖视图为正平剖切面沿形体纵向轴线剖开，移除形体前一部分后对后一部分所作的投影，因此图中省略了各种剖视图标识。

剖视图是表达形体内部形态的重要手段，它与表达形体外部形态的视图一起构成了完整的形体表达体系。

绘制剖视图与绘制视图区别不大，只是对空间想象力的要求更高。绘图时，除了需要想象形体的空间形态外，还要想象形体被假想剖切面剖切，移除一部分后剩余部分的空间形态。下面通过例题说明作图方法。

例题 8-1

绘制组合体的剖视图，并注写图名，见图 8-5。

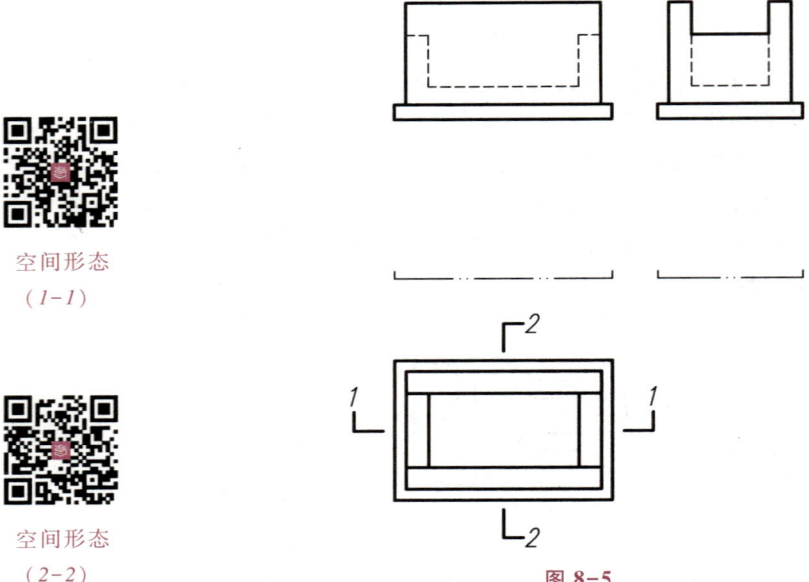

图 8-5

空间形态（1-1）

空间形态（2-2）

视频讲解

解题过程

（1）聚焦俯视图，将其向上拉起，想象形体的空间所在和形态。形体类似一个"水池"，"水池"的底板四面突出池壁；"水池"四壁高度不同，其前、后壁高于左、右壁。

从上向下观察"水池"，想象有一正平剖切面在剖切符号"1"所标注的位置剖切形体，将"水池"分为前、后两部分，移除前一部分，观察后一部分的空间形态。

（2）保持看到的后半个"水池"，转换视线角度，从前向后观察后半个"水池"，努力看到被剖"水池"的空间所在和形态。从前向后对后半个"水池"作投射，底稿线勾绘投影图，见图 8-6a。该投影图即为表示"水池"内部形态的剖视图。

聚焦底稿线勾绘出的剖视图，将其向外拉出，努力从中看到后半个"水池"，并与俯视图或前视图中看到的"水池"相对照，检查剖视投影是否正确。

（3）加工整理图线，见图 8-6b。注意剖面区域是人为形成的，不是形体的自然表面，应加绘剖面线，即相互平行、间隔均匀的 45°细实线。

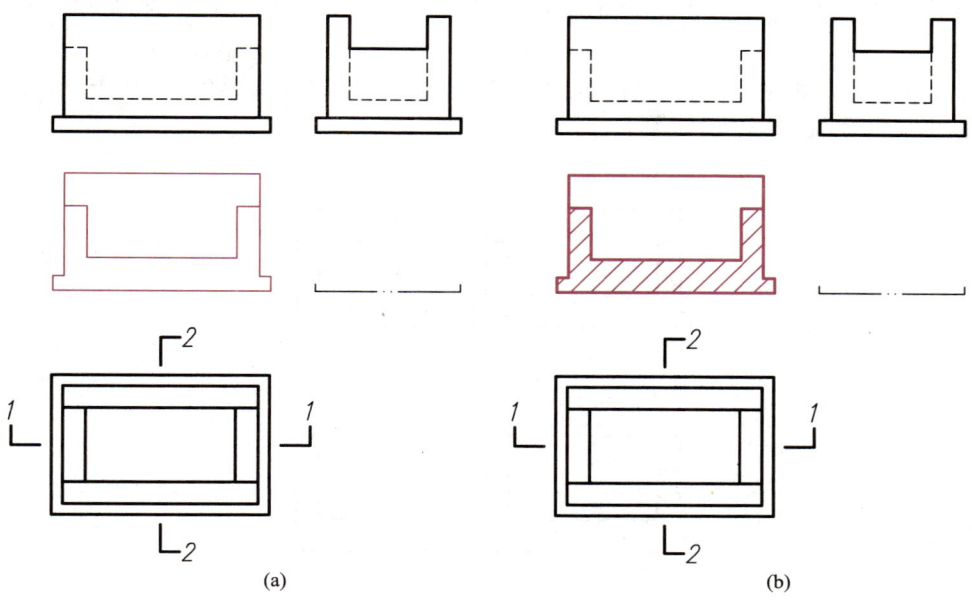

图 8-6

（4）与上述作图过程相同，想象"水池"在剖切符号"2"所标注的位置被一侧平剖切面截切，移除左侧部分，从左向右对右侧部分做投射，形成 2-2 剖视图。绘制过程见图 8-7。

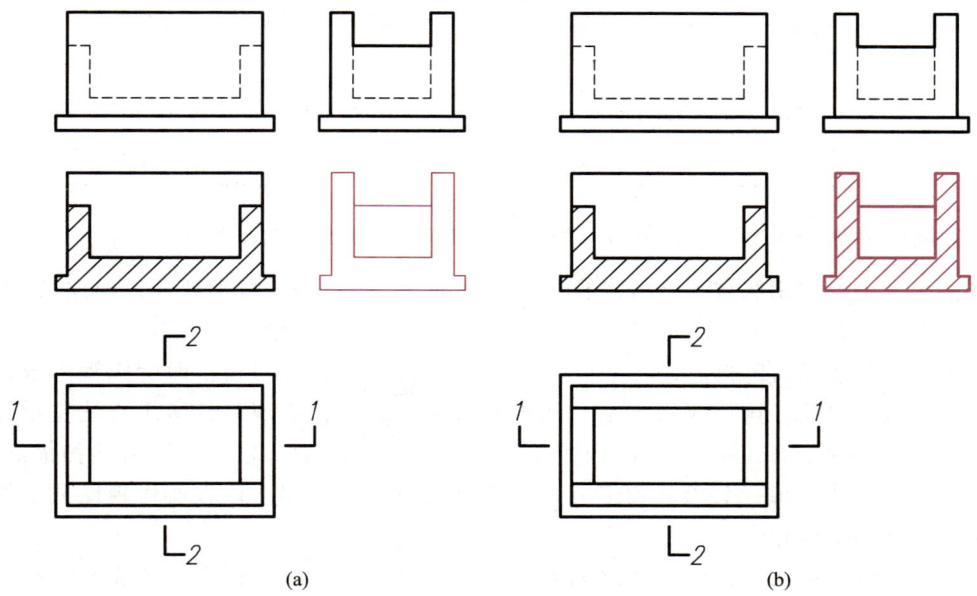

图 8-7

197

（5）注写图名。

剖视图图名根据专业的不同可以注写在图的上方，见图8-8a；或注写在图的上方，同时在图名下加绘横线，见图8-8b；或注写在图的下方，同时在图名下加绘横线，见图8-8c。

研读 *1—1*、*2—2* 剖视图，想象剖切形体的空间所在和形态（实形象），核查剖视图是否完整、准确。

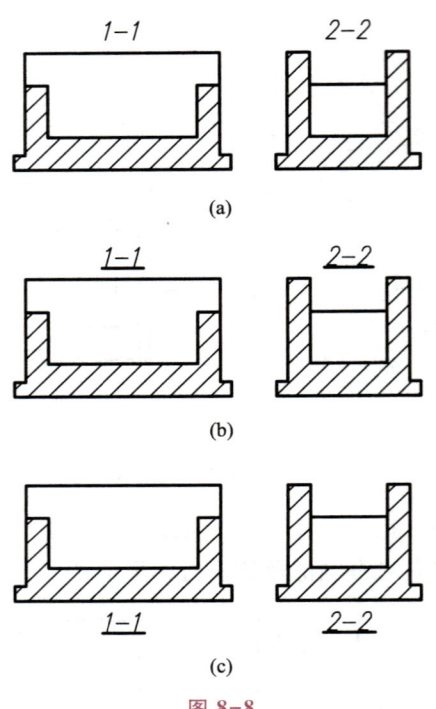

图 8-8

实践训练

先完成习题 8-1（1），再完成习题 8-1 中的其余各题和习题 8-2。

剖视图中的剖切区域不是形体的真实表面，一定要对其做特别处理，如加绘 45° 斜线。此外，剖视图中的虚线可以画，也可以不画，但一般不画。

随着空间想象力的提高，想象精准度不足会上升为主要问题，即所作视图或剖视图总会漏线或多线。这种现象也是空间想象力不足的一种表现。其解决方法是反复检查，检查时，除了努力在图中看到形体的整体形象外，还要分层、分区域地扫描形体，努力深入到形体的每一个角落和细节，并随时与视图相对照，核查所作视图或剖视图是否与看到的形体相吻合。

检查最好分多次进行，两次之间要间隔一段时间，随着错误不断被发现，视图表达的精准度也会不断提高。同时，自信心也会不断增强。

8.2 半剖视图

有对称面的形体,其视图和剖视图会有对称性,为提高图的利用率,可各取一半,以对称线为界相互拼合,形成所谓的半剖视图。

如图 8-9 所示,图中形体左右对称,其前视图(图 8-9a)和剖视图(图 8-9c)也具有对称性,现各取一半形成半剖视图,见图 8-9b。

半剖视图是剖视图的一种,与剖视图一样,其中的虚线可画,也可不画,但一般不画。因此在图 8-9b 的半剖视图中,不论是视图部分还是剖视图部分,均省略了虚线。

读半剖视图要运用空间想象,根据需要补全视图或剖视图所缺的另一半。

读图 8-9b 中的半剖视图。根据左侧视图想象补充右侧视图,形成整体视图,并将其向外拉出,努力从中看到形体的外部形态。

读图 8-9b 中的半剖视图。根据右侧剖视图想象补充左侧剖视图,形成整体剖视图,并将其向外拉出,努力从中看到形体的内部形态。

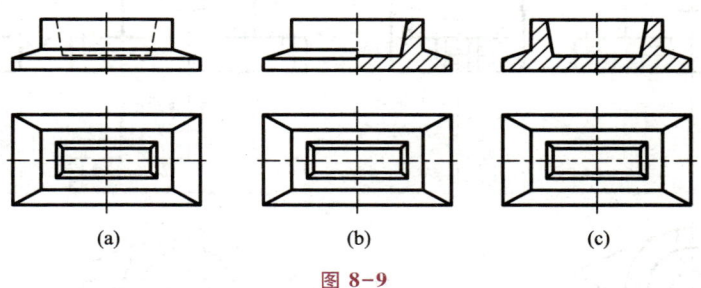

图 8-9

半剖视图中,视图部分和剖视图部分的放置位置有特别规定。左、右拼合时,左边绘制视图,右边绘制剖视图;上、下拼合时,上边绘制视图,下边绘制剖视图。

例题 8-2

将组合体的前视图和左视图改为半剖视图,见图 8-10。

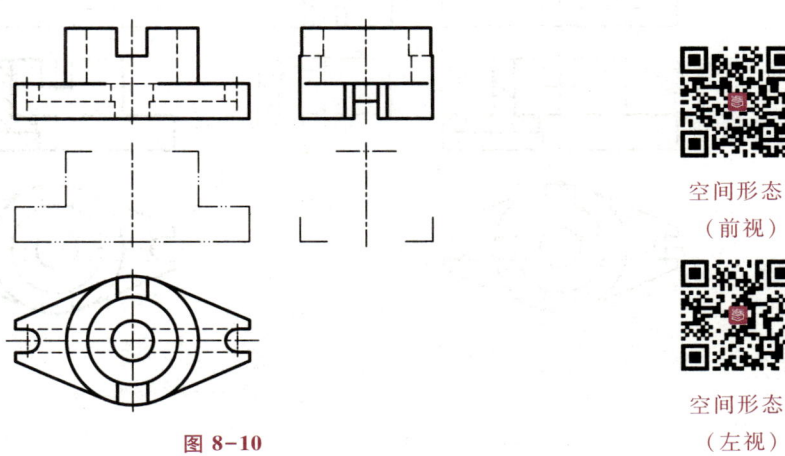

图 8-10

空间形态
(前视)

空间形态
(左视)

199

解题过程

(1) 聚焦俯视图,将其向上拉起,努力从中看到形体的空间形态。

想象有一正平面沿纵轴线剖切形体,将形体分为前、后两部分,移除前一部分,参照前视图,想象剩余部分的空间形态,并从前向后作投射,形成剖视图。

形体左右对称,因此前视图和所作的剖视图均具有对称性。在指定位置,用底稿线以对称线为界,左边绘制视图,右边绘制剖视图,见图 8-11a。

(2) 聚焦底稿线绘制的半剖视图,将其向外拉出,想象形体的内、外形态,对照检查视图部分和剖视图部分的投影表达,并加工图线,见图 8-11b。

(3) 聚焦俯视图,将其向上拉起,努力从中看到形体的空间形态。

视频讲解

想象有一侧平面沿横轴线剖切形体,将形体分为左、右两部分,移除左边部分,参照左视图,想象剩余部分的空间形态,并从左向右作投射,形成剖视图。

形体前后对称,因此左视图和所作的剖视图均具有对称性。在指定位置,用底稿线以对称线为界,左边绘制视图,右边绘制剖视图,见图 8-11c。

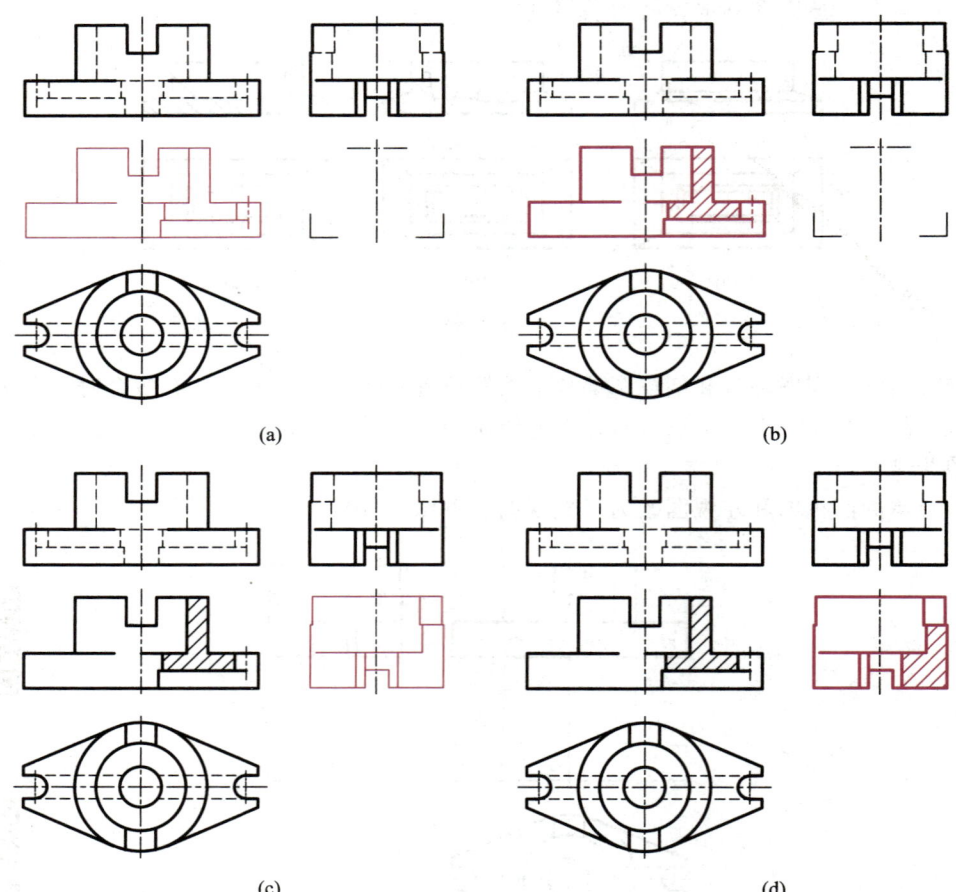

图 8-11

（4）聚焦底稿线绘制的半剖视图，将其向外拉出，想象形体的内、外形态，对照检查视图部分和剖视图部分的投影表达，并加工图线，见图8-11d。

分别聚焦两个剖视图，想象剖切形体的空间所在和形态（实形象），核查剖视图是否完整、准确。

 实践训练

先完成习题8-3，再完成习题8-4~习题8-8。

绘制剖视图，除了需要想象形体的整体形象外，还要想象形体剖切后的形态。由于剖切后的形体不是真实的现实存在，因此这种想象属于第二类空间想象。

第二类空间想象力是读图、绘图的核心能力，也是本书空间想象训练的核心内容。训练至此，是否实现了预期目标，习题8-4~习题8-8可用作成果检验。

剖视图的种类很多，鉴于本书的目的是培养、发展空间想象力，因此仅介绍了与空间想象训练相关的很少一部分内容。对剖视图其它内容感兴趣的读者，可参阅相关的制图标准和教材。

附录　常见问题问答录

1. 为什么要学习工程制图？

答：工程图是工程信息的载体，是工程技术人员用于交流工程思想的媒介，因此又被称作"工程的语言"。掌握工程语言，拥有读图、绘图能力是工程技术人员开启职业生涯、胜任工作职责的前提条件。

2. 什么是第二类空间想象？

答：脑海中空间形体的形象大致经由两种方式形成：一是由视觉直接产生形象记忆，二是由空间推理间接产生形象记忆。前者称为第一类空间想象，后者称为第二类空间想象。第一类空间想象是人与生俱来的一种能力，而第二类空间想象则有所不同，有些人在生活中发展出了这种能力，有些人则没有。

3. 为什么学习工程制图要突出第二类空间想象力的培养与发展？

答：二维的工程图承载着三维工程信息，读图过程本质上是从二维图样中还原其所承载的三维信息的过程。完成这一过程，需具备四个条件：一是掌握投影理论，知晓二、三维间的转换规则；二是了解制图标准、规范和习惯做法；三是具有相关的专业背景知识；四是具有空间形象的推理、生成能力，即第二类空间想象力，能从二维图样中想象出其所表达的三维信息。

四个条件中，投影理论的学习相对不难，是最容易具备的条件。而制图标准、规范和习惯做法，以及专业背景知识，由于其体系庞杂，内容广泛，不可能在有限的时间内全部学习掌握。因此，名义上工程制图课讲授工程图的读、绘方法，但因为不可能（也没必要）全面介绍各类制图标准、规范和习惯做法，以及各种专业背景知识，因此修完工程制图课仍看不懂工程图样是很正常的事情，这看似荒唐，实则是现实的无奈。唯一的解决方法是在制图学习中加强第二类空间想象力的培养与发展，使学习者拥有读、绘工程图的能力基础，在必要时通过自学满足工作上的需要。

4. 培养、发展第二类空间想象力包括哪些环节？

答：培养、发展第二类空间想象力要有针对性的完成四个方面的训练。

（1）建立空间思维模式；
（2）增强空间形象记忆力；
（3）发展空间形象推理、生成能力；
（4）形成投影图读、绘能力。

在工程制图学习过程中，有些人习惯于依赖对投影对象曾经的记忆辨识投影图，即依赖第一类空间想象力先建立起投影对象与其投影之间的联系，再依据此联系辨识投影图。虽然这种做法有助于课程学习，却不利于第二类空间想象力的形成，因此必须首先舍弃这种做法。

培养、发展第二类空间想象力应先学会从空间上认识投影图中的投影对象，即先建立起空间思维模式，并养成运用这种模式辨识投影图的良好习惯。本书第1章"投影体系与点的投影"主要用于这方面的训练。

第二类空间想象力的核心是空间形象的推理、生成能力，但这种能力需以强大的空间形象记忆力为基础。因此在建立起空间思维模式后，空间形象记忆力会成为下一步的训练重点。本书第2章"直线的投影"、第3章"平面的投影"和第4章"投影变换"主要用于这方面的训练。

习惯了从空间入手认识投影图中的投影对象，且有了一定水平的空间形象记忆力后，训练正式进入发展空间形象推理、生成能力阶段。本书第5章"平面体的投影"和第6章"曲面体的投影"主要用于这方面的训练。

空间形象的推理、生成能力是投影图读、绘的基础，但能够自由、顺畅地完成投影图读、绘过程还依赖于空间形象推理、生成的熟练运用，这中间存在着一个从量变到质变的能力成长过程，本书第7章"组合体视图"和第8章"剖视图"主要用于这方面的训练。

5. 培养、发展第二类空间想象力的四个训练环节中，哪个环节最难？

答：哪个环节都不容易，但难点不一样。

（1）建立空间思维模式的难点在于习惯的养成上。

面对投影图要有意识地从中看到投影对象的空间所在，并形成习惯。由于这样做往往比较烦琐，特别是对于简单的投影图，人们一般更愿意直接记住投影图所表达的投影对象。因此养成从空间上认识投影对象这种思维模式是训练的起点，也是第一个难点。

（2）增强空间形象记忆力的难点在于坚持。

与力量训练相同，空间形象记忆力的提高也有一个缓慢的成长过程，在这个过程中，毅力非常重要，只有坚持不懈的努力，才能使空间形象记忆力有所提高。

（3）发展空间形象推理、生成能力的难点在于灵活、协调的技巧掌握上。

空间形象的推理、生成过程是从能想象出的简单形体出发，依据投影，且以此为平台不断对想象中的形体进行调整、修正的过程。这种调整和修正往往需要在虚、实形象间不断转换，还需要在形体的各个投影间不断转换。因此，空间形象的推理、生成能力是一种需要不断练习才能熟练掌握的技巧。

（4）形成投影图读、绘能力的难点在于坚持勤学苦练，耐心等待。

从投影图中辨识投影对象没有特定方法，需运用创新性思维寻求可能的结果，掌握这种创新思想的运用方法需要在训练中耐心等待，必须要有足够的耐心坚持训练，才能在实践中实现由量变到质变的飞跃。

6. 为什么要独立完成习题练习（不请教他人，不看答案或三维模型）？

答：习题练习的目的是为了培养、发展第二类空间想象力，它是一种经由推理生成空间形象的能力。他人的帮助、查看答案或三维模型都会在一定程度上绕开推理过程，从而使练习者失去学习推理方法的机会，降低训练效果，因此一定要坚持独立完成习题练习，如果觉得所做习题比较难，可以先从容易一点的题目开始。

7. 有些人只花费很少的时间和精力学习工程制图就可以看懂投影图，为什么我做不到？

答：由三视图推知其所表达的形体需要第二类空间想象力，有些人在学习工程制图前就已经发展出了这种能力，而大部分人并不完全具有这种能力，需要经过专门的训练才能使其达到满足需要的水平。训练包括学习空间思维方法、提高空间形象记忆力、发展空间形象推理、生成能力等一系列环节，这一过程虽然艰苦，但是经过努力完全可以拥有这种能力。

8. 感觉读投影图有困难，如何提高读图能力？

答：造成读图能力差的原因会有很多，可能是还未掌握空间思维方法，或空间形象记忆力不足，或不能由空间推理生成形体的空间形象。因此，首先要结合具体情况深入分析自身的问题所在，再通过有针对性的习题练习完善所欠缺的相应能力。这其中的关键是找准症结点，然后再有针对性地训练提高。

9. 培养、发展第二类空间想象力是否需要做很多题？

答：不需要，配套习题集中的题目已经足够多。关键是一定要严格按照要求完成习题练习，这其中特别强调独立性原则，即坚持独立完成习题练习（不请教他人，不看答案或三维模型）。如果总是依赖他人或翻看答案才能完成习题练习，则训练效果会大打折扣。

10. 题目做完后是否可以核对答案？

答：可以，但不要轻易核对答案。一定要反复检查，甚至放一段时间后再检查，直至自认无误后再核对答案。同时，如果核对答案后发现答题有误，一定要仔细分析错误的产生原因，分析训练上的缺失，并有针对性地加强相应训练。

11. 做"二求三"练习时，感觉可以想象出形体，为什么总会有小的错误出现（多线或少线）？

答：不要认为多线或少线是小的错误，或只是因为粗心所致。实际上，产生这样的问题仍然是空间想象力不足的一种表现。

想象、观察形体时不仅要能从宏观上把握形体，还应该能分区域、分层次地深入到形体的各个细部，考察细部形态的微小变化。如果总是有多线或少线这种小的错误出现，说明空间想象的清晰度还有不足，想象的方式、方法还有欠缺，还需要在想象的精准性上进一步加强练习。

12. 在绪论提到的"问题二"中，如果不是一路向东奔跑，而是向东北方向奔跑，其结果是什么？

答：最终到达北极，无法绕地球一圈回到出发点。

想象眼前有一代表地球的球体，其上部为北半球、下部为南半球。南、北半球的分界线即球面上最大的水平纬圆为赤道，想象赤道的空间所在，同时想象北半球上其它一些水平纬圆的空间所在。

想象有一人站在赤道上，面向北方，则他的左侧为西，右侧为东。此时，如果他一路向北奔跑，由于到达北极后再无北向，则最终结果是站在北极，无法绕地球一圈回到出发点。如果他一路向东奔跑，由于东向永远在他的前方，则他一定会沿赤道绕地球一圈回到出发点。如果他一路向东北方向奔跑，由于北向始终与东向垂直，则他一定会不断向北偏离其所在的纬圆，一路跑到比其所在纬圆半径更小的纬圆上，最终结果则是在北半球的球面上沿一条螺旋线跑到北极。同样由于到达北极后再无北向，最终结果也是到达北极，无法绕地球一圈回到出发点。